参编院校

山东电力高等专科学校　　　西安电力高等专科学校
山西电力职业技术学院　　　保定电力职业技术学院
四川电力职业技术学院　　　哈尔滨电力职业技术学院
三峡电力职业学院　　　　　安徽电气工程职业技术学院
武汉电力职业技术学院　　　福建电力职业技术学院
江西电力职业技术学院　　　郑州电力高等专科学校
重庆电力高等专科学校　　　长沙电力职业技术学院

电力工程专家组

组　　长　解建宝
副 组 长　李启煌　陶　明　王宏伟　杨金桃　周一平
成　　员　（按姓氏笔画排序）
　　　　　王玉彬　王　宇　王俊伟　刘晓春　余建华　吴斌兵　张惠忠
　　　　　李建兴　李道霖　陈延枫　罗建华　胡　斌　章志刚　黄红荔
　　　　　黄益华　谭绍琼

出　版　说　明

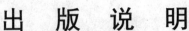

为深入贯彻《国家中长期教育改革和发展规划纲要（2010－2020）》精神，落实鼓励企业参与职业教育的要求，总结、推广电力类高职高专院校人才培养模式的创新成果，进一步深化"工学结合"的专业建设，推进"行动导向"教学模式改革，不断提高人才培养质量，满足电力发展对高素质技能型人才的需求，促进电力发展方式的转变，在中国电力企业联合会和国家电网公司的倡导下，由中国电力教育协会和中国电力出版社组织全国 14 所电力高职高专院校，通过统筹规划、分类指导、专题研讨、合作开发的方式，经过两年时间的艰苦工作，编写完成全国电力高职高专"十二五"规划教材。

本套教材分为电力工程、动力工程、实习实训、公共基础课、工科专业基础课、学生素质教育六大系列。其中，电力工程和工科专业基础课系列教材 40 余种，主要针对发电厂及电力系统、供用电技术、继电保护及自动化、输配电线路施工与维护等专业，涵盖了电力系统建设、运行、检修、营销以及智能电网等方面的内容。教材采用行动导向方式编写，以电力职业教育工学结合和理论实践一体化教学模式为基础，既体现了高等职业教育的教学规律，又融入电力行业特色，是难得的行动导向式精品教材。

本套教材的设计思路及特点主要体现在以下几方面。

（1）按照"行动导向、任务驱动、理实一体、突出特色"的原则，以岗位分析为基础，以课程标准为依据，充分体现高等职业教育教学规律，在内容设计上突出能力培养为核心的教学理念，引入国家标准、行业标准和职业规范，科学合理设计任务或项目。

（2）在内容编排上充分考虑学生认知规律，充分体现"理实一体"的特征，有利于调动学生学习积极性，是实现"教、学、做"一体化教学的适应性教材。

（3）在编写方式上主要采用任务驱动、行动导向等方式，包括学习情境描述、教学目标、学习任务描述、任务准备、相关知识等环节，目标任务明确，有利于提高学生学习的专业针对性和实用性。

（4）在编写人员组成上，融合了各电力高职高专院校骨干教师和企业技术人员，充分体现院校合作优势互补，校企合作共同育人的特征，为打造中国电力职业教育精品教材奠定了基础。

本套教材的出版是贯彻落实国家人才队伍建设总体战略，实现高端技能型人才培养的重要举措，是加快高职高专教育教学改革、全面提高高等职业教育教学质量的具体实践，必将对课程教学模式的改革与创新起到积极的推动作用。

本套教材的编写是一项创新性的、探索性的工作，由于编者的时间和经验有限，书中难免有疏漏和不当之处，恳切希望专家、学者和广大读者不吝赐教。

全国电力职业教育教材编审委员会

前　　言

　　本教材采用行动导向型编写思想，根据高等职业教育人才培养目标和工科类微机原理等硬件课程的需求，按照"项目导向、任务驱动、理实一体、突出特色"的原则，以岗位分析为基础，以课程标准为依据，充分体现高等职业教育教学规律。

　　一、教材特色

　　该教材内容突出能力培养为核心的教学理念，科学合理设计任务或项目，充分考虑学生认知规律，充分体现任务驱动的特征，充分调动学生学习积极性。依据行动导向教学模式开发微机原理与接口技术教学内容，充分分析岗位技能的要求，设计切合岗位技能需求的学习情境，注重培养学生技术应用能力。

　　该教材的主要特色包括：

　　（1）从行动导向的角度考虑教学模式。

　　（2）充分分析岗位技能的要求。

　　（3）切合岗位技能需求的学习情境。

　　（4）选择高性价比的 TX-1C 实验装置，在不影响教学质量的前提下，节省高职高专院校的实验设备购置经费。

　　（5）"综合课题"部分典型工作任务的完成，可进一步提高读者的开发能力。

　　二、内容介绍

　　本书以微型机 MCS-51 系统为背景，从入门到应用设计的角度介绍微机原理与接口技术，包括九个学习情境：认识微型计算机、认识微机的硬件结构、微机的存储扩展、微机指令系统、汇编语言程序设计、CPU 与外设数据传送方式、接口技术、常用外设、综合课题。教材采用以项目为核心的模块化编写模式，以循序渐进学习为指导，让读者"学中做，做中学"。

　　本教材的内容结构如下：

　　学习情境一认识微型计算机：认识微型计算机的体系结构、技术指标，以及微型计算机中的信息表示。

　　学习情境二认识微机的硬件结构：认识 MCS-51 的内部结构和外部引脚、MCS-51 系统开发过程、认识 MCS-51 内部存储器的任务。

　　学习情境三微机的存储扩展：掌握 MCS-51 微机系统存储扩展的方法，理解存储扩展的设计思路。

　　学习情境四微机指令系统：掌握 MCS-51 系列单片机寻址方式和指令系统各类指令的用法。

学习情境五汇编语言程序设计：介绍设计汇编语言程序的方法，以本学习情境为基础能够进一步掌握汇编程序设计思想。

学习情境六 CPU 与外设数据传送方式：了解 CPU 与外设常见的数据传送方式，包括：程序控制方式，中断方式、DMA 方式。该学习情境主要利用查询方式和中断方式完成 CPU 与外设的数据传送任务。

学习情境七接口技术：利用定时计数器产生定时、单片机与 PC 机的串行通信、D/A 转换、A/D 转换。

学习情境八常用外设：本学习情境主要完成常用外设的编程方法。

学习情境九综合课题：本学习情境主要介绍三个综合实例设计的方法，以本学习情境为基础能够进一步掌握汇编程序设计思想和具体硬件连接与应用，三个实例是"校园作息时间设计"、"交通灯的设计"、"温度控制"。

三、教学建议

根据不同的工科类专业中微机原理、微控制器技术等相关课程的不同需求，建议每周 4 学时，可以有所增减。以学期教学周共 13 周为例，课时总数为 13×4＝52 学时。具体学时分配如下表所示。

学 时 分 配

学习情境	学时分配	学习情境	学时分配
学习情境一：认识微型计算机	2	学习情境六：CPU 与外设数据传送方式	6
学习情境二：认识微机的硬件结构	2	学习情境七：接口技术	10
学习情境三：微机的存储扩展	4	学习情境八：常用外设	6
学习情境四：微机指令系统	6	学习情境九：综合课题	8
学习情境五：汇编语言程序设计	8	总学时	52

四、读者对象

（1）高职高专工科类专业基础课学生。

（2）应用型本科院校工科类专业基础课学生。

（3）计算机类专业培训机构学生。

（4）微控制器技术、单片机开发等相关工作的工程技术人员。

五、本书作者

本教材主编为张慧丽、杨斌，副主编为邱文严、李昭静、马军周、孙帅，参编余宁、宗海焕、郭雷岗、李晓洁、尹亚南、尤霞光、张丰、李青松，本书由周志敏主审。

山西电力职业技术学院杨斌完成学习情境一认识微型计算机的编写；郑州电力高等专科学校张慧丽完成学习情境五汇编语言程序设计、学习情境六 CPU 与外设数据传送方式、学习情境七接口技术的编写；郑州电力高等专科学校邱文严完成学习情境四微机指令系统的编写；郑州电力高等专科学校李昭静完成学习情境八常用外设、学习情境九综合课题的编写；郑州电力高等专科学校马军周完成学习情境二认识微机的硬件结构、学习情境五～七的任务总结和思考与练习；郑州电力高等专科学校张丰完成学习情境三微机的存储扩展的编写。郑州电力高等专科学校孙帅、余宁、宗海焕、郭雷岗、李晓洁、尹亚南、尤霞光、李青松参与了书稿的编写过程，认真审阅所有学习情境，提供大量在实际教学中积累的重要素材，对教材结构、内容提出了中肯的建议，并在审校过程中做了很多工作。

限于编者水平，书中不妥之处在所难免，敬请广大读者不吝指正。

编　者

2014 年 6 月

目　　录

学习情境一

认识微型计算机

【情境引入】

本学习情境主要介绍微型计算机的体系结构、技术指标，以及微型计算机中的信息表示。

从 1946 年世界上第一台电子计算机 ENIAC（由美国宾夕法尼亚大学研制）问世至今，电子计算机得到了飞速发展。电子计算机在 60 多年里，经历了电子管、晶体管、中小规模集成电路、大规模/超大规模集成电路时代，目前计算机发展的一个显著特征是向两极发展：一方面是研制运算速度极高、功能极强的巨型机；另一方面是研制价格低廉、高性价比的微型机。另外，计算机业朝着网络化、智能化方向发展。它以其体积小、价格低、功能多等优点迅速发展，并在科学计算、数据处理、过程控制、计算机辅助系统、人工智能、通信网络、办公自动化、多媒体制作、家电等多领域得到了广泛应用。

任务 1.1 认识微型计算机系统的组成

本任务将完成以下子任务：

（1）子任务 1：计算机系统的体系结构。

（2）子任务 2：微型计算机系统的体系结构。

1.1.1 子任务 1：计算机系统的体系结构

【任务说明】

了解计算机的发展趋势，掌握计算机系统的体系结构。

【任务解析】

一个完整的计算机系统由硬件系统和软件系统两部分组成。其中，硬件系统包括主机和外部设备，软件系统包括系统软件和应用软件。硬件系统是由计算机的各种物理设备构成的；软件系统是运行、管理和维护计算机的各类程序和文档的总和。计算机的体系结构是指其主要部件的总体布局以及这些部件相互间的连接方式。

第一台电子计算机研制的同时，美籍匈牙利数学家冯·诺依曼（Von Neumann）和他的同事们提出了以二进制和程序存储控制为核心的通用电子数字计算机体系结构原理，确立了计算机的五个基本部件：输入设备、输出设备、运算器、存储器和控制器，从而奠定了当代电子数字计算机体系结构的基础。现在的微型计算机就是采用这种结构。

一、存储程序思想

下面详细介绍冯·诺依曼提出的存储程序思想：电子计算机自发明至今，尽管在规模、速度、性能、应用等方面存在很大的差异，但其基本结构都属于冯·诺依曼存储程序的设计思想，即

（1）计算机硬件系统由运算器、控制器、存储器、输入设备、输出设备五大部分组成。

（2）程序和数据均存放在线性编址的存储器中。

（3）机器内部采用二进制，由指令形式的低级机器语言驱动。

（4）程序启动后在控制器的控制下自动执行。

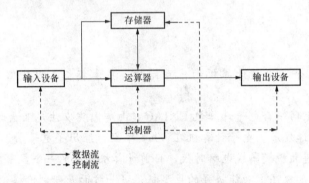

图 1-1　计算机硬件的主要组成

二、硬件系统组成部件的主要功能

1. 运算器

运算器是信息加工处理部件，其核心部件是算术逻辑单元（Arithmetic and Logic Unit，ALU），运算器在控制器的控制下对数据进行各种算术运算和逻辑运算。

2. 控制器

控制器是整个计算机的指挥中心，是对指令进行分析与执行，发出各种控制信号控制计算机各部件协调工作，使计算机有序的执行程序。

3. 存储器

存储器是计算机的记忆部件，用来存放程序和数据，是计算机中各种信息存储和交流的中心。存储器分为内存储器（简称内存或主存）和外存储器（简称外存或辅存）。

4. 输入设备

输入设备用来接收操作者输入的原始数据或程序，并把它们转变成计算机能识别的数据形式存储在内存中。

5. 输出设备

输出设备是把存储在内存中经过计算机处理的结果，以人们或其他机器所能接受的形式输出。

其中，外存储器和输入设备以及输出设备统称为外围设备，简称外设，运算器和控制器两部分称为中央处理器（Central Processing Unit，CPU），中央处理器和内存储器合称为主机。

中央处理器（CPU）是微机运算和指挥控制中心，由算术逻辑部件（ALU）、累加器和

通用寄存器组、程序计数器、时序和控制逻辑部件及内部总线等组成。

1.1.2 子任务 2：微型计算机系统的体系结构

📢【任务说明】

学习微型计算机系统的组成结构。

✍【任务解析】

微型计算机系统包括硬件系统和软件系统两个主要组成部分，微机系统的基本组成如图1-2所示。

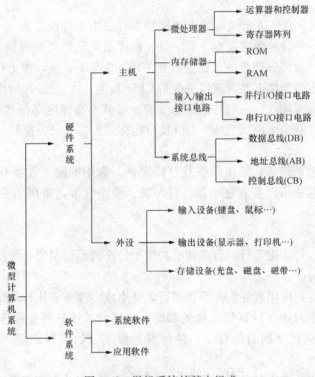

图 1-2　微机系统的基本组成

微机系统是以微机为核心，配以相应的外围设备、电源、辅助电路、控制微机工作的软件，构成完整的计算机系统。

一、硬件系统

1. 微处理器 CPU

微处理器 CPU 是指由一片或几片大规模集成电路组成的具有运算器和控制器功能的中央处理器部件，由于是微机中的处理器，所以称微处理器，又称微处理机。其作用是对指令进行译码，根据指令要求来控制系统内的活动，并完成全部的算术和逻辑运算。CPU 内部使用了一定数量的寄存器。

2. 内存

内存用来存储当前正在使用的数据和指令。内存通常分为几个模块，每个模块有若干个单元，每个存储单元都有一个地址进行标识，可存入数据或指令的一部分或全部。CPU 工作时连续地从内存中取出指令，并执行指令，完成所规定的任务。

内存分为随机存储器 RAM（Random Access Memory）和只读存储器 ROM（Read Only Memory），内存和系统总线的连接由存储器接口完成。

3. 系统总线

微机系统大多数采用总线结构。系统总线是用来连接 CPU 及存储器和外部设备的一组导线，可以是电缆，也可以是印制电路板上的连线。所有的信息都通过总线传送。通常情况下，根据总线上所传送的信息种类将总线分为数据总线 DB（Data Bus）、地址总线 AB（Address Bus）和控制总线 CB（Control Bus）。

4. I/O 接口

I/O 设备是数据、程序进出微机的重要硬件部件。由于外围设备和 CPU 之间可能存在逻辑时序的不一致，外设的数据类型（数字量、模拟量）比微机处理的数据类型（数字量）要复杂和广泛，并且大部分外设的工作速度比 CPU 的速度要慢，而 I/O 接口是 CPU 与外部设备之间交换信息的连接电路，通过总线与 CPU 相连，由于输入/输出设备（包括外部存储设备）的复杂性与异构性，它们与系统总线的连接就不能像内存与总线的连接那样简单，而是通过特定的 I/O 接口电路来完成。I/O 接口也称适配器或设备控制器。

5. 外部设备

外部设备包括输入设备、输出设备及存储设备。常用的输入设备有键盘、鼠标、扫描仪、光笔等，常用的输出设备有显示器、打印机、绘图仪等，常用的存储设备有软盘、硬盘、光盘、磁带等。

二、软件系统

微型计算机的软件是指运行、管理和维护微型计算机而编制的各种程序的总和。它分为系统软件和应用软件。

系统软件用来支持应用软件的开发和运行，是生成、准备和执行其他程序所需的一组程序，系统软件的多少取决于计算机系统的需要，常用的系统软件有操作系统、标准实用程序、各种语言的解释程序和编译程序、各种服务程序（如机器调试、故障检查和诊断程序）等。

应用软件指用户为解决各种应用问题而编写的程序及有关文档和资料。

任务 1.2　了解微型计算机的主要技术指标

本任务将完成以下子任务：

（1）子任务 1：微型计算机的分类。

（2）子任务 2：微型计算机的主要技术指标。

1.2.1 子任务 1：微型计算机的分类

◁┊【任务说明】

由微处理器、存储器、输入/输出接口通过总线连接起来，组成了微型计算机（简称微机），因为体积小、价格低、通用性强、可靠性高，所以得到极其广泛地应用，得以迅速发展，目前已发展到第四代微型计算机，其种类繁多、型号各异。读者应了解微型计算机的常见分类方法。

☑【任务解析】

微型计算机的常见分类方法如下。

一、按组装形式

按照组装形式，微机可以分为单片机、单板机、个人计算机、嵌入式系统、服务器、工作站、并行计算机等。

（1）单片机就是将构成微型计算机的各功能部件（CPU、RAM、ROM 及 I/O 接口电路）集成在同一块大规模集成电路芯片上，一个芯片就是一台微型机，也称为单片微型计算机。单片机的特点就是集成度高、体积小、功耗低、可靠性高、使用灵活方便、控制功能强、编程保密化、价格低廉，利用单片机可以比较方便地构成一个控制系统。因此，单片机在工业控制、智能仪器仪表、数据采集和处理、通信和分布式控制系统、家用电器等领域的应用日益广泛。

（2）单板机就是将 CPU 芯片、存储器芯片、I/O 接口芯片及简单的输入/输出设备（如小键盘、数码显示器 LED（发光二极管）装配在同一块印制电路板上，这块印制电路板就是一台完整的微型机，也称为单板微型计算机。单板机加上电源就可以独立工作，具有完全独立的操作功能。单板机只能用二进制数码或汇编语言输入，存储容量有限，输入/输出设备简单。

（3）个人计算机也称为系统机。把微处理器芯片、存储器芯片、各种 I/O 接口芯片和驱动电路、电源等装配在不同的印制电路板上，各印制电路板插在主机箱内标准的总线插槽上，通过系统总线相互连接起来，就构成了一个多插件板的微型计算机。

（4）嵌入式系统是针对特定的应用对象，将处理器、外围电路及嵌入式操作系统和特定的专用软件等融合为一个整体，将其嵌入对象的体系中，使其成为具有多种"思维"能力的智能设备。

（5）服务器是一个公用共享设备，是网络运行、管理和服务的中枢。根据服务器工作环境的不同，其结构存在一定的差异。例如，对数据库服务器，要求它有非常大的存储容量和较宽的 I/O 带宽。对于执行运算的服务器，要求它对数据的计算和处理具有较高的运算速度。

（6）工作站是指具有完整的人机交互界面，集高性能的计算和图形于一体，拥有大容量的内外存储器、I/O 设备和完善的网络功能的微型计算机。

二、按 CPU 内部寄存器的位数

按 CPU 内部寄存器的位数，微机可分为 4 位机、8 位机、16 位机、32 位机和 64 位机等。

（1）4 位机中使用字长为 4 位的微处理器，由于它可以方便地处理 BCD 码，因此曾广泛运用于电子计算机中。

（2）8 位机可以方便地表示字符、数字信息且运行速度较快，有较多的硬件支持和软件积累，还可配有操作系统和各种高级语言，所以适合于一般的数据处理。

（3）16 位机运行速度和数据处理能力明显强于 8 位机，并配有功能强大的操作系统和多种高级语言，可进行大量数据处理的多任务控制。

（4）32 位机在系统结构、元器件技术等方面有很大的进展，不仅用于过程控制、事务处理、科学计算等领域，而且可以很好地工作于声音、图像处理等多媒体领域以及计算机辅助设计、计算机辅助制造等大数据量的应用领域。

（5）64 位机具有对大数据量和复杂运算的处理能力，在实际应用中具有非常广阔的前景。

三、按用途

按照用途，微机可以分为通用计算机和专用计算机。

（1）通用计算机是指传统意义上的微型计算机系统，具有基本的计算机结构与配置，根据需要，用户在通用计算机上添加特定的硬件和对应的软件，计算机就可完成特定的功能。

（2）专用计算机是指完成某一特定功能所设计的计算机系统。这类计算机通常具有固定的用途，往往附属于某一具体的应用设备。作为专用计算机，通常不需要也不能由用户随意添加和删除功能，而计算机表现形式也不像一般的通用计算机。

四、按芯片型号

按照芯片型号，微机可以分为 80286、80386、80486、Pentium、Core 等。

这是用 Intel 公司芯片的型号来区分计算机系统的，是由 CPU 在整个操作系统中的重要作用决定的。

1.2.2 子任务 2：微型计算机的主要技术指标

◁◈【任务说明】

微型计算机具备多种性能指标，读者应了解微机工作性能的技术指标。

☑【任务解析】

以下介绍全面衡量微机工作性能的技术指标。

一、字长

字长是 CPU 最重要的指标之一。字长是指 CPU 的数据总线一次能同时处理数据的位数。字长的长短直接关系到微机的性能、速度和精度。字长标志着计算机的计算精度，字长越长，它能表示的数值范围越大，计算出的结果有效位的位数就越多，计算的精度也就越高。但字长越长，制造工艺越复杂。随着芯片技术的发展，微机字长将不断增加。

二、运算速度

运算速度是微机性能的综合表现，是指微处理器执行指令的速率，取决于指令的执行时间，用每秒执行的指令数表示。由于不同类型指令所需时间不同，所以运算速度的计算方法也多种多样。目前有三种方法：①根据不同类型指令在计算机中出现的频率，乘以不同的系数，求得统计平均值，这是平均速度；②以执行时间最短的指令的标准来计算速度；③直接给出每条指令的实际执行时间和机器的主频。

在微机中，常用上面介绍的第三种方法，有时也与其他两种方法兼用。

三、主频

执行指令的一系列操作都是在时钟脉冲 CLK 的统一控制下一步一步进行的，时钟脉冲的重复周期称为时钟周期，时钟周期是 CPU 的时间基准。时钟周期的倒数即时钟频率，就是该 CPU 的主频，它在很大程度上决定了计算机的运算速度。一般来说，主频率较高的机器运算速度也较快。

四、存储容量

存储容量表示计算机存储信息的能力，以字节 byte 为单位来表示。一个字节为 8 个二进制位，即 1byte＝8bit。存储器的容量很大，常用来描述存储容量的单位有

1KB＝2^{10} byte＝1024byte   1MB＝2^{20} byte＝1024KB   1GB＝2^{30} byte＝1024MB

五、外设扩展能力

外设扩展能力主要指计算机系统配置各种外部设备的可能性、灵活性和适应性。

六、软件配置

软件是计算机系统必不可少的重要组成部分，它配置是否齐全合理，直接影响计算机性能和效率的高低。

任务 1.3 微型计算机中信息的表示方式

本任务将完成以下子任务：

（1）子任务 1：计算机中的数制。

（2）子任务 2：二进制数的运算。

（3）子任务 3：计算机中的二进制编码。

（4）子任务 4：带符号二进制数的表示及其运算。

1.3.1 子任务 1：计算机中的数制

【任务说明】

掌握数制转换的方法。

【任务解析】

数是客观事物的量在人头脑中的反映，在日常生活中，人们习惯于使用十进制来进行计数和计算。常用数制有七进制（星期）、十进制（日常计数）、十二进制和六十进制（时间）。但对计算机来说，它只能识别由"0"和"1"构成的二进制代码，也就是说，计算机中的数是用二进制表示的。但用二进制 0、1 表示一个较大的数时，既冗长又难以记忆，为了阅读和书写方便，或适应某些特殊场合的需要，在计算机中有时也采用十六进制数和八进制数。由于同一个数用不同的数制度量其结果不同，所以，在学习微型计算机原理之前，首先需要了解和掌握常用计数制及其相互之间的转换。

注意：进位计数制的要点是基数和位权。

一、常用计数制

下面简要介绍几种常用进制的特点。

1. 十进制数

十进制数中有 0～9 十个数字符号，无论数的大小都可用这十个符号的组合来表示任何一个十进制数，其进位规则：逢十进一，借一当十。

任意一个十进制数都可用权展开式表示为

$$(D)_{10}＝D_{n-1}\times10^{n-1}＋D_{n-2}\times10^{n-2}＋\cdots＋D_1\times10^1＋D_0\times10^0＋D_{-1}\times10^{-1}＋\cdots＋D_{-m}\times10^{-m}$$
$$＝\sum D_i\times10^i$$

其中，D_i 是 D 的第 i 位的数码，可以是 0～9 十个符号中任何一个，n 和 m 为正整数，

n 表示小数点左边的位数，m 表示小数点右边的位数，10 为基数，10^i 称为十进制的权。

【例 1 - 1】　十进制数 3256.87 可表示为

$$(3256.87)_{10} = 3 \times 10^3 + 2 \times 10^2 + 5 \times 10^1 + 6 \times 10^0 + 8 \times 10^{-1} + 7 \times 10^{-2}$$

2. 二进制数

二进制数只有 0 和 1 两个数字符号，其进位规则是逢二进一，借一当二。任意一个二进制数都可按权展开式表示为

$$(B)_2 = B_{n-1} \times 2^{n-1} + B_{n-2} \times 2^{n-2} + \cdots + B_0 \times 2^0 + B_{-1} \times 2^{-1} + \cdots + B_{-m} \times 2^{-m}$$
$$= \sum B_i \times 2^i$$

其中，B_i 只能取 1 或 0，2 为基数，2^i 为二进制的权，m、n 的含义与十进制表达式相同。为与其他进位记数相区别，一个二进制数通常用下标 2 表示。

【例 1 - 2】　二进制数 1010.11 可表示为 $(1010.11)_2 = 1 \times 2^3 + 0 \times 2^2 + 1 \times 2^1 + 0 \times 2^0 + 1 \times 2^{-1} + 1 \times 2^{-2}$

3. 八进制数

八进制数具有 8 个数符（即 0～7），其进位规则是逢八进一，借一当八。八进制的基数是 8，八进制数可以表示如 $(12)_8$ 或 12_Q 所示。用八进制表示的数据，各数位的权为 8^3，8^2，8^1，8^0，8^{-1}，8^{-2}，$\cdots$。

任意一个八进制数可以按位权展开式表示。例如：

$$(125.4)_8 = 1 \times 8^2 + 2 \times 8^1 + 5 \times 8^0 + 4 \times 8^{-1}$$

4. 十六进制数

十六进制数共有 16 个数字符号，0～9 及 A～F，其进位规则是逢十六进一。任意一个十六进制数可按权展开式表示为

$$(H)_{16} = H_{n-1} \times 16^{n-1} + H_{n-2} \times 16^{n-2} + \cdots + H_0 \times 16^0 + H_{-1} \times 16^{-1} + \cdots + H_{-m} \times 16^{-m}$$
$$= \sum H_i \times 16^i$$

这里，H_i 的取值在 0～F 的范围内，16 为基数，16^i 为十六进制数的权；m、n 的含义与上相同。十六进制数通常用下标 16 表示。

【例 1 - 3】　十六进制数 2AE.4H 可表示为 $(2AE.4H)_{16} = 2 \times 16^2 + A \times 16^1 + E \times 16^0 + 4 \times 16^{-1}$

二进制数与十六进制数之间存在一种特殊的关系，即 $2^4 = 16$，也就是说，一位十六进制数恰好可用四位二进制数来表示，且它们之间的关系是唯一的。所以，在计算机应用中，虽然机器只能识别二进制数，但在数字的表达上可以采用十六进制数。

5. 其他进制数

除以上介绍的二、十和十六进制计数制外，计算机中还可能用到八进制数，计数规律类似于十进制数，这里就不再详细介绍了。下面给出任一进位制数的权展开式的一般形式。

一般地，对任意一个 K 进制数 S 都可表示为

$$(S)_k = S_{n-1} \times K^{n-1} + S_{n-2} \times K^{n-2} + \cdots + S_0 \times K^0 + S_{-1} \times K^{-1} + \cdots + S_{-m} \times K^{-m}$$
$$= \sum S_i \times K^i$$

其中，S_i 是 S 的第 i 位的数码，可以是所选定的 K 个符号中的任何一个；n 和 m 的含义同上，K 为基数，K^i 称为 K 进制数的权。

除了用基数作为下标来表示数的进制外，还可以在数的后面加上字母 B、D、H 来分别表示二进制数、十进制数和十六进制数，如 11000101B、2C0FH、1300D 等。在不至于混淆

时，十进制数后面的 D 也可以省略。

二、各种数制之间的转换

人们习惯的是十进制数，计算机采用的是二进制数，人们编写程序又多采用十六进制数，因此必然会产生不同进位计数制之间转换的问题。

非十进制数转换为十进制数的方法比较简单，只要将它们按相应的权表达式展开，再按十进制运算规则求和，即可得到它们对应的十进制数。

【例1-4】　将二进制数 1101.101 转换为十进制数。

解　根据二进制数的权展开式，有

$$(1101.101)_2 = 1 \times 2^3 + 1 \times 2^2 + 0 \times 2^1 + 1 \times 2^0 + 1 \times 2^{-1} + 1 \times 2^{-2}$$
$$= (13.625)_{10}$$

【例1-5】　将十六进制数 64.CH 转换为十进制数。

解　根据十六进制数的权展开式，有

$$(64.C)_{16} = 6 \times 16^1 + 4 \times 16^0 + C \times 16^{-1}$$
$$= 6 \times 16^1 + 4 \times 16^0 + 12 \times 16^{-1}$$
$$= (100.75)_{10}$$

1. 十进制数转换为非十进制数

（1）十进制数转换为二进制数。十进制数整数和小数部分应分别进行转换。整数部分转换为二进制数时采用"除 2 取余"的方法，即连续除以 2 并取余作为结果，直至商为 0，得到的余数从低位到高位依次排列即得到转换后的二进制数的整数部分。对小数部分，则用"乘 2 取整"的方法，即对小数部分连续用 2 乘，以最先得到的乘积的整数部分为高位，直至达到所要求的精度或小数部分为零为止（可以看出，转换的结果的整数和小数部分是从小数点开始分别向高位和低位逐步扩展）。

转换方法如下。

1）整数部分：除基取余，逆序取整。

2）小数部分：乘积取整，顺序取余。

【例1-6】　将十进制数 101.25 转换为等值的二进制数。

解　整数部分　　　　　　　　　　小数部分

$101/2 = 50\cdots\cdots$余数$=1$（最低位）　　　$0.25 \times 2 = 0.5\cdots\cdots$整数$=0$（最高位）

$50/2 = 25\cdots\cdots$余数$=0$　　　　　　　　$0.5 \times 2 = 1.0\cdots\cdots$整数$=1$

$25/2 = 12\cdots\cdots$余数$=1$

$12/2 = 6\cdots\cdots$余数$=0$

$6/2 = 3\cdots\cdots$余数$=0$

$3/2 = 1\cdots\cdots$余数$=1$

$1/2 = 0\cdots\cdots$余数$=1$

从而得到转换结果 $(101.25)_{10} = (1100101.01)_2$

（2）十进制数转换为十六进制数。与十进制数转换为二进制数的方法类似，整数部分按"除 16 取余"的方法，而小数部分按"乘 16 取整"的方法进行。

【例1-7】　将十进制数 301.6875 转换为等值的十六进制数。

解　整数部分　　　　　　　　　　小数部分

301/16＝18……余数＝D　　　　　　　　0.6875×16＝11.0000……整数

　　　　　　　　　　　　　　　　　　　　　　(11)$_{10}$＝ (B)$_{16}$

18/16＝1……余数＝2

1/16＝0……余数＝1

所以有 (301.6875)$_D$＝ (12D. B)$_{16}$

也可将十进制数先转换为二进制数，再转换为十六进制数。下边将会看到，后者的转换是非常方便的。

2. 二进制数与十六进制数之间的转换

由于 2^4＝16，所以一位十六进制数能够表示的数值恰好相当于四位二进制数能够表示的数值，这就使十六进制数与二进制数间的相互转换变得非常容易。

将二进制数转换为十六进制数的方法：从小数点开始分别向左和向右把整数和小数部分每 4 位分为一组。若整数最高位的一组不足 4 位，则在其左边补零；若小数最低位的一组不足 4 位，则在其右边补零。然后将每组二进制数用对应的十六进制数代替，得到转换结果。

【例1-8】　　将二进制数 110010110. 100011B 转换为十六进制数。

解

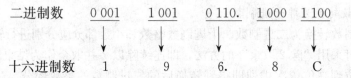

二进制数　0 001　1 001　0 110.　1 000　1 100

十六进制数　1　　9　　6.　　8　　C

所以有 (110010110. 100011)$_2$＝ (196.8C)$_{16}$。

十六进制数转换为二进制数的方法与上述过程相反，即用 4 位二进制代码取代对应的一位十六进制数。

【例1-9】　　将十六进制数 9B3E. 6D 转换为二进制数。

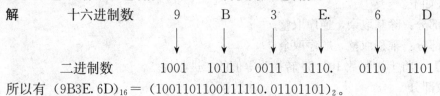

解　十六进制数　9　　B　　3　　E.　　6　　D

二进制数　1001　1011　0011　1110.　0110　1101

所以有 (9B3E. 6D)$_{16}$＝ (1001101100111110. 01101101)$_2$。

1.3.2 子任务 2：二进制数的运算

◁❪【任务说明】

实现二进制数的算术和逻辑运算。

☑【任务解析】

二进制数只有两个数 0 和 1，在物理上容易实现，其运算方法也比十进制数简单。

一、算术运算

当两个二进制数表示两个数量大小时，它们之间可以进行数值运算，这种运算称为算术运算。二进制算术运算和十进制算术运算的规则基本相同，唯一的区别在于二进制数是逢二进一、借一当二。

例如，两个二进制数 1101 和 0101 的算术运算如下：

加法运算　　　　　　　　　　　　　　减法运算

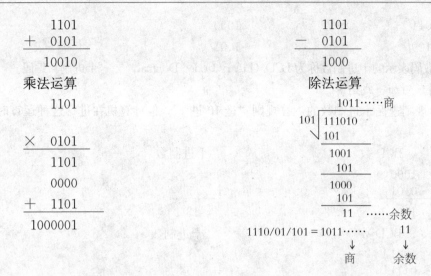

二、逻辑运算

逻辑运算是计算机中二进制数的基本运算，又称为布尔运算。逻辑代数的基本运算有与、或、非三种。多位二进制数进行逻辑运算时，可利用一位二进制数运算规则按位进行运算。表 1-1 给出三种基本逻辑运算。

表 1-1　　　　　　　　　　　　逻辑与、或、非运算

A	B	A AND B（与）	A OR B（或）	NOTA（非）
0	0	0	0	1
0	1	0	1	1
1	0	0	1	0
1	1	1	1	0

1.3.3 子任务 3：计算机中的二进制编码

◁【任务说明】

认识计算机中的二进制编码。

✓【任务解析】

任何信息在计算机内部都要形成二进制编码。数字、通用符号等都要按照二进制编码方式对其进行编码。

一、二—十进制（BCD）数的表示与运算

1. 二—十进制数的表示

十进制数有 10 个数码：0～9，而计算机中的数据表示只有 2 个数码：0、1，十进制数的 10 个数码需要用 0 和 1 两个数码的编码表示，通常采用 4 位二进制数编码表示，共有十六种数据组合，只用前 10 种，其余 6 种组合不用。

0	0000	5	0101
1	0001	6	0110
2	0010	7	0111

3	0011	8	1000
4	0100	9	1001

这种用二进制数码表示的十进制数称为 BCD（Binary Coded Decimal，二—十进制）编码。

2. 二—十进制数的加、减运算

BCD 数的运算规则遵循十进制数的运算规则"逢 10 进 1"，但计算机在进行这种运算时会出现潜在的错误。

【例 1-10】　　　　　BCD 数　　　　　　　　　十进制数

```
    1000                    8
 +  0101                 +  5
 ─────────               ──────
    1101                    13
```

【例 1-11】　　　　　BCD 数　　　　　　　　　十进制数

```
    1001                    9
 +  0111                 +  7
 ─────────               ──────
   10000                    16
```

例 1-10 的两个 BCD 数相加后，其结果已不是 BCD 数；而例 1-11 的运算结果不对。究其原因：在计算机中，用 BCD 可以表示十进制数，但其运算规则还是按二进制数进行。因而 4 位二进制数相加要到 16 才会进位，而不是逢十进位。

为解决 BCD 数的运算问题，采用调整运算结果的措施。调整规则：当 BCD 数加法运算结果的 4 位二进制超过 1001（9）或个位向十位有进位时，则加 0110（6）进行调整；当十位向百位有进位时，加 01100000（60）调整。这是人为的干预进位。

【例 1-12】　　　$(10001000)_{BCD}$ ＋ $(01101001)_{BCD}$ ＝ $(101010111)_{BCD}$。

```
     1 0 0 0 1 0 0 0
  +  0 1 1 0 1 0 0 1
  ───────────────────
     1 1 1 1 0 0 0 1
  +  0 1 1 0 0 1 1 0    ←──────  调整
  ───────────────────
   1 0 1 0 1 0 1 1 1
   │
   └──────────────────────────  进位
```

【例 1-13】　　　$(10001000)_{BCD}$ － $(01101001)_{BCD}$ ＝ $(000111001)_{BCD}$。

```
     1 0 0 0 1 0 0 0
  ─  0 1 1 0 1 0 0 1
  ───────────────────
     0 0 0 1 1 1 1 1
  ─          0 1 1 0    ←──────  调整
  ───────────────────
     0 0 0 1 1 0 0 1
```

二、字符的编码表示

在计算机上通过键盘输入、在显示器上显示或打印的信息大多数是西文字母、汉字或是其他符号。任何信息在计算机内部都被转换成二进制编码。ASCII 码（American Standard Code for Information Interchange，美国标准信息交换码）是将数字、字母、通用符号、控制符号等，按国际上常用的一种标准二进制编码方式进行编码。

在 ASCII 编码中，规定 8 个二进制位的最高位为 0，其余 7 位可以有 128 种不同的组合，表示 128 个字符，包括 52 个英文大小写字母、数字 0～9、通用运算符、标点符号和控制符。例如，LF 表示换行，CR 表示回车，BS 表示退格，ESC 是换码，DEL 是删除。

三、汉字编码表示

计算机汉字处理技术对在我国推广计算机应用以及加强国际交流都具有十分重要的意义。汉字也是一种字符，但它是一种象形文字，故汉字的计算机处理技术远比拼音文字复杂，且汉字数目多，常用汉字约 3000 个，次常用汉字 4000 个。基于目前计算机的键盘，汉字想直接从键盘上输入是不可能的，像西文一样用 7 位二进制数对几千个汉字进行编码，也不能满足要求。

为了能在不同的汉字系统之间互相通信，共享汉字信息，我国制定并推行一种汉字编码，即 GB2312—1980 国家标准信息交换用汉字编码字集（基本集），简称国标码。在国标码中，每个图形字符都规定了二进制表示的编码，一个汉字用 2 字节编码，每个字节用 7 位二进制数，高位置 0。国标码在计算机中容易与 ASCII 码混淆，在中西文兼容时无法正常使用。若将国标码每个字节的高位置 1，作为标识符，则可与 ASCII 码区分。这种汉字编码又称为内部码。

汉字内部码结构简短，一个汉字只占 2 字节，足以表达数千个汉字和各种符号、图形。另外汉字内部码便于与西文字符兼容，在同一计算机系统中，可以一个字节最高位标识符是 1 还是 0 来区分汉字与西文。当然，计算机内的汉字内部码要经过汉字字模库检索后，找到该汉字的字形信息才能输出。

1.3.4 子任务 4：带符号二进制数的表示及其运算

◁ǁ﹕【任务说明】

掌握带符号二进制数的表示方法，理解其运算方法。

◢【任务解析】

不带符号的二进制数，称为无符号数。但实际使用中数是有正有负的，一般用符号"+"和"—"表示正数和负数。在计算机中，所使用的数据都是由 0 和 1 两个数字组成，数的正负号也是用 0 和 1 来表示。通常规定，一个有符号数的最高位代表符号，该位为"0"表示正，该位为"1"表示负。

例如：+0010101B 在计算机中可表示为 00010101B，即十进制数的 +21；

—0010101B 在计算机中可表示为 10010101B，即十进制数的 —21。

我们把符号数值化了的数称为机器数，如 00010101 和 10010101 就是机器数，而把原来的数值称为机器数的真值，如 +0010101 和 —0010101。以下分析带符号机器数的表示方法及其运算规则。

一、带符号数的表示方法

在计算机中一个带符号数有 3 种表示方法，即原码、反码和补码。它们均是由符号位和数值部分组成，而且符号位有相同的表示方法，即如上所述，用 1 来表示负"—"，用 0 来表示正"+"。以下说明原码、反码和补码的数值部分的表示方法。

1. 原码

用二进制数的最高位表示数的符号（通常规定 0 表示正数，1 表示负数），其余各位表示数值本身，称该二进制数为原码表示法。

原码定义为：若 $X \geqslant +0$，则 $[X]_原 = X$；若 $[X]_原 = 2^{n-1} - X$，其中 n 为原码的位数。

例如：已知真值 $X = +97$，$Y = -97$，求 $[X]_原$ 和 $[Y]_原$。

解 因为 $(+97)_{10} = +1100001B$，$(-97)_{10} = -1100001B$，根据原码表示法，有

注意，在原码表示法中，真值 0 的原码可表示为两种不同的形式，即 +0 和 -0。

$$[+0]_原 = 00000000 \qquad\qquad [-0]_原 = 10000000$$

原码表示法的优点是易于理解，简单方便，与真值间的转换较为方便；其缺点是进行加减运算时较麻烦，不仅要考虑是做加法还是做减法，而且要考虑数的符号和绝对值的大小，这不仅使运算器的设计较为复杂，而且降低了运算器的运算速度。原码数值的运算完全类似于正负数的计算。比如，两个数相减时，先比较两个数的绝对值的大小，然后用绝对值大的减去绝对值小的，最后在结果前面加上原来绝对值大的数的符号。这样处理非常烦琐，将导致计算机的结构极为复杂。

2. 反码

反码定义为：若 $X \geqslant +0$，则 $[X]_反 = X$；$X \leqslant -0$，则 $[X]_反 = 2^{n-1} + X$，其中 n 为反码的位数。对正数来说，正数的反码表示与原码相同，最高位为符号位，其余位为数值位。但负数的数值部分为真值的各位按位取反。

例如：已知真值 $X = +97$，$Y = -97$，求 $[X]_反$ 和 $[Y]_反$。

解 因为 $(+97)_{10} = +1100001B$，$(-97)_{10} = -1100001B$，根据反码表示法，有

$$[X]_反 = 01100001 \qquad\qquad [Y]_反 = 10011110$$

在反码表示法中，同原码一样，数 0 也有两种表示形式：

$$[+0]_反 = 00000000 \qquad\qquad [-0]_反 = 11111111$$

由此可见，用原码和反码表示带符号数时，数值 0 的表示都不是唯一的，这样使用起来就很不方便。目前，在微处理器中已不使用这两种表示方法。

3. 补码

（1）补码的引入。在数的原码和反码表示法中，数的符号是不参与运算的，因此不便于计算机运算。数的补码表示法解决了这一问题，即数的符号与数一样可以参加运算，并且减法运算变成加法运算，使计算机的结构大为简化。

（2）模的概念。比如，在钟表上，现在的时间是 2 点整，而钟表的时针却指着 5 点，快了 3 小时，校正的方法有两种：正拨 9 小时或倒拨 3 小时，这两种校正方法的结果是一样的，即 5+9=2（时针经过 12 点时自动丢失一个数 12），或者 5+（-3）=2。

数学上把 12 这个数称为"模"，这里 9 是（-3）对模 12 的补码。对于 n 位二进制计数器，其计数范围为 0～（$2^n - 1$），在该计数器上加 2^n 或减 2^n 结果是不变的，我们称 2^n 为计数系统的模。这样，在模的条件下，减法运算就可以转换为加法运算。

（3）补码的定义。对于 n 位二进制数，模为 2^n，若 $X \geqslant +0$，则 $[X]_补 = X$；$X \leqslant -0$，则 $[X]_补 = 2^{n-1} - X$，其中 n 为补码的位数。

例如：$[+0]_补 = [+0]_反 = [+0]_原 = 00000000 \qquad [-0]_补 = [-0]_反 + 1 = 00000000$

可以看出，正数的补码、原码和反码相同，为原正数不变。负数的补码等于负数的反码加 1，也就是负数的原码除符号外其余各位按位取反后最低位加 1。

注意：0 的补码为 0，且只有一种表示方法。8 位二进制补码的真值范围为 $-128\sim$ $+127$；16 位二进制补码的真值范围为 $-32\,768\sim+32\,767$。对已知的补码再次求其补码，可以得到其真值，即 $\left[\,[X]_{补}\,\right]_{补}=X$。

（4）补码的运算。当采用补码表示时，可以把减法运算转换为加法运算，即

$$[X+Y]_{补}=[X]_{补}+[Y]_{补}\qquad\qquad[X-Y]_{补}=[X]_{补}-[Y]_{补}$$

例如：$X=60-12=48$。

$[X]_{补}=[60]_{补}+[-12]_{补}$，$[60]_{补}=00111100B$，$[-12]_{补}=11110100B$

```
     0 0 1 1 1 1 0 0
  +  1 1 1 1 0 1 0 0
  ───────────────────
   1 0 0 1 1 0 0 0 0      （最高位 1 自然丢失）
```

补码运算不需要判断正负号，符号位一起参加运算，自动得到正确的补码结果。

（5）溢出判断。溢出是指运算结果超出了规定的带符号数，其最高位表示符号，其余 $n-1$ 为数值位，其表示范围为 $2^{n-1}\sim2^{n-1}-1$。如果运算的结果超出了这个范围，就称为补码溢出。这时运算结果将是错误的。

真值与补码之间的转换要把一个用补码表示的二进制数转换为带符号的十进制数，首先应求出它的真值，然后再进行二—十的转换即可。下面就来看一下，若已知一个数的补码，如何求出它的真值。

由前边的讨论可知，对于一个用补码来表示的 8 位二进制数，当其符号位为"0"时，表示是一个正数，这时其补码就等于它的原码。即真值就是它的数值部分，也就是说，除符号位外的其余 7 位就是此数的二进制数值。

例如：已知 $[X]_{补}=00101110$，求 X 的真值。

解　因为补码 00101110 的符号位为 0，即它是一个正数，其数值部分就是它的真值。即　$X=+0101110=(+46)_{10}$。

而对于一个用补码表示的负数（符号位为"1"），求其真值的方法是将此补码数再求一次补码，即将除符号位外的低 7 位按位取反，再在最低位加 1，所得结果才是其真值。

二、补码的运算

两个 n 位二进制数补码的运算具有如下规则：

（1）和的补码等于补码之和，即　　$[X+Y]_{补}=[X]_{补}+[Y]_{补}$

（2）差的补码等于补码之差，即　　$[X-Y]_{补}=[X]_{补}-[Y]_{补}$

（3）差的补码等于第一个数的补码与第二个数负数的补码之和，即 $[X-Y]_{补}=$ $[X]_{补}+[-Y]_{补}$

这里，$[-Y]_{补}$ 称为对补码数 $[Y]_{补}$ 变补，变补的规则：对 $[Y]_{补}$ 的每一位（包括符号位）按位取反加 1，则结果就是 $[-Y]_{补}$。当然也可以直接对 $-Y$ 求其补码，结果也是一样的。

例如：设 $X=+66$，$Y=+51$，求 $[X-Y]_{补}=$？

解　可利用补码运算规则 3，$[X-Y]_{补}=[X]_{补}+[-Y]_{补}$。

先求 $[X]_{补}$ 和 $[-Y]_{补}$：

$X=(+66)_{10}=(+1000010)_{2}$，$[X]_{补}=01000010$；

$-Y=(-51)_{10}=(-0110011)_{2}$，$[-Y]_{补}=11001101$。

再求 $[X]_{补} + [-Y]_{补}$：

$$
\begin{array}{r}
01000010 \\
+\ 11001101 \\
\hline
1\ \ 00001111
\end{array}
$$

↓

自然丢失

所以 $[X-Y]_{补} = 00001111 = (+15)_{10}$。

在字长为 8 位的机器中，从第 8 位向上的进位是自然丢失的，所以本例中做减法运算的结果与补码做加法运算的结果是相同的，都是十进制数 15。由此说明，当两个带符号数用补码表示时，减法运算可转换为加法运算。

例如：设 $X = +51$，$Y = +66$，求 $[X-Y]_{补} = ?$

$[X-Y]_{补} = [X]_{补} + [-Y]_{补}$

$X = (+51)_{10} = (+0110011)_2$，$[X]_{补} = 00110011$

$-Y = (-66)_{10} = (-1000010)_2$，$[-Y]_{补} = 10111110$

$$
\begin{array}{r}
00110011 \\
+\ 10111110 \\
\hline
11110001
\end{array}
$$

所以 $[X-Y]_{补} = 11110001$。

由补码运算规则可知，两补码相加的结果即为和的补码，现在和的符号位为 1，和肯定为负数，于是将数值部分的后 7 按位取反后再加 1，得出真值为 -0001111。故通过补码相加后，和为十进制数 -15。

在二进制系统中，模为 2^n（n 为字长）。若字长为 8 位，其模为 $2^8 = (256)_{10}$ 当一个负数用补码表示时，就可以将减法转换为加法来进行计算。如前面（66－51）可写成 $66-51 = 66 + (-51) = 66 + (256-51) = 66 + 205 = 256 + 15 = 15 \pmod{256}$。可见，在模为 2^8 的情况下，（66－51）与（66＋205）的结果是相同的。也就是说，对模为 256 来说，-51 与 205 互为补数，这里 -51 的补码二进制数为 1100101，即是十进制数的 205（把 11001101 看成无符号数时为 205，若看成有符号数为 -51），正是利用了负数的补码概念，把减法运算转换成加法运算。但要注意，这里负数（$-X$）的补码是利用 $2^8 - X$ 得到的，仍没有避免减法运算，实际上根据负数补码的定义 $[-X]_{补} = [X]_{反} + 1$，即可避免求补过程中的减法运算，使二进制的补码运算有了实用价值。

注意：在微机中，凡是涉及带符号数都一定是用补码表示的，所以运算的结果也是用补码表示的。

三、带符号数运算时的溢出问题

下面来讨论带符号数的表示范围，从而确定带符号数是否溢出。

（1）对 8 位二进制数，原码、反码、补码所能表示的范围为

原码　　11111111B～01111111B　　　$(-127 \sim +127)$

反码　　10000000B～01111111B　　　$(-127 \sim +127)$

补码　　10000000B～01111111B　　　$(-128 \sim +127)$

当 8 位二进制数的运算结果超出以上范围时，就会产生溢出。

（2）对 16 位二进制数，原码、反码、补码所能表示的范围为

原码　　　FFFFH～7FFFH　　　　（-32 767～+32 767）

反码　　　8000H～7FFFH　　　　（-32 767～+32 767）

补码　　　8000H～7FFFH　　　　（-32 768～+32 767）

当 16 位二进制数的运算结果超出以上范围时，就会产生溢出。

四、真值与补码之间的转换

要把一个用补码表示的二进制数转换成带符号的十进制数，首先应求出它的真值，然后再进行二—十转换即可。下边来看一下若已知一个数的补码，如何求它的真值。

由前边的讨论可知，对于一个用补码表示的 8 位二进制数，当其符号位为"0"时，表示是一个正数，这时它的补码就等于它的原码。即真值就是它的数字部分，也就是说，除符号位之外其余 7 位就是此数的二进制数值。

例如：已知 $[X]_补=01100001$，求 X 的真值。

解　因为补码 01100001 的符号位为 0，即它是一个正数，其数值部分就是它的真值。即 $X=+01100001=(+97)_{10}$。

而对于一个用补码表示的负数（符号位为"1"），求其真值的方法是将此补码数再求一次补，即将除符号位以外的其余 7 位按位取反，再在最低位加 1，所得结果才是它的真值。

例如：已知 $[X]_补=11100001$，求 X 的真值。

解　因为补码 11100001 的符号位为"1"，可知它是一个负数。因此，对其数值部分再求一次补码，即可得到 X 的真值如下：

$X=[[X]_补]_补=[10011111]_补=-1100001=(-97)_{10}$

为什么要引进补码的概念呢？这是因为在计算机中，对于二进制的算术运算，可以将乘法运算转换为加法和左移运算，而除法则可转换为减法和右移运算，因此加减乘除运算最终可归结为加、减和位移操作来完成。但在计算机中为了节省设备，一般只设置加法器而无减法器，这就需要将减法运算转化成加法运算，从而使在计算机中的二进制四则运算最终变成加法和位移两种操作。引进补码运算就是用来解决将减法运算转换为加法运算的。

任 务 总 结

主要完成的任务包括：认识微型计算机系统的组成，了解微型计算机主要技术指标，微型计算机中信息的表示方式。

思 考 与 练 习

1. 简述计算机系统的体系结构。

2. 简述微型计算机系统的体系结构。

3. 微型计算机是怎样分类的？

4. 微机的主要技术指标有哪些？

5. 你了解哪些常用数制？

6. 完成下面的进制转换：

$(11001)_2 = ($ $)_{10}$

$(101.101)_2 = ($ $)_{10}$

$(36)_{10} = ($ $)_2$

$(14.25)_{10} = ($ $)_2$

$(47.625)_{10} = ($ $)_8$

$(57.5)_8 = ($ $)_{10}$

$(1000101.0101)_2 = ($ $)_8 = ($ $)_{16}$

$(101111010.1011)_2 = ($ $)_8 = ($ $)_{16}$

$(17C.F)_{16} = ($ $)_2$

$(36.2)_8 = ($ $)_2$

7. 写出下列字符的编码：

123 = ($)_{BCD}$

D = ($)_{ASCII}$

8. 已知 $[X]_{补} = 10101110$，求 X 的真值。

9. 已知真值 $X = +89$，$Y = 21$，求 $[X]_{补} - [Y]_{补}$。

10. 已知真值 $X = +89$，$Y = -46$，求 $[X]_{补} + [Y]_{补}$。

学习情境二

认识微机的硬件结构

【情境引入】

本学习情境完成认识 MCS-51 的内部结构和外部引脚、MCS-51 系统开发过程、认识 MCS-51 内部存储器的任务。

任务 2.1　认识 MCS-51 的内部结构和外部引脚

认识 MCS-51 的内部结构和外部引脚，完成以下子任务：

(1) 子任务 1：了解单片机和 PC（Personal Computer，个人电脑）机的区别。

(2) 子任务 2：MCS-51 的内部结构。

(3) 子任务 3：MCS-51 的外部引脚。

2.1.1 子任务 1：了解单片机和 PC 机的区别

【任务说明】

了解单片机和 PC 机的区别，了解各自的应用领域。

【任务解析】

个人电脑可以说是一套完整的计算机系统，其主板上有 CPU 和几百兆或几个吉字节的内存，PC 机可外接显示器作为输出设备，而键盘与鼠标则是输入设备，磁盘驱动器与硬盘也可看成计算机另外的重要设备，它们负责保存数据，PC 机各部分说明如图 2-1 所示，PC 机主板如图 2-2 所示。

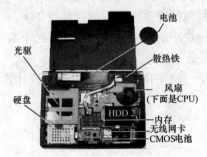

图 2-1　PC 机各部分说明

图 2-2　PC 机主板

可是，在单片机的应用领域里，上述设备不是被简化，就是从成本或体积的考虑而被省略掉。单片机 GPRS 应用系统如图 2-3 所示。

图 2-3　单片机 GPRS 应用系统

PC 机与单片机的比较见表 2-1。

表 2-1　　　　　　　　　　　　　　　PC 机与单片机的比较

项 目	PC 机	单片机
单 价	高	低
功 能	多	单一
体 积	大	很小
内 存	几个吉字节	2～8KB
操作环境	Windows、Linux 等	自行开发
标准输出	CRT 或 LCD 屏幕	LED 或七段显示器
标准输入	键盘、鼠标	数个按键
常用的编程语言	Visual Basic 或 Visual C++、Java 等	汇编语言或 C 语言

单片机系统没有类似 PC 机的显示器，当有显示的需要时，它会以简单的 LED（Light Emitting Diode，发光二极管）、七段显示器或体积不大的 LCD（Liquid Crystal Display，液晶显示器）模块替代，单片机的显示信息只需要简单的界面就可以满足，而 PC 机的屏幕体积太大反而不方便。

单片机的系统里很少有 PC 机上的大键盘，因为单片机系统本身的体积就比键盘小，如果有输入的需要，通常会以几个简单的按键替代，只要稍做几个键的组合处理就可以达到单片机系统的要求。

单片机系统没有磁盘驱动器、没有硬盘，更不可能有光盘驱动器（简称光驱），当需要保存数据时，它会把数据存放在带电的 SRAM（静态存储器）中，或是将数据存放在 E²PROM（电可擦可编程只读存储器）中，这样就是关闭电源也不怕数据丢失。当有更多的数据要存放时，单片机系统可以通过串行接口将数据存放在远程的存储设备上。

单片机系统没有大体积的主机，它通常是一块小的单片板，上面元件的个数非常少，构造也十分精简，但是其整体的工作原理和 PC 机是一样的。

单片机系统虽然如此简单，但是它仍然是一个典型的微机系统，具有组成计算机系统的 3 要素：

（1）CPU：运算或逻辑运算；

（2）内存：存放程序与数据；

（3）I/O：与外界沟通的桥梁。

当我们同时把上述三要素都集中在一片芯片上时，这块芯片就称为单片（Single Chip）

机。只要加上电源及几个必要的元件后，单片机就可以独立工作了。当单片机上的内存或 I/O 不够用时，还可以外加其他的硬件或芯片来加以扩展。

CPU 执行程序中的指令，程序指挥机器运行。微型机（PC 机）上的硬件分工是很细的，一套完整的系统分成 CPU、ROM、RAM 与 I/O 等单元，每个单元都有其独自运行的功能。随着半导体制造技术的成熟，I/O 与 ROM/RAM 等单元被整合到 CPU 中，这就是我们今天所称的单片机。由于这类单片机能独立执行内部程序，所以称这类单片机为微型控制器（Microcontroller），而不是微型处理器（Microprocessor）。

单片机组成的系统是无所不在的，家用电器，如微波炉、电磁炉、电视、智能型冰箱、智能洗衣机（见图 2-4）；汽车上的控制单元，如 ABS（Ant-ilock brake system）防抱死制动装置、电喷发动机控制器、空调恒温控制器、车载导航仪（见图 2-5），工厂里的许多控制设备也都广泛地使用了单片机。在实际的应用中，单片机必须和外部的机电系统连接，以便得到必要的信息来实施控制。为了达到外界物理数据的获取及有效控制的目的，往往需要加上传感器（Sensor）及驱动（Driver）电路，单片机构成的控制系统如图 2-6 所示。

图 2-4　智能洗衣机

图 2-5　车载导航仪

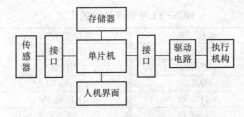

图 2-6　单片机构成的控制系统简化图

单片机系统是指由单片机为核心构成的一个系统，单片机在这个系统中担任运算和指挥的功能，还需要其他部件一起才能构成一个完整的控制系统，如图 2-7 是一个闭环控制系统。

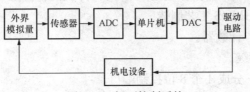

图 2-7　闭环控制系统

当单片机输出的信号不需调节被控对象的相应参数，只给系统提供参考，此时就是一个开环控制系统如图 2-8 所示。

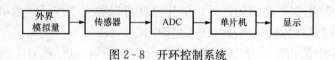

图 2 - 8 开环控制系统

2.1.2 子任务 2：MCS - 51 的内部结构

📢【任务说明】

了解 MCS - 51 的发展历程，熟悉其主要的内部结构部件。

📝【任务解析】

一、MCS - 51 的发展历程

Intel 公司在 20 世纪 80 年代初发布了 MCS - 51 系列的单片机，用以取代先前功能简单的 8048 与 8049 微控器，硬件工程师和程序设计人员才发现一个控制系统竟然可以简化到如此地步，其代表芯片包括 8051、8031、8052、8032、8751 和 8752，统称为 8051 系列单片机，或称 51 系列单片机。这些芯片结合了传统 8 位 CPU 的很多优点，并将必要的 I/O 嵌入 CPU 中，除此之外，并增加了足够的 ROM 及 RAM 存储空间，使得单片机的线路变得非常简洁，Intel 的工程师希望用户只要加上石英振荡晶体及电源后，单片机系统就可以正式运行，事实上要让 8051 单片机运行也只需如此而已，用户只要将可执行程序烧录到程序存储器内即可。

Intel 公司的 MCS - 51 系列单片机的比较见表 2 - 2，该系列单片机最早是以 HMOS 工艺制造的，经过数年后，又以更先进的 CMOS 工艺制造完成，并增加了数项省电功能。再经过数年后，单片机的架构已逐渐被设计工程师接受，不过此时 Intel 的发展方向却改向 80x86 高功能的 16/32 位 CPU，所以开始以授权的方式将 MCS - 51 系列单片机交由其他 IC 制造厂生产，这就是 Second Source（芯片第二供应商），今天我们购买的 51 系列单片机厂商主要有 Philips、Siemens、Atmel、STC 和 Intel，其主要特性都是相同的。

表 2 - 2　　　　　　　　　MCS - 51 系列单片机的比较

型　　号	制造工艺	芯片程序空间	数据空间
8051AH	HMOS	4KB - ROM	128
8030AH	HMOS	NONE	128
8751H	HMOS	4KB - EPROM	128
80C51	CHMOS	4KB - ROM	128
80C31	CHMOS	NONE	128
8052	HMOS	8KB - ROM	256
8032	HMOS	NONE	256

Intel 公司在 MCS - 51 系列的用户手册中，对单片机的特性说明如下：

（1）由 HMOS 或 CHMOS 工艺制造。

（2）内部有两个定时/计数器。

（3）两级中断优先等级。

（4）32 个 I/O 引脚，分成 4 个 8 位控制端口。

（5）64KB 的程序存储空间，Intel 称此段空间为程序空间（Program Memory）。

（6）64KB 的数据存储空间，这个空间是可以写入并读取的，Intel 称此段空间为数据空间（Data Memory）。

（7）8751和8752单片机另外提供数据保护功能（Security Feature），可以防止程序内容遭到恶意的拷贝。

（8）所有系列单片机都可以进行单一位的布尔运算（Boolean Processor），这是传统CPU最弱的一个环节。

（9）提供位寻址数据区（Bit Addressable RAM）。

（10）可编程全双工串行传输接口（Full Duplex Serial Channel），可以同时进行发送与接收的串行通信。

（11）共有111个指令，其中有64个指令可以在一个机器周期内执行完毕。

二、MCS-51内部结构

MCS-51系列单片机的内部结构如图2-9所示。主要部件包含：

（1）中央处理器：MCS-51内部的CPU是8位微处理器，是整个单片机的核心部件，包括运算器和控制器两部分，运算器就是算术逻辑部件ALU，可以进行算术和逻辑运算。

（2）数据存储器（RAM）：8051内部有128个8位用户数据存储单元和128个专用寄存器单元。

（3）程序存储器（ROM）：用于存放用户程序，原始数据或表格。

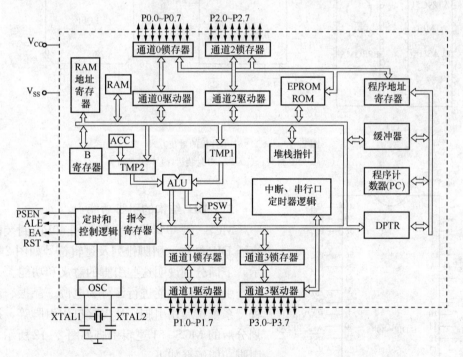

图2-9 8051的结构框图

（4）定时/计数器：实现定时或计数产生中断用于控制程序转向。

（5）并行输入/输出（I/O）口：MCS-51共有4个8位的I/O口（P_0、P_1、P_2、P_3），用于对外部数据的传输。

（6）全双工串行口：既可以用作异步通信收发器，也可以当同步移位器使用。

（7）中断系统：MCS-51具备较完善的中断功能，有两个外中断、两个定时/计数器中断和一个串行中断。

（8）时钟电路：MCS-51芯片的内部有时钟电路，但石英晶体振荡器和微调电容需外接。时钟电路为单片机产生时钟脉冲序列。8051允许的晶振频率为 1.2~12MHz，其他兼容芯片有所不同，如 Atmel 公司的 AT89C 系列最高晶振频率可达 20MHz，Philips 公司的80C51 最高晶振频率可达 40MHz。

2.1.3 子任务3：MCS-51的外部引脚

📢【任务说明】

了解 MCS-51 单片机的封装方式，认识 MCS-51 的外部引脚。

✏【任务解析】

一、MCS-51 单片机的封装方式

MCS-51 单片机的封装方式包括如图 2-10 所示的 DIP、PLCC、PQFP 三种。

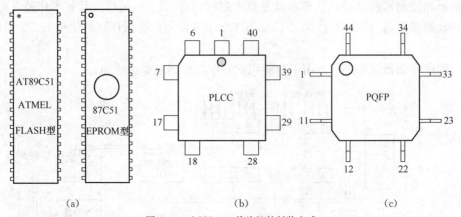

图 2-10　MCS-51 单片机的封装方式

(a) DIP 封装；(b) PLCC 封装；(c) PQFP 封装

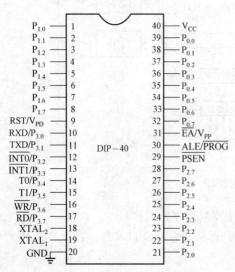

图 2-11　MCS-51 引脚配置

二、DIP 结构的引脚功能

MCS-51 单片机大多数采用 40Pin 封装的双列直插 DIP 结构，引脚排列及逻辑符号如图 2-11 所示，下面分别说明这些引脚的意义和功能。

引脚按照功能进行区分为电源、晶振、芯片编程、系统扩展用引脚、片内接口用引脚等，按功能划分后的 MCS-51 逻辑引脚如图 2-12 所示，具体引脚功能解释如下。

1. 工作电源与地

V_{CC}（40）：接+5V 电源。

GND（20）：接电源地。

2. 时钟电路引脚

XTAL1（19）：内部振荡器输入端，接外部晶振的一端。在单片机内部，它是反相放大器的输入端，该放大器构成了片内振荡器。在采用外部时钟电路时，对于 HMOS 单片机，此引脚必须接地；对 CHMOS 单片机，此引脚作为驱动端。

XTAL2（18）：内部振荡器输出端，接外部晶振的另一端。在单片机内部，它是反相放大器的输出端。在采用外部时钟电路时，对于 HMOS 单片机，该引脚输入外部时钟脉冲；对于 CHMOS 单片机，此引脚应悬空。

3. 三大总线和接口线

（1）$P_{0.0} \sim P_{0.7}$（39～32）：通用 I/O 口 P_0，存储器扩展时地址总线低 8 位 $A_0 \sim A_7$ 和数据总线 D0～D7 复用

（2）$P_{1.0} \sim P_{1.7}$（1～8）：通用 I/O 口 P_1，外部数据输入/输出的首选。

（3）$P_{2.0} \sim P_{2.7}$（21～28）：通用 I/O 口 P_2，存储器扩展时地址总线高 8 位，$A_8 \sim A_{15}$。

（4）$P_{3.0} \sim P_{3.7}$（10～17）：通用 I/O 口 P_3，第二功能用到较多。

4. 控制信号

（1）ALE（Address Latch Enable）（30）：低 8 位地址锁存使能输出端，输出正脉冲，高电平有效，输出信号为外部地址锁存信号。

（2）$\overline{EA}$（31）：输入信号，低电平有效，前 4K 选择外部程序存储器的控制信号。

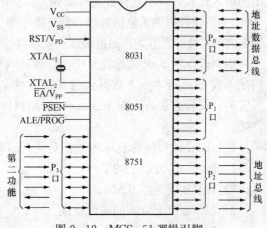

（3）$\overline{PSEN}$（Program Store Enable）（29）：外部程序存储器读选通信号，输出信号，低电平有效，访问外部程序存储器的选通信号。

（4）$\overline{WR}$（16）：外部数据存储器写控制信号。

（5）$\overline{RD}$（17）：外部数据存储器读控制信号。

P_3 口除了作为通用 I/O 口使用外，主要还是它的第二功能，P_3 口的各条引脚的第二功能定义见表 2-3。

图 2-12　MCS-51 逻辑引脚

表 2-3　　　　　　　　　　　　　**P3 口第二功能表**

引脚	第二功能	引脚	第二功能
$P_{3.0}$	RXD（串行口输入）	$P_{3.4}$	T0（定时器/计数器 0 外部输入）
$P_{3.1}$	TXD（串行口输出）	$P_{3.5}$	T1（定时器/计数器 1 外部输入）
$P_{3.2}$	$\overline{INT0}$（外部中断 0）	$P_{3.6}$	$\overline{WR}$（外部数据存储器写选通）
$P_{3.3}$	$\overline{INT1}$（外部中断 1）	$P_{3.7}$	$\overline{RD}$（外部数据存储器读选通）

由表 2-3 可见，可以将相应的外设接到对应的引脚上，而无须外扩接口芯片就可以实

现单片机与外设的连接。

任务 2.2 　掌握 MCS‑51 系统开发过程

掌握 MCS‑51 系统开发过程，完成以下子任务：

（1）子任务 1：安装软件开发工具 Keil。

（2）子任务 2：认识硬件开发工具。

（3）子任务 3：利用实验板的开发过程。

（4）子任务 4：仿真开发过程。

2.2.1 子任务 1：安装软件开发工具 Keil

◁€【任务说明】

完成集成开发工具 Keil 的安装任务。

✍【任务解析】

（1）Keil 介绍。随着单片机开发技术的不断发展，单片机的开发软件也在不断发展，Keil μVision 软件是目前流行的、用于开发 51 系列单片机的软件，是 Keil Software 公司推出的嵌入式芯片应用软件开发工具包，内含的 A51 编译器采用 Windows 界面的集成开发环境（IDE）。该软件提供了包括 C 编译器、宏汇编、链接器、库管理和一个功能强大的仿真调试器等在内的完整开发方案，通过集成开发环境 μVision IDE，将这些部分组合在一起。

用户可以从 Keil 公司及其中国代理处购买 Keil 软件。如果想试用，可以到 Keil 公司的网站下载 Eval 版本。下载得到的 Keil 软件是一个压缩包，解压后双击其中的 Setup.exe 即可安装。安装方法与一般 Windows 应用程序相似。安装完毕，将在桌面生成 μVision 快捷方式。

（2）Keil 软件的安装环境。要安装 Keil 软件，计算机必须具备以下条件：

1）Pentium 或以上的 CPU。

2）16MB 或更多 RAM。

3）20MB 以上空闲的硬盘空间。

4）Windows 7、Windows XP 等操作系统。

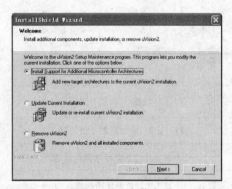

图 2‑13　安装向导

（3）双击 Setup 应用程序开始安装。我们选择的 Keil 软件的版本是 μVision2 完整版，该版本具备 Keil 的主流应用，安装后所占硬盘空间小，双击安装包中的 Setup.exe 应用程序开始安装，安装向导如图 2‑13 所示。

（4）安装 Keil μVision2 完整版。安装 Keil μVision2 完整版选择 Full Version，如图 2‑14 所示，按照向导提示选择 Next，如图 2‑15 所示。

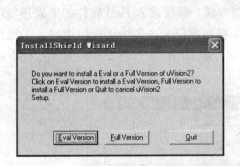

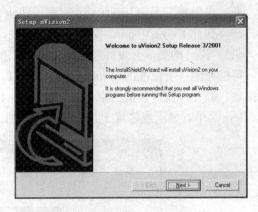

图 2 - 14　安装 Keil μVision2 完整版　　　　　图 2 - 15　单击 Next 按钮

（5）注册许可提示，选 Yes，如图 2 - 16 所示。

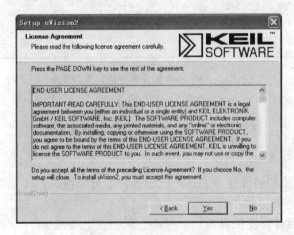

图 2 - 16　注册许可提示

（6）选择安装目录，默认安装目录是 C：\ Keil，如图 2 - 17 所示，用户可以选择其他的目录安装。

（7）输入注册序列号，填写客户信息，如图 2 - 18 所示。

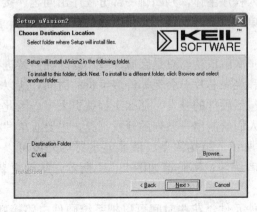

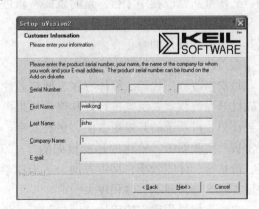

图 2 - 17　选择安装目录　　　　　　　　图 2 - 18　输入注册序列号

（8）当出现 Please insert the add-on disk 的提示画面，可单击 Next 按钮。

（9）到此 Keil μVision2 完整版安装完成，用户可以根据需要安装汉化程序。

（10）Keil 的集成开发环境。双击桌面上的快捷方式，即可进入 Keil 软件的集成开发环境，可以看到一个标准的 Windows 程序窗口。这个程序窗口又由多个子窗口组成，工程管理窗口、源程序窗口和输出窗口等，如图 2-19 所示。如果用户要查看更多的视图，可以选择 View 菜单，显示或隐藏工具条或各种视图。

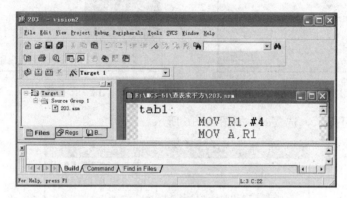

图 2-19　Keil 软件的集成开发环境

2.2.2 子任务 2：认识硬件开发工具

🔊【任务说明】

认识 MCS-51 系统的硬件开发工具，比较各种工具的特点。

📝【任务解析】

一、为什么要用硬件开发工具？

以前的 MCS-51 系统的开发过程包括：程序经过编译程序翻译成机器码的二进制文件后，就可以把该二进制文件由 PC 机发送给烧录器对单片机进行烧录，烧录完成后，把二进制代码烧入单片机后，再把该芯片放到已布好线等待测试的硬件线路板上，接上 +5V 电源后看看程序执行是否如我们所预期的。如果不是预期效果，那么可能是程序某个部分有错误，必须重新修改程序才行。这时就要重新进入程序主体，判断哪一部分程序出问题，接下来又是重新编译与重新烧录，再做一次测试。单片机的开发过程是由多次的修改构成的，当然其中也包括硬件的修正在内。

在单片机的开发过程中，程序的设计很少一次就成功，总是会有一些小修改在持续进行着，每次修改程序代码、编译程序、插拔芯片和烧录芯片总会耗掉许多宝贵的时间，所以仅是软件开发流程就要反复进行好几遍，如果再包括硬件的开发，那么工程就更大了。因此为了要让单片机系统的开发更方便、更有效率，人们研制出一系列的开发工具，主要有单片机开发板、实验箱等。单片机开发板如图 2-20 所示，结构简单、液晶显示器等外设可以外接、价格低、体积较小、携带方便，适于初学者练习；实验箱如图 2-21 所示，结构复杂、外设丰富、价格较高、体积较大。

当然，如果你用实验用的"面包"板、各种元件，花些时间可以把系统硬件电路接好，然后把可执行程序 hex 文件烧录到 AT89C51 单片机上，并把该单片机插入面包板上，确定电源无误接上后，就可以看到系统运行效果，如图2-22所示。

综合比较单片机开发板、实验箱、自制电路板三种硬件开发工具。从价格、实用性、便捷等角度考虑，并且对于单片机初学者，学习微控制器开发技术，可以选用开发板。在很多高校的微控制器实验室或单片机实训室里，通常使用的是实验箱。用户可以购买面包板和各种元件自制简单电路板，但对于硬件复杂的电路板一般是由机器定制，毕竟手工制板精细程度较低，不能满足复杂系统的需要。

图2-20 单片机开发板

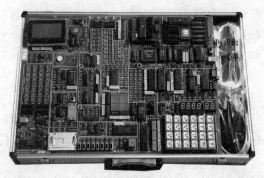

图2-21 实验箱

图2-22 自制电路板

二、天祥电子 TX-1C 单片机开发板

单片机开发板产品很多，功能和外形很相似。用户可以通过各种渠道（电子市场、网络商城）获得开发板，本书选用天祥电子TX-1C单片机开发板作为调试环境，如图2-23所示。

图2-23 TX-1C 单片机开发板

TX-1C 开发板基本配置：

（1）89C52 单片机，支持 USB 口或者是串口两种下载程序方式，也就是你不用买单片机烧写器也能够随时烧写程序到芯片里查看编写的程序状况。

（2）6 位数码管（做动态扫描及静态显示实验）。

（3）8 位 LED 发光二极管（做流水灯实验）。

（4）MAX232 芯片 RS232 通信接口。

（5）USB 供电系统，直接插接到电脑 USB 口即可提供电源，不需另外接直流电源。

（6）蜂鸣器（做单片机发声实验）。

（7）ADC0804 芯片（做模数转换实验）。

（8）DAC0832 芯片（做数模转换实验）。

（9）PDIUSBD12 芯片（USB 设备开发）。

（10）USB 转串口模块，直接由计算机 USB 口下载程序至单片机。

（11）DS18B20 温度传感器（初步掌握单片机操作后即可亲自编写程序获知当前环境温度）。

（12）AT24C02 外部 EEPROM 芯片（IIC 总线元件实验）。

（13）字符液晶 1602 接口（可显示两行字符）。

（14）图形液晶 12864 接口（可显示任意汉字及图形）。

（15）4×4 矩阵键盘另加四个独立键盘（键盘检测试验）。

（16）单片机 32 个 I/O 接口全部引出，方便自己进行自由扩展。

（17）锁紧装置，非常方便主芯片的安装及卸取。

（18）大部分元件采用贴片封装，有效地节省了系统空间。元器件的选择采用软件选通，无跳线跳接，具有极强的系统综合性。

2.2.3 子任务 3：利用实验板的开发过程

◁⁞【任务说明】

完成利用 TX-1C 实验板开发 MCS-51 应用系统的任务，该任务是利用 MCS-51 系列单片机控制一个 LED 灯闪烁。

☑【任务解析】

一、单片机应用系统需求分析

当接到一个单片机系统的设计项目时，其中包含软件、硬件以及整体的系统设计工作，这是所有单片机初学者必须了解的重要概念，如果无法以系统的眼光来看，那么就会使系统变得非常不稳定，最后的结果不是经常故障就是经常出现意外状况。

因此，单片机应用系统的设计开发过程，必须先思考并分析系统的需求，规划出哪些部分由硬件来做，哪些部分由软件来处理。先把硬件结构确定下来，然后把软件程序烧录到单片机中，最后把该芯片插入线路板，进行实际操作的检测，若有问题则需要再重头进行修正。

当程序所有的操作都确认无误后，单片机的系统设计者会认真地把硬件线路检查一次，进行成本费用与线路优化的修改。当然产品商品化的考虑也是重点之一，所以不可避免的软件程序也要再做一次确认，这样才可以把该项单片机的产品推到市场上。如果上市后碰到竞争者时，只有持续地优化硬件与软件功能，才能使该产品保持足够的优越性与竞争力。

本任务需求是利用 MCS-51 系列单片机控制一个 LED 灯的闪烁。

二、硬件设计

硬件设计图如图 2-24 所示，包括时钟电路、复位电路、$P_{1.0}$ 接发光二极管。

该单片机系统使用的是 STC 公司生产的 89C52 单片机做核心控制芯片，它是一款性价比非常高的单片机，它完全兼容 ATMEL 公司的 51 单片机，除此之外它自身还有很多特点，如：无法解密、低功耗、高速、高可靠、强抗静电、强抗干扰等。其次，STC 公司的单片机内部资源比起 ATMEL 公司的单片机要丰富，其内部有 1280B 的 SRAM、8~64KB 的内部程序存储器 Flash、2~8KB 的 ISP 引导码等。目前，STC 公司的单片机在国内市场上的占有率与日俱增，有关 STC 单片机更详细的资料请查阅相关网站。

89C52 共有 20 个引脚，只要在其 RST 脚上接一个电容，并且在 $XTAL_1$ 与 $XTAL_2$ 振荡脚加上石英晶体，最后把 +5V 的电源接入，这样就是一个最简化的单片机控制系统了。

程序运行效果：在图 2-24 中，LED 发光二极管正极接 +5V 电源，负极接 $P_{1.0}$，如果 $P_{1.0}$ 端给出高电平，LED 灯两端没有电压则灯灭，如果 $P_{1.0}$ 端给出低电平，LED 灯两端有电压，则灯亮，亮灭交替表现为闪烁效果。LED 导通后，两端电压增加，电流急剧增强，必须给 LED 串联一个限流电阻，否则一旦有电压，LED 会烧坏。

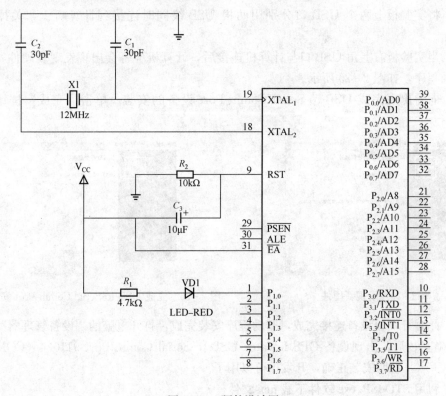

图 2-24　硬件设计图

三、软件设计

单片机软件就用 Keil 来实现，Keil 可以对 C 语言源程序进行编译，对汇编语言源程序进行汇编，对程序进行调试，链接目标模块和库模块以产生一个目标文件，最后生成可执行

HEX 文件。最终下载或烧录到单片机中的是可执行程序，其扩展名为 .hex，即十六进制可执行文件。软件设计具体方法在学习情境 5 中详细介绍。

四、下载 HEX 文件到开发板

以往在单片机系统开发时，需要用烧录器把 HEX 文件烧录到单片机芯片中，再插到电路板上，如果程序有问题需要反复插拔，很不方便。在开发板上使用 STC89C52RC 单片机芯片，可以利用 STC-ISP.exe 把 HEX 文件从 PC 机上下载到 STC89C52RC，不需要反复拔插芯片。STC-ISP.exe 是针对 STC 系列单片机而设计的一款单片机下载编程烧录软件，可下载 STC89 系列单片机芯片，使用简便，现已广泛使用。

五、开发板和 PC 机连接

开发板配备两根线：电源线（给开发板供电）、下载线（PC 机下载 HEX 文件到开发板）。开发板和 PC 机连接方式有两种：串口方式、USB 方式。当然下载线也有两种：一种是串口下载线、一种是 USB 口下载线。使用笔记本电脑的用户如果笔记本电脑没有串口，可使用 USB 接口下载程序 USB Driver Installer.exe。下面是使用 USB 口下载程序的任务完成步骤：

（1）双击 USB 下载接口驱动程序 USB Driver Installer.exe 文件，直接安装到默认路径。

（2）将实验板上两个 USB 口分别用两根 USB 线同时连接到计算机上，关掉实验板电源。

（3）当实验板右上角 USB 口与计算机连接后，计算机屏幕会出现发现新硬件，并提示安装驱动程序，如图 2-25 所示。

（4）向导出现完成 USB-to-Serial Comm Port 设备的安装，单击"完成"按钮，如图 2-26 所示。

图 2-25　发现新硬件

图 2-26　完成 USB-to-Serial Comm Port 安装

（5）此时开发板设备连接完成，驱动程序安装完成，打开电脑的"设备管理器"→"端口"，正确安装后，出现设备 GPS Locator USB-to-Serial Comm Port 911024（COM5），如图 2-27 所示，说明安装正确，开发板可以用了。

六、利用 STC-ISP.exe 软件下载 hex 文件

首先要保证开发板上插的是 STC89C52RC 单片机，左上方的 USB 数据电缆线与计算机相连，给整块电路板提供电源，另一条 USB 电缆线是下载线，连接对应开发板和计算机的 USB 口。STC-ISP-V4.88 免安装版自解压后不必安装，即可双击快捷键打开该软件如图 2-28 所示。利用 STC-ISP.exe 软件下载 HEX 文件的步骤如下：

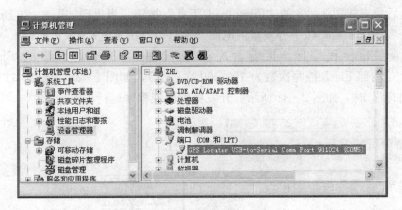

图 2-27 开发板设备安装完成

1. 设置主要参数如下（见图 2-28）

(1) MCU 类型选 STC89C52RC。

(2) 单击界面上的"打开程序文件"对话框，选择需要下载的 XXX.hex 文件，单击打开。

(3) COM 口和设备管理器中的一致，这里是 COM5。

(4) 最高、最低波特率选相同值 1200（参考值）。

(5) 设置为 6T/双倍速、1/2 gain（参考值）。

(6) "下次下载用户应用程序时将数据 Flash 区一并擦除"单选项选 YES。

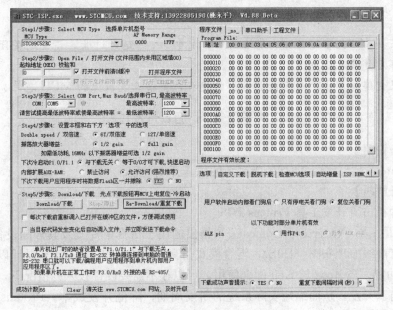

图 2-28 STC-ISP 软件界面

2. 下载 hex 文件操作

参数选择好后，先把开发板上的电源关掉（因为 STC 的单片机内有引导码，在上电的时候会与计算机自动通信，检测是否要执行下载命令，所以要等单击完下载命令后再给单片机上电），然后单击如图 2-28 的"Download/下载"按钮。当出现如图 2-29 所示的"请给 MCU 上电…"的提示后，按下开发板的电源开关给单片机上电。

开始擦除 Flash 程序区，接着程序开始下载到 STC89C52RC 的 FlashROM 区（STC89C52RC 内部 Flash 擦写次数为 100 000 次以上），如图 2-30、图 2-31 所示，当出现"……已加密"时，如图 2-32 所示，开发板即出现程序运行现象。

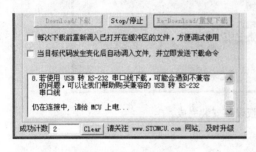

图 2-29　上电提示

图 2-30　擦除 flash 区

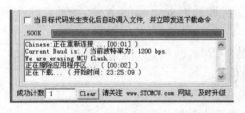

图 2-31　下载进度

图 2-32　下载成功

注意：

（1）如果提示"仍在连接中，请给 MCU 上电 ..."延时过长，请重新关闭开发板开关然后打开，可反复多次上电。

（2）如果仍连接不上，有可能芯片引脚烧坏，更换开发板上的 MCU 芯片。

2.2.4 子任务 4：仿真开发过程

📢【任务说明】

利用 Proteus 软件完成 MCS-51 系统的仿真开发过程。

📝【任务解析】

一、单片机仿真开发工具 Proteus ISIS

Proteus 是 Lab Center Electronics 公司推出的用于仿真单片机及其外围设备的 EDA 工具软件，具有高级原理布图（ISIS）、混合模式仿真（PROSPICE）、PCB 设计以及自动布线（ARES）等功能。Proteus 与 Keil 配合使用，可以在不需要硬件投入的情况下，完成单片机应用系统的仿真开发，从而缩短实际系统的研发周期，降低开发成本。Proteus 是目前世界上唯一将电路仿真软件、PCB 设计软件和虚拟模型仿真软件三合一的设计平台，其处理器模型支持 8051、HC11、PIC10/12/16/18/24/30/DsPIC33、AVR、ARM、8086 和 MSP430 等，Proteus 为用户建立完整的电子设计开发环境。另外，Proteus 有元件库，在硬件设计方面也很方便、快捷。

用户可以下载 ProteuS-Pro-crack-ha-7.8sp2 软件，安装到本地计算机。正确安装后，单击

"开始"→"程序"找到 Proteus 7 Professional，打开 ISIS 7 Professional，如图 2-33 所示。

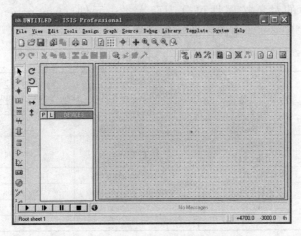

图 2-33 Proteus ISIS 7 用户界面

二、电路原理图的设计与编辑

在 Proteus ISIS 中，电路原理图的设计与编辑非常方便。本节将利用 Proteus ISIS 完成图 2-20 的硬件设计图，包括电路原理图的绘制、编辑、修改任务。这里介绍 Proteus ISIS 的一些基本使用方法，更深层或更复杂的方法，读者可以参阅有关的专业书籍。

设计编辑原理图的步骤如下。

1. 新建设计文件

执行菜单命令 File→New Design，打开 Create New Design 对话框，为新建的设计选择一个模板（默认为 DEFAULT 模板），单击"确定"按钮后，即进入图 2-34 所示的 Proteus ISIS 用户界面。

此时，对象选择窗口、原理图编辑窗口、原理图预览窗口均是空白的。

单击文件工具栏中的"保存"按钮，在打开的 Save ISIS Design File 对话框中可以选择新建设计文件的保存目录，输入新建设计文件的名称"LED 灯闪烁"，保存类型采用默认值。完成上述工作后，单击"保存"按钮返回图 2-34 所示的 Proteus ISIS 用户界面，在窗口标题栏可见设计文件名称已变成"LED 灯闪烁"。

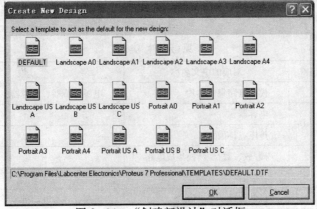

图 2-34 "创建新设计"对话框

2. 电路原理图的对象清单

在电路原理图中的对象按属性可分为两大类：元件（Component）和终端（Terminals），表 2 - 4 给出了图 2 - 24 电路图的对象清单。

表 2 - 4　　　　　　　　　　　　　　　图 2 - 24 的对象清单

对象属性	对象名称	对象所属类别	对象所属子类别	图中标识
元件	AT89C51	Microprocessor ICs	8051 Family	U1
	RES	Resistors	Generic	R1～R2
	LED-RED	Optoelectronics	LEDs	D1
	CAP	Capacitors	Ceramic	C1，C2
	CAP-ELEC			C3
	CRYSTAL	Miscellaneous		X1
	SWITCH	Switches & Relays	Switches	S1
终端	POWER			+5V
	GROUND			

3. 元器件的选择与放置

单击"对象选择"窗口左上角的 P 按钮或执行菜单命令 Library→Pick Device/Symbol，都会打开 Pick Devices 对话框，如图 2 - 35 所示。从结构来看，该对话框共分成 3 列，左侧为查找条件，中间为查找结果，右侧为原理图、PCB 图预览及封装。

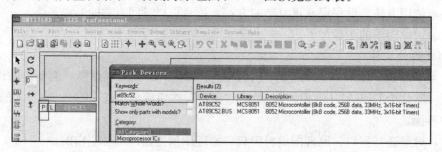

图 2 - 35　Pick Devices 对话框

在 Proteus ISIS 中元器件的所属类共有 40 多种，表 2 - 5 给出了常见元件的所属类别。Proteus ISIS 的元器件库提供了大量元器件的原理图符号，在绘制原理图之前，必须知道每个元器件的所属类别及所属子类别，然后利用 Proteus ISIS 提供的搜索功能可以方便地查找到所需的元器件。

表 2 - 5　　　　　　　　　　　　　　　常 见 元 件 类 别

所属类别名称	对应的中文名称	说　　明
Analog Ics	模拟电路集成芯片	电源调节器、定时器、运算放大器等
Capacitors	电容器	
Connectors	排座，排插	
Data Converters	模/数、数/模转换集成电路	
Diodes	二极管	
Electromechanical	机电器件	风扇、各类电动机等

续表

所属类别名称	对应的中文名称	说 明
Inductors	电感器	
Memory ICs	存储器	
Microprocessor ICs	微控制器	51系列单片机、ARM7 等
Miscellaneous	各种器件	电池、晶振、熔丝等
Optoelectronics	光电器件	LED、LCD、数码管、光电耦合器等
Resistors	电阻	
Speakers & Sounders	扬声器	
Switches & Relays	开关与继电器	键盘、开关、继电器等
Switching Devices	晶闸管	单向、双向晶闸管元件等
Transducers	传感器	压力传感器、温度传感器等
Transistors	晶体管	三极管、场效应管等

4. 终端的选择与放置

单击"终端模式"按钮 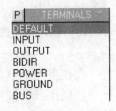，Proteus ISIS 会在对象选择窗口中给出所有可供选择的终端类型，如图 2-36 所示。其中，DEFAULT 为默认终端，INPUT 为输入终端，OUTPUT 为输出终端，BIDIR 为双向（或输入/输出）终端，POWER 为电源终端，GROUND 为地终端，BUS 为总线终端。

图 2-36 Terminals 终端选择窗口

5. 对象的编辑

在放置好绘制原理图所需的所有对象后，可以编辑对象的图形或文本属性。下面以电阻 R_1 为例，简要介绍对象的编辑步骤。

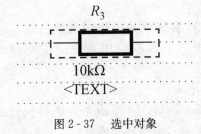

图 2-37 选中对象

（1）选中对象。将鼠标指向对象 R_3，鼠标指针由空心箭头变成手形后，单击即可选中对象 R_3。此时，对象 R_3 及与其相连的导线均高亮（默认为红色）显示，鼠标指针为带有十字箭头的手形，如图 2-37 所示。

（2）移动、编辑、删除对象。选中对象 R_3 后，右击，弹出"对象处理"快捷菜单如图 2-38 所示。通过该快捷菜单可以将对象 R_3 进行移动、编辑、删除等。

若选择"编辑属性"命令，则打开编辑元件对话框，如图 2-39所示。

图 2-38 快捷菜单

6. 布线

完成上述步骤后，可以开始在对象之间布线了。按照连接方式，布线可分为 3 种：两个对象之间的普通连接；使用输入、输出终端的无线连接；多个对象之间的总线连接。下面将主要介绍"普通连接"（见图 2-40）方式。在两个对象之间进行连线包括以下步骤：

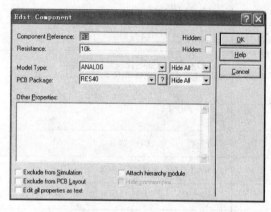

图 2-39　编辑对象各属性

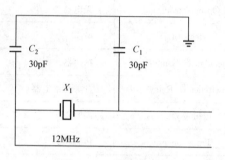

图 2-40　普通连接

（1）在第一个对象的连接点处单击。

（2）拖动鼠标到另一个对象的连接点处单击。

三、电气规则检查

原理图绘制完毕，必须进行电气规则检查（ERC）。执行菜单命令 Tools→Electrical Rule Check，即"工具→电气规则检查"，打开如图 2-41 所示的"ERC 报告单"窗口。

在该报告单中，系统提示网络表（Netlist）已生成，并且无 ERC 错误，即用户可执行下一步操作。所谓网络表，是对一个设计中有电气性连接的对象引脚的描述。在 Proteus ISIS中，彼此互连的一组元件引脚称为一个网络（Net）。

如果电路设计存在 ERC 错误，必须排除，否则不能进行仿真。将设计好的原理图文件存盘。至此，一个简单的原理图就设计完成了。

四、Proteus ISIS 仿真软件执行

Proteus ISIS 加载由 Keil 生成的 HEX 文件，就可以实现单片机应用系统的软、硬件调试。下面完成在 Proteus ISIS 中调用 HEX 文件进行单片机应用系统的仿真调试任务。

1. 准备工作

首先，在 Keil A51 中完成汇编语言应用程序的编译、链接，并生成单片机可执行的 HEX 文件；然后，在 Proteus ISIS 中绘制电路原理图，并通过电气规则检查。

2. 装入 HEX 文件

把 HEX 文件装入单片机中，才能进行整个系统的软、硬件联合仿真调试。在 Proteus ISIS中，双击原理图中的单片机 AT89C51，打开如图 2-42 所示的对话框。

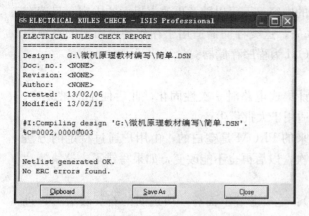

图 2-41　ERC 报告单

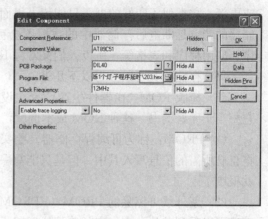

图 2-42　"编辑元件（AT89C51）"对话框

单击 Program File 文本框右侧的"打开"按钮，在打开的"选择文件名"对话框中，选择好要装入的 HEX 文件后单击"打开"按钮，返回图 2-42，此时在 Program File 文本框中显示 HEX 文件的名称及存放路径。单击"确定"按钮，即完成 HEX 文件的装入过程。

3. 仿真调试

装入 HEX 文件后，单击仿真运行工具栏上的"开始"按钮▶。在 Proteus ISIS 的编辑窗口中可以看到单片机应用系统的仿真运行效果。其中，高电平默认用红色方块表示，低电平默认用蓝色方块表示。

如果发现仿真运行效果不符合设计要求，应该单击仿真运行工具栏上的"停止"按钮■结束运行，然后从软、硬件两个方面分析原因。完成软、硬件修改后，按照上述步骤重新开始仿真调试，直到仿真运行效果符合设计要求为止。

任务 2.3　了解 MCS-51 的内部存储器

了解 MCS-51 的内部存储器，完成以下子任务：

（1）子任务 1：了解存储器类型。

（2）子任务 2：片内 RAM 低 128 位字节。

（3）子任务 3：片内 RAM 高 128 位字节

（4）子任务 4：内部程序存储器 ROM。

2.3.1 子任务 1：了解存储器类型

◁【任务说明】

了解半导体存储器类型，熟悉各种存储器的特点。

☑【任务解析】

半导体存储器按功能可以分为只读、随机存取存储器和可现场改写的非易失存储器 3 大类。

一、只读存储器

只读存储器又称为 ROM，其中的内容在操作运行过程中只能被 CPU 读出，不能写入或更新。它类似于印好的书，只能读书里面的内容，不可以随意更改书里面的内容。只读存储器的特点是断电后存储器中的数据不会丢失，这类存储器适用于存放各种固定的系统程序、应用程序和表格等，所以人们又常称 ROM 为程序存储器。

只读存储器又可以分为以下几类：

（1）掩膜 ROM：由器件生产厂家在设计集成电路时一次性固化，此后便不能被改变，它相当于印好的书。这种 ROM 成本低廉，适用于大批量生产。

（2）PROM：称为可编程存储器。购买来的 PROM 是空白的，由用户通过特定的方法将自己所需的信息写入其中。但是只能写一次，以后再也不能改变，如果写错了，这块芯片就报废了。

（3）紫外线可擦除的 PROM（EPROM）：这类芯片上面有一块透明的石英玻璃，透过玻璃可以看到芯片。在一定的紫外线照射后能将其中的内容擦除后重写。紫外线就像"消字灵"，可以把写在纸上的字消掉，然后再重写。

（4）电可擦除的 PROM（EEPROM）：这类芯片的功能和 EPROM 类似，写进去的内容可以擦掉重写，而且不需要紫外线照射，只要用电学方法就可以擦除，所以它的使用要比EPROM 方便一些，而且使用寿命也比较长。EEPROM 芯片虽然能用电的方法擦除其内容，但它仍然是一种 ROM，具有 ROM 的典型特征，断电后芯片中的内容不会丢失。

不管是 EPROM 还是 EEPROM，其可擦除的次数都是有限的。

二、随机存取存储器

随机存取存储器又称为 RAM，其中的内容可以在工作时随机读出和存入，即允许 CPU对其进行读、写操作。由于随机存储器的内容可以随时改写，所以它适用于存放一些变量运算的中间结果、现场采集的数据等。但是 RAM 中的内容在断电后消失。

RAM 可以分为静态和动态两种，单片机中一般使用静态 RAM，其容量比较小，但使用比较方便。

三、可现场改写的非易失存储器

随着半导体存储技术的发展，各种新的可现场改写信息的非易失存储器逐渐被广泛应用，且发展速度很快。主要有快擦写 Flash 存储器、新型非易失静态存储器 NVSRAM 和铁电存储器 FRAM。这些存储器的共同特点：从原理上来看，它们属于 ROM 型存储器，但是从功能上看，它们又可以随时改写信息，因而其作用相当于 RAM。所以，ROM、RAM 的定义和划分已逐渐开始融合。由于这一类存储器技术发展非常迅速，存储器的性能也在不断地发生变化。这里主要介绍使用较为广泛的快擦写存储器 Flash。

Flash 存储器是在 EPROM 和 EEPROM 的制造基础上产生的一种非易失存储器。其集成度高、制造成本低，既具有 SRAM 读/写的灵活性和较快的访问速度，又具有 ROM 在断电后不丢失信息的特点，所以发展迅速。Flash 存储器的擦写次数是有限的，一般在万次以上，多者可达 100 万次以上。目前，有很多单片机内部带有 Flash 存储器，例如：STC 89C52RC、Atmel 89C52 等。Flash 存储器也被用于构成固态盘，以替代传统的磁盘。

2.3.2 子任务 2：片内 RAM 低 128 位字节

◁⊱**【任务说明】**

了解 MCS - 51 的存储结构，掌握片内 RAM 低 128 位字节的地址分配。

☑【任务解析】

一、MCS-51 存储器结构

编程设计者关心的 MCS-51 单片机的内部结构如图 2-43 所示。

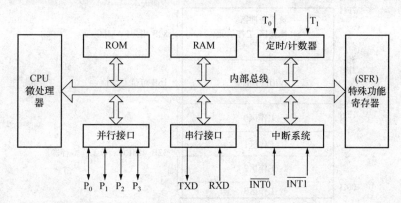

图 2-43　编程设计者关心的 MCS-51 基本结构

MCS-51 单片机在系统结构上采用哈佛型，它将程序和数据分别存放在两个存储器内，一个称为程序存储器，另一个称为数据存储器，如图 2-44 所示。

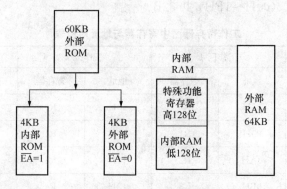

图 2-44　MCS-51 存储器结构

不同型号的 MCS-51 芯片的具体参数见表 2-6。

表 2-6　　　　　　　　　　　　　　　MCS-51 芯片的具体参数

型号	时钟频率 Hz（+5V）	Flash 程序存储器	内 RAM 存储器
STC89C51RC	0~80M	4KB	256B
STC89C52RC	0~80M	8KB	256B
STC89C53RC	0~80M	12KB	256B
Atmel 89C51	0~80M	4KB	128B
Atmel 89C52	0~80M	8KB	256B

STC 公司的单片机芯片向下兼容 Philips 公司和 Atmel 公司的芯片，也就是说 STC 芯片具备所有 Philips 和 Atmel 的特征。

二、MCS-51 片内 RAM 低 128 位字节详细划分

MCS-51 片内 RAM 低 128 位字节地址范围 00H～7FH，如图 2-45 所示。

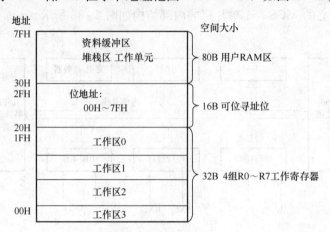

图 2-45　片内数据存储器低 128B 单元

以下了解片内数据存储器低 128B 单元的详细划分情况：

（1）工作寄存器区（00H～1FH）共 32B。

表 2-7　　　　　　　　　　　　工作寄存器区中寄存器与地址对应表

工作区 0		工作区 1		工作区 2		工作区 3	
地址	寄存器	地址	寄存器	地址	寄存器	地址	寄存器
00H	R0	08H	R0	10H	R0	18H	R0
01H	R1	09H	R1	11H	R1	19H	R1
02H	R2	0AH	R2	12H	R2	1AH	R2
03H	R3	0BH	R3	13H	R3	1BH	R3
04H	R4	0CH	R4	14H	R4	1CH	R4
05H	R5	0DH	R5	15H	R5	1DH	R5
06H	R6	0EH	R6	16H	R6	1EH	R6
07H	R7	0FH	R7	17H	R7	1FH	R7

每个工作区的寄存器组名称均为 R0～R7，如何区分指令中用的是哪个工作区的寄存器？比如：MOV R1，♯12H 该指令中的 R1 指的是哪个工作区的寄存器？解决方法：设置程序状态寄存器 PSW 中的 RS1 和 RS0 即可确定使用的是哪个工作区的寄存器，如图 2-46 所示。

（2）位寻址区（20H～2FH）共 16B。这 16 个单元，共 16×8＝128 位，每一位都有一个地址，成为位地址。地址分配见表 2-8，可用于存放各种程序标志、位控制变量。

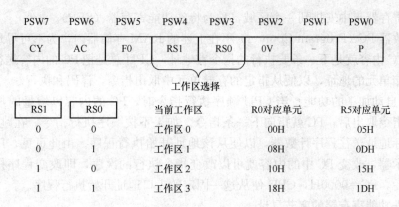

图 2 - 46 寄存器工作区由 PSW 中 RS1、RS0 位的状态组合决定

表 2 - 8 位 地 址 分 配 表

单元地址	位 地 址							
2FH	7F	7E	7D	7C	7B	7A	79	78
2EH	77	76	75	74	73	72	71	70
2DH	6F	6E	6D	6C	6B	6A	69	68
2CH	67	66	65	64	63	62	61	60
2BH	5F	5E	5D	5C	5B	5A	59	58
2AH	57	56	55	54	53	52	51	50
29H	4F	4E	4D	4C	4B	4A	49	48
28H	47	46	45	44	43	42	41	40
27H	3F	3E	3D	3C	3B	3A	39	38
26H	37	36	35	34	33	32	31	30
25H	2F	2E	2D	2C	2B	2A	29	28
24H	27	26	25	24	23	22	21	20
23H	1F	1E	1D	1C	1B	1A	19	18
22H	17	16	15	14	13	12	11	10
21H	0F	0E	0D	0C	0B	0A	09	08
20H	07	06	05	04	03	02	01	00

（位寻址区）

（3）用户 RAM 区（30H～7FH）共 80B。供用户自由使用的一般 RAM 区，也是数据缓冲区，共 80B 单元。对用户 RAM 区的使用没有任何规定或限制，一般用于存放用户数据及做堆栈区使用。

2.3.3 子任务 3：片内 RAM 高 128 位字节

🔊【任务说明】

了解片内 RAM 高 128 位字节，掌握区域中包括的特殊功能寄存器。

📝【任务解析】

在片内 RAM 高 128 位字节，单元地址 80H～FFH，其中包括 21 个特殊功能寄存器，需要重点掌握，其他单元可以存放用户数据，没有特殊功能。

一、特殊功能寄存器 SFR

MCS - 51 可直接寻址片内高 128 位字节的 RAM，除程序计数器 PC 外，还有 21 个特殊功能寄存器，MCS - 51 把 CPU 中的专用寄存器、并行端口锁存器、串行口与定时器/计数器内的控制寄存器集中安排到一个区域，称为特殊功能寄存器（SFR）。

程序计数器 PC（Program Counter）不在上述的 RAM 存储器内，为不可寻址的 16 位专用寄存器。PC 内容就是下一条要执行的指令首地址。CPU 总是把 PC 的内容送往地址总线，作为选择存储单元的地址，以便从指定的存储单元中取出指令，译码和执行。

PC 具有自动加 1 的功能。当 CPU 顺序执行指令时，PC 的内容以增量的规律变化着，于是当一条指令取出后，PC 就指向下一条指令。如果不按顺序执行指令，在跳转之前必须将转移的目标地址送往程序计数器，以便从该地址开始执行程序。由此可见，PC 实际上是一个地址指示器，改变 PC 中的内容就可以改变指令执行的次序，即改变程序执行的路线。当系统复位后，PC=0000H，CPU 便从这一固定的入口地址开始执行程序。

二、特殊功能寄存器的字节寻址

地址 80H～FFH 的 128 个单元中有 21 个特殊功能寄存器，见表 2-9。

表 2-9　　　　　　　特殊功能寄存器的字节寻址（带 * 号的寄存器可以进行位寻址）

单元地址	单元 0	单元 1	单元 2	单元 3	单元 4	单元 5	单元 6	单元 7	单元地址
F8H									FFH
F0H	B*								F7H
E8H									EFH
E0H	ACC*								E7H
D8H									DFH
D0H	PSW*								D7H
C8H									CFH
C0H									C7H
B8H	IP*								BFH
B0H	P3*								B7H
A8H	IE*								AFH
A0H	P2*								A7H
98H	SCON*	SBUF							9FH
90H	P1*								97H
88H	TCON*	TMOD	TL0	TL1	TH0	TH1			8FH
80H	P0*	SP	DPL	DPH				PCON	87H

21 个特殊功能寄存器的功能总结，见表 2-10。

表 2-10　　　　　　　　　　　　　SFR 功能总结

寄存器名	地址	功能说明
P0	80H	P0 口锁存器，可用于数据总线与地址线低 8 位
SP	81H	堆栈指针，系统复位时 SP=07H，监控初始化时 SP=40H
DPL	82H	数据地址指针寄存器 DPTR 的低 8 位
DPH	83H	数据地址指针寄存器 DPTR 的高 8 位
PCON	87H	电源控制寄存器，可设置节电状态。D7 为波特率因子
TCON	88H	定时器控制寄存器，D4～D7 控制定时器，D0～D3 与外中断有关
TMOD	89H	定时器工作方式控制寄存器
TL0	8AH	T0 计数器低 8 位
TL1	8BH	T1 计数器低 8 位

寄存器名	地址	功　能　说　明
TH0	8CH	T0 计数器高 8 位
TH1	8DH	T1 计数器高 8 位
P1	90H	P1 口锁存器
SCON	98H	串行口控制寄存器
SBUF	99H	串行口数据缓冲寄存器
P2	A0H	P2 口锁存器，可用于地址总线高 8 位
IE	A8H	中断允许寄存器
P3	B0H	P3 口锁存器，各位有第二功能如 TXD、RXD、INT0、INT1 等
IP	B8H	中断优先级寄存器
PSW	D0H	程序状态字，含状态标志位及工作寄存器组指针
ACC	E0H	累加器
B	F0H	乘除运算寄存器，也可用做 8 位通用寄存器

三、特殊功能寄存器的位寻址

21 个特殊功能寄存器有的可以位寻址，有的不可位寻址，位地址见表 2 - 11。

表 2 - 11　　　　　　　　特殊功能寄存器的位地址表

SFR	字节地址	位地址							
		b7	b6	b5	b4	b3	b2	b1	b0
P0	80H	87H	86H	85H	84H	83H	82H	81H	80H
		P0.7	P0.6	P0.5	P0.4	P0.3	P0.2	P0.1	P0.0
SP	81H	不可位寻址							
DPL	82H	不可位寻址							
DPH	83H	不可位寻址							
PCON	87H	不可位寻址							
TCON	88H	8FH	8EH	8DH	8CH	8BH	8AH	89H	88H
		TF1	TR1	TF0	TR0	IE1	IT1	IE0	IT0
TMOD	89H	不可位寻址							
TL0	8AH	不可位寻址							
TL1	8BH	不可位寻址							
TH0	8CH	不可位寻址							
TH1	8DH	不可位寻址							
P1	90H	97H	96H	95H	94H	93H	92H	91H	90H
		P1.7	P1.6	P1.5	P1.4	P1.3	P1.2	P1.1	P1.0
SCON	98H	9FH	9EH	9DH	9CH	9BH	9AH	99H	98H
		SM0	SM1	SM2	REN	TB8	RB8	TI	RI
SUBF	99H	不可位寻址							
P2	A0H	A7H	A6H	A5H	A4H	A3H	A2H	A1H	A0H
		P2.7	P2.6	P2.5	P2.4	P2.3	P2.2	P2.1	P2.0
IE	A8H	AFH	AEH	ADH	ACH	ABH	AAH	A9H	A8H
		EA	—	—	ES	ET1	EX1	ET0	EX0
P3	B0H	B7H	B6H	B5H	B4H	B3H	B2H	B1H	B0H
		P3.7	P3.6	P3.5	P3.4	P3.3	P3.2	P3.1	P3.0
IP	B8H	BFH	BEH	BDH	BCH	BBH	BAH	B9H	B8H
		—	—	—	PS	PT1	PX1	PT0	PX0
PSW	D0H	D7H	D6H	D5H	D4H	D3H	D2H	D1H	D0H
		CY	AC	F0	RS1	RS0	OV	F1	P
ACC	E0H	E7H	E6H	E5H	E4H	E3H	E2H	E1H	E0H
B	F0H	F7H	F6H	F5H	F4H	F3H	F2H	F1H	F0H

四、累加器 ACC（accumulator）

累加器是 8 位寄存器，是最重要的特殊功能寄存器，许多指令的操作数取自 ACC，大部分运算结果也存放在 ACC 中，在指令总 ACC 可以简称为 A。

五、寄存器 B

寄存器 B 是 8 位寄存器，主要用于乘法和除法操作指令。

六、堆栈指针 SP2（Stack Pointer）

堆栈指针 SP 是一个 8 位寄存器，用它存放栈顶的地址。进栈时 SP 自动加 1，将数据压入 SP 所指单元；出栈时 SP 所指单元内容弹出，SP 自动减 1。因此，SP 总是指向栈顶。

七、程序状态字寄存器 PSW（Program Status Word）

PSW 位地址	D7H	D6H	D5H	D4H	D3H	D2H	D1H	D0H
字节地址 D0H	Cy	AC	F0	RS1	RS0	OV	F1	P

（1）Cy（PSW.7）：进位标志位。

（2）AC（PSW.6）：辅助进位（或称半进位）标志。

（3）F0（PSW.5）：用户标志位。

（4）RS1 和 RS0（PSW.4，PSW.3）：工作寄存器组选择位。

（5）OV（PSW.2）：溢出标志位。

（6）F1（PSW.1）：用户标志位，同 F0（PSW.5）。

（7）P（PSW.0）：此位为奇偶标志位。

八、数据指针 DPTR（Data Pointer）

数据指针 DPTR 是一个 16 位的特殊功能寄存器，编程时，DPTR 可以作为一个 16 位的寄存器，也可以作为两个独立的 8 位寄存器分开使用，此时用 DPH 表示 DPTR 的高字节，用 DPL 表示 DPTR 的低字节。

到此，我们已经熟悉了片内 RAM 高 128 位字节和低 128 位字节。另外，片外数据存储器即单片机外接的 RAM，没有特殊功能不做重点了解。片外数据存储器一般由静态 RAM 芯片组成，片外 RAM 地址范围为 0000H～0FFFFH，其中在 0000H～00FFH 区间与片内数据存储器空间是重叠的，CPU 使用 MOV 指令和 MOVX 指令加以区分。

2.3.4 子任务 4：内部程序存储器 ROM

📢【任务说明】
了解 MCS-51 的内部程序存储器 ROM。

✍【任务解析】
程序存储器用于存放程序代码和表格常数。MCS-51 所支持的最大程序存储器空间为 64KB，其地址指针就是 16 位的程序计数器 PC。

对于内部有 4KB 程序存储器的单片机（8051 或 8751），若 EA 接 Vcc（+5V），当程序计数器 PC 的值在 0000H～0FFFH 时，CPU 则从内部程序存储器取指令；当 PC 值大于 0FFFH 时，则从外部的程序存储器取指令。如果 EA 接 Vss（地），则内部的程序存储器被忽略，CPU 总是从外部的程序存储器中取指令。

一、程序存储器中特殊单元区域的功能

在程序存储器中，有 6 个特殊的单元区域，其功能如下：

（1）0000H～0002H：复位引导程序区。系统复位后，由于（PC）＝0000H，所以单片机总是从0000H单元开始取指令执行程序。如果希望程序从0000H单元开始执行，则必须在该单元区域中存放一条无条件转移指令，以便直接转到要执行的程序位置。

（2）0003H～0000AH：外部中断0中断子程序入口地址区。

（3）000BH～0012H：定时/计数器0溢出中断子程序入口地址区。

（4）0013H～001AH：外部中断1中断子程序入口地址区。

（5）001BH～0022H：定时/计数器1溢出中断子程序入口地址区。

（6）0023H～002AH：串行口中断子程序入口地址区。

中断响应后，按中断种类由硬件控制PC自动转到各中断区的首地址去执行程序。但每个中断入口地址区只有8个单元，无法放置完整的中断处理子程序，因此，程序员在编程时必须在中断入口区放置一条无条件转移指令，将程序引导到真正的中断处理程序的实际入口位置。

二、程序存储器中存放的指令

程序存储器中可以存放的指令包括：单字节单周期指令、双字节单周期指令、单字节双周期指令、访问外部RAM的单字节双周期指令。单字节指令指该指令在程序存储器中占一个字节，单周期指令指该指令运行需要的一个机器周期。

三、复位方式

计算机在启动运行时都需要复位，使CPU和系统中的其他部件都处于一个确定的初始状态，并从这个状态开始工作。MCS-51单片机有一个复位引脚RST，采用施密特触发输入，对于CHMOS（Complementary High-speed Metal Oxide Semiconductor，互补高速金属氧化物半导体）单片机，RST引脚的内部有一个拉低电路。当振荡器超振后，只要该引脚上出现2个机器周期（即24个振荡周期）以上的高电平时即可确保使器件复位。复位完成后，如果RST端继续保持高电平，MCS-51就一直处于复位状态，只有RST恢复低电平后，单片机才能进入其他工作状态。单片机复位后各寄存器的状态见表2-12。

单片机复位后不会影响内部RAM中的数据，仅将PC指向0000H，SP指向07H，保证单片机复位信号撤除后CPU能从起始地址0000H开始执行程序。当单片机由于外界干扰等原因造成程序跑飞或进入死循环（称为死机）时，可用复位信号重新启动程序。

复位操作还对单片机的个别引脚有影响，使P_0～P_3置位输入方式，使ALE＝1，PSEN＝1。

表2-12　　　　　　　　　　　复位后内部寄存器的状态

寄存器	内　容	寄存器	内　容
PC	0000H	TMOD	00H
ACC	00H	TCON	00H
B	00H	TL0	00H
PSW	00H	TH0	00H
SP	07H	TL1	00H
DPTR	0000H	TH1	00H
P_0～P_3	FFH	SCON	00H
IP	XXX00000B	SBUF	00H
IE	0XX00000B	PCON	0XXXXXXXB

任 务 总 结

主要完成的任务包括：认识 MCS-51 的内部结构和外部引脚、MCS-51 系统开发过程、认识 MCS-51 的内部存储器。

思 考 与 练 习

1. 安装 Keil 软件。

2. 熟悉一种 MCS-51 开发板的基本结构，并利用该开发板下载一个可执行程序，运行程序，说明程序运行效果。

3. 熟悉 MCS-51 片内存储器结构，了解特殊功能寄存器的功能。

学习情境三

微机的存储扩展

【情境引入】

本学习情境主要介绍 MCS-51 微机系统存储扩展的方法，希望读者以本学习情境为基础能够进一步掌握存储扩展的设计思路。

一般情况下，MCS-51 系统采用内部有程序存储器的单片机组成最小应用系统，能较好地发挥单片机体积小、成本低的优点，随着单片机内部存储器容量的不断扩大，单片机"单片"应用的情况将更加普遍。但是在有些情况下，要构成一个工业测控系统，由于控制对象的多样性和复杂性，以及单片机内部存储器容量不够等原因，最小应用系统有时还不能满足要求。在这种情况下就需要进行系统扩展。

系统扩展是指在单片机外部连接相应的外围芯片，对单片机的功能进行扩展，以满足应用要求。单片机的系统扩展主要指程序存储器、数据存储器及并行 I/O 口的扩展等。

任务 3.1　认识 MCS-51 系统扩展

认识 MCS-51 系统的扩展，完成以下子任务：

(1) 子任务 1：了解片外三总线扩展技术。

(2) 子任务 2：了解 MCS-51 系统存储扩展。

(3) 子任务 3：了解地址锁存器。

(4) 子任务 4：识别常见存储芯片。

3.1.1 子任务 1：了解片外三总线扩展技术

【任务说明】

了解三总线结构在存储扩展技术中的应用。

【任务解析】

MCS-51 单片机系统扩展主要包括存储器扩展和 I/O 口的扩展（本学习情境主要讲述存储扩展的应用），其扩展能力为

(1) 程序存储器最多可扩展 64KB。

(2) 数据存储器最多可扩展 64KB。

由于 MCS-51 的外部数据存储器与外部的 I/O 口（如 A/D、D/A、8155 等）采用统一

编址方式，所以通常把外部数据存储器 64KB 空间的一部分作为外部 I/O 口的地址空间，外部扩展的每 I/O 口都相当于一个外部数据存储器单元，对于外部的 I/O 口的访问与外部数据存储器单元的访问方式相同；用 MOVX 指令对其进行读/写（输入/输出）操作。

一、片外三总线结构

总线就是连接系统中各扩展部件的一组公共信号线。按照功能，通常把系统总线分为三组，即地址总线、数据总线和控制总线。

（1）地址总线（Address Bus，AB）。

（2）数据总线（Data Bus，DB）。

（3）控制总线（Control Bus，CB）。

二、三总线扩展的实现

MCS-51 单片机的扩展系统结构如图 3-1 所示。在扩展系统中采用三总线结构，即数据总线、地址总线和控制总线，各总线构成如下。

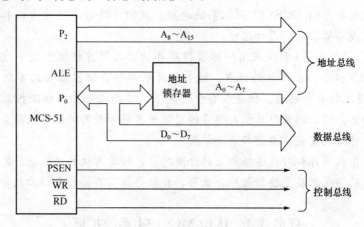

图 3-1　MCS-51 单片机的扩展系统结构

1. 数据总线

数据总线由 MCS-51 单片机的 P_0 口提供，总线宽度为 8 位，即 $D_0 \sim D_7$，MCS-51 单片机的 CPU 一次处理 8 位二进制数，是 8 位的处理器。

2. 地址总线

地址总线由 MCS-51 单片机的 P_0 口和 P_2 口提供，总线宽度为 16 位。其中 P_0 口提供低 8 位地址线 $A_0 \sim A_7$，P_2 口提供高 8 位地址线 $A_8 \sim A_{15}$。P_0 口既当数据线使用，又当低 8 位地址线使用，在访问外部存储器时，由于先送地址信号，后传送数据，为了保证地址信息不丢失，所以要使用地址锁存器（如 74LS373）将 P_0 口传送的地址信息锁存起来。

3. 控制总线

控制总线由 P_3 口的 $P_{3.6}$（$\overline{WR}$）、$P_{3.7}$（$\overline{RD}$）及 ALE、$\overline{PSEN}$ 和 $\overline{EA}$ 构成。其中：$\overline{WR}$ 和 $\overline{RD}$ 主要用来控制对外部数据存储器或 I/O 口的访问。当 $\overline{WR}$ 无效、$\overline{RD}$ 有效时，可以对外部数据存储器或 I/O 口进行读（输入）操作；当 $\overline{WR}$ 有效、$\overline{RD}$ 无效时，可以对外部数据存储器或 I/O 口进行写（输出）操作；当 $\overline{WR}$、$\overline{RD}$ 均无效时，外部数据存储器或 I/O 口处于等待状态；系统硬件不会出现 $\overline{WR}$、$\overline{RD}$ 同时有效的情况。

每当执行以累加器 A 为目的操作数的 MOVX 指令时，单片机就自动输出一个 RD 信号；每当执行以累加器 A 为源操作数的 MOVX 指令时，单片机就自动输出一个 WR 信号。

$\overline{PSEN}$ 用来控制对外部程序存储器的读操作。每当执行 MOVC 指令，或 CPU 要从外部程序存储器读取指令时，就会产生一个 PSEN 信号。

ALE 信号用来选通地址锁存器，以实现低 8 位地址的锁存。

3.1.2 子任务 2：了解 MCS-51 系统存储扩展

🔊【任务说明】

了解 MCS-51 系统 CPU 读外部程序/数据存储器的原理。

✏️【任务解析】

当 MCS-51 系统的内部程序/数据存储器的空间不够用时，就需要扩展程序/数据存储空间，MCS-51 单片机和外部程序/数据存储器连接后，CPU 就可以读或写外部程序/数据存储器。

一、程序存储器的扩展

采用 8031 无 ROM 单片机程序大于 4KB 时，或采用 8051 程序大于 8KB 时，需要外接程序存储器。MCS-51 单片机扩展外部程序存储器的原理电路，如图 3-2 所示。

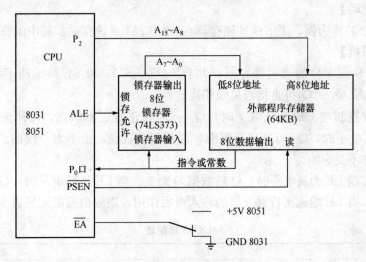

图 3-2　程序存储器扩展原理图

下面结合图 3-2 介绍 MCS-51 的 CPU 读外 ROM 的原理。

（1）P_0 口送出外 ROM 的低 8 位地址信号 $A_7 \sim A_0$ 到锁存器。

（2）P_2 送出外 ROM 的高 8 位地址信号 $A_{15} \sim A_8$。此时送出的地址信号 $A_{15} \sim A_0$ 保持在外 ROM 的地址引脚，寻址到对应的存储单元。

（3）该存储单元里的指令或常数被读到 MCS-51 中，完成 CPU 读外 ROM 的操作。在图 3-2 程序存储器扩展原理图中 P_0 口具有复用功能，前期发出地址信号，后期接收数据信号。

二、数据存储器的扩展

数据存储器和程序存储器地址空间完全重叠，均为 0000H～0FFFFH，但数据存储器与 I/O 端口及外部设备是统一编址的，即任何扩展的 I/O 端口及外部设备均占用数据存储器的地址空间。MCS-51 单片机扩展外部数据存储器的原理电路如图 3-3 所示。

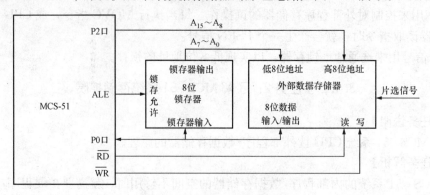

图 3-3　数据存储器扩展原理图

MCS-51 的 CPU 读外 RAM 的原理，参考 MCS-51 的 CPU 读外 ROM 的原理介绍。

3.1.3 子任务 3：了解地址锁存器

📢【任务说明】

以 74LS373 芯片为例，了解地址锁存器在 MCS-51 系统存储扩展中的作用。

📝【任务解析】

373 为三态输出 8 位的透明锁存器，共有 54/74LS373 和 54/74L373 两种线路结构型式，373 的输出端 $Q_0 \sim Q_7$ 可直接与总线相连。

当三态允许控制端 OE 为低电平时，$Q_0 \sim Q_7$ 为正常逻辑状态，可用来驱动负载或总线。当 OE 为高电平时，$Q_0 \sim Q_7$ 呈高阻态，即不驱动总线，也不为总线的负载，但锁存器内部的逻辑操作不受影响。

当锁存允许端 LE 为高电平时，Q 随数据 D 而变。当 LE 为低电平时，Q 被锁存在已建立的数据电平。当 LE 端施密特触发器的输入滞后作用，则输出高阻态见表 3-1。

表 3-1　　　　　　　　　　　　　　　74LS373 功能表

OE	LE	功　能
L	L	直通 $Q_i = D_i$
L	H	保持（Q_i 保持不变）
H	X	输出高阻

注　L—低电平；H—高电平；X—不定态；Q_i—建立稳态前 Q 的电平；LE—输入端，与 MCS-51 芯片的 ALE 端连；OE—使能端，接地。

当 LE = "1" 时，74LS373 输出端 $Q_0 \sim Q_7$ 与输入端 $D_0 \sim D_7$ 相同；当 LE 为下降沿时，将输入数据锁存。引脚符号表示：

（1）$D_0 \sim D_7$ 表示数据输入端。

（2）OE 表示三态允许控制端（低电平有效）。

（3）LE 表示锁存允许端。

（4）$Q_0 \sim Q_7$ 表示输出端。

74LS373 芯片的外部引脚如图 3-4 所示，74LS373 内部结构如图 3-5 所示。

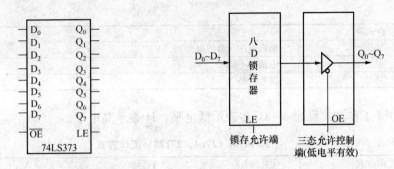

图 3 - 4　74LS373 芯片的外部引脚　　　图 3 - 5　74LS373 内部结构框图

3.1.4 子任务 4：识别常见存储芯片

🔊【任务说明】

识别 MCS - 51 单片机存储扩展系统中常见的存储芯片，识别存储芯片型号、存储容量、地址范围，为存储扩展选择合适的存储芯片。

📝【任务解析】

一、程序存储器（EPROM）

常用程序存储器有 27×× 系列，×× 表示了存储位容量的大小，单位为 KB。如 2716 为 2KB，通常写成 2K×8bit（2KB），表示该芯片可以存储 2K 个 8 位二进制数（8 位二进制数表示一个字节），需要 8 位数据线（$D_0 \sim D_8$）和 11 位地址线（$A_0 \sim A_{10}$），因为 2K $= 2^{11}$，如果是 2K×4bit，表示芯片可以存储 2K 个 4 位二进制数，需要 4 位数据线（$D_0 \sim D_3$）和 11 位地址线（$A_0 \sim A_{10}$）。本系列产品还有 2732（4K×8）、2764（8K×8）、27128（16K×8）、27256（32K×8）、27512（64K×8）。

EPROM 是紫外线可擦除半导体只读存储器的简称，掉电后信息不丢失，用专门编程器写入。主要型号有 2716、2732、2764、27128、27256、27512，其封装形式如图 3 - 6 所示。

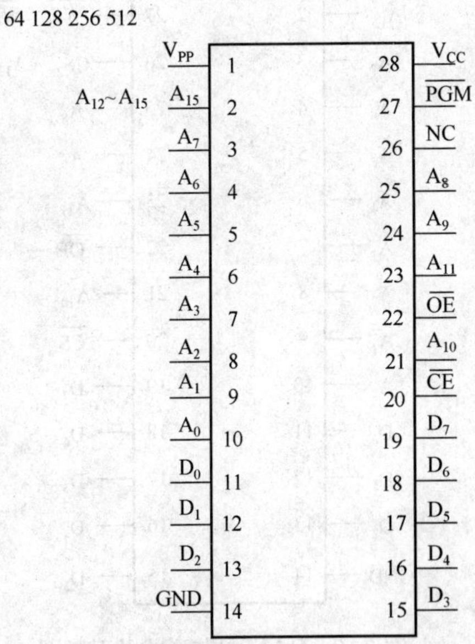

EPROM 芯片引脚如图 3 - 6 所示，各引脚的含义见表 3 - 2。

图 3 - 6　EPROM 芯片封装形式及引脚图

表 3 - 2　　　　　　　　　　EPROM 芯片各引脚的含义

引脚名称	说　明
$D_0 \sim D_7$	数据线，输出。代码存放在此，读指令时从此输出
$A_0 \sim A_i$	地址线，输入，指令所在单元的地址信号从此输入
$\overline{CE}$	片选信号，低电平有效，输入
$\overline{OE}$	读信号，低电平有效，输入
$\overline{PGM}$	编程脉冲输入端，输入

引脚名称	说　明
V_{pp}	编程电压（典型值为12.5V）
V_{cc}	电源（+5V）
GND	接地（0V）

EPROM 工作方式见表 3-3，L 表示低电平，H 表示高电平。

表 3-3　　　　　　　　　**EPROM（2764、27128）工作方式**

工作方式	$\overline{CE}$	$\overline{OE}$	$\overline{PGM}$	V_{PP}	V_{CC}	$D_0 \sim D_7$
读	L	L	L	V_{cc}	5V	数据输出
输出禁止	L	H	H	V_{cc}	5V	高阻态
维持	H	×	×	V_{cc}	5V	高阻态
编程	L	H	L	V_{PP}	5V	数据输入
编程校验	L	L	H	V_{PP}	5V	数据输出
编程禁止	H	×	×	V_{PP}	5V	高阻态

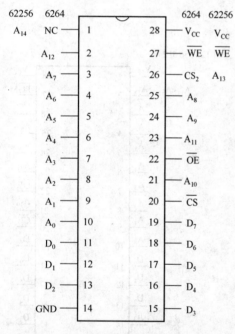

图 3-7　RAM 封装形式及引脚图

二、数据存储器（SRAM）

静态 RAM（SRAM）读写存储器又称随机存取存储器（Random Access Memory，RAM），它能够在存储器中任意指定的地方随时写入或读出信息。数据存储器芯片引脚类似 EPROM 芯片，只是工作方式略有不同，数据存储器可读可写，数据引脚 $D_0 \sim D_7$ 端是双向的，EPROM 是只读存储器，数据引脚 $D_0 \sim D_7$ 端是单向输出的。

当电源掉电时，RAM 里的内容即消失。静态 RAM 的读写速度快，使用方便，价格较低，但掉电后存贮信息丢失。主要型号有 6116（2K×8 bit）、6264（8K×8 bit）、62256（32K×8 bit）、62512（64K×8 bit）。其封装形式如图 3-7 所示。

6264、62256 引脚及符号的含义见表 3-4，对于存储芯片 62256 其中的 $A_0 \sim A_i$ 表示地址信号第 0 位~第14 位。

表 3-4　　　　　　　　　**引脚及符号的含义**

引脚名称	说　明
$A_0 \sim A_i$	地址输入线
$D_0 \sim D_7$	双向三态数据线
$\overline{CS}$	片选信号输入线，低电平有效
CS2（6264）	片选信号输入线，高电平有效
$\overline{WE}$	写信号输入线，低电平有效
$\overline{OE}$	读信号输入线，高电平有效
V_{CC}	电源（+5V）
GND	地（0V）

静态 RAM 的工作方式见表 3-5。首先，当 6264 或 62 256 的 $\overline{CS}$ 片选信号输入端得到低电平信号时，说明芯片被选中，当 $\overline{CS}$ 得到的不是低电平信号，说明芯片没被选中。接着，芯片的 $\overline{OE}$ 得到低电平有效信号，说明 CPU 要读 SRAM 存储单元的值，芯片存储单元的数据输出；芯片的 $\overline{WE}$ 得到低电平有效信号，说明 CPU 要向 SRAM 存储单元写数据，CPU 向芯片输入数据。

表 3-5　　　　　　　　　　　　静态 RAM 的工作方式

芯片	信号方式	$\overline{CS}$	CS_2	$\overline{OE}$	$\overline{WE}$	$D_0 \sim D_7$
	读	0	1	0	1	数据输出
	写	0	1	1	0	数据输入
6264	维持	1	×	×	×	高阻态
	维持	×	0	×	×	高阻态
	读	0		0	1	数据输出
62 256	写	0	无	1	0	数据输入
	维持	1		×	×	高阻态

三、电擦除可编程只读存储器（Electrically Erasable PROM）

电擦除可编程只读存储器（Electrically Erasable PROM，E^2PROM）。E^2PROM 是电可擦除可编程半导体存储器，掉电后信息不会丢失。以下是 E^2PROM 的特征：

（1）对硬件电路没有特殊要求，操作使用十分简单。

（2）采用 +5V 电擦除的 E^2PROM，通常不须设置单独的擦除操作，可在写入过程中自动擦除。但目前擦抹时间尚较长，约需 10ms，故要保证有足够的写入时间。有的 E^2PROM 芯片设有写入结束标志可供中断或查询。

（3）E^2PROM 器件大多数是并行总线传输的。但也有采用串行数据传送的 E^2PROM，串行 E^2PROM 具有体积小、成本低、电路连接简单、占用系统地址线和数据线少的优点，但数据传送速率较慢。

（4）E^2PROM 可作为程序存储器使用，也可作为数据存储器使用，连接方式较灵活。

E^2PROM 主要型号有 2816、2816A、2817、2817A、2864A。其主要参数见表 3-6。

表 3-6　　　　　　E^2PROM 主要型号及参数

型号	2816	2816A	2817	2817A	2864A
读取时间（ns）	250	200/250	250	200/250	250
读电压（V）	5	5	5	5	5
写电压（V）	21	5	21	5	5
字节擦除时间（ms）	10	9～15	10	10	10
写入时间（ms）	10	10	9～15	10	10
容量	2KB	2KB	2KB	2KB	8KB
封装	DIP24	DIP24	DIP28	DIP28	DIP28

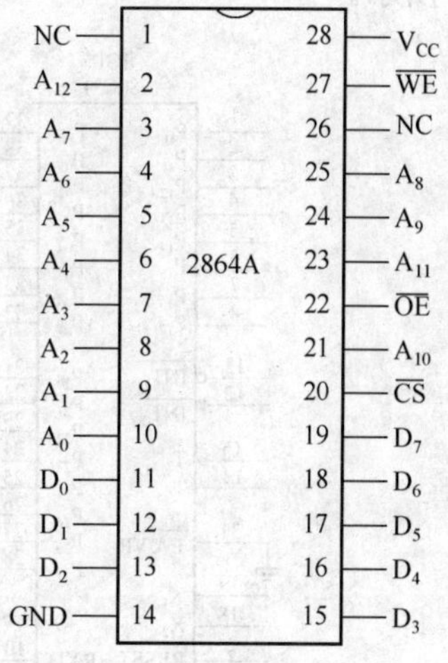

图 3-8　E^2PROM 的封装形式及引脚

E^2PROM 的封装形式及引脚如图 3-8 所示。

2864A 工作方式见表 3-7，写入方式有两种：

表 3-7　　　　　　　　　　　　　　**2864A 的工作方式**

引脚方式	$\overline{CS}$	$\overline{OE}$	$\overline{WE}$	$D_0 \sim D_7$
维持	1	×	×	高阻态
读	0	0	0	数据输出
写	0	1	负脉冲	数据输入

1) 字节写入：向 2864 写入一个字节的数据时，为 10～20ms。

2) 页面写入：一次写入 16B，每两个字节之间的写入时间应在 3～20μs，2864A 有自动进行页面写入的功能。

任务 3.2　单片存储器扩展

掌握单片存储器扩展方法，完成以下子任务：

(1) 子任务 1：扩展单片 2KB 程序存储器。

(2) 子任务 2：扩展单片 16KB 程序存储器。

(3) 子任务 3：扩展单片 32KB 数据存储器。

(4) 子任务 4：扩展单片 E^2PROM 存储器。

3.2.1 子任务 1：扩展单片 2KB 程序存储器

🔊【任务说明】

在 MCS-51 系统中扩展 2KB 程序存储器 ROM，完成扩展电路连线图，说明访问芯片存储单元的地址范围。

📝【任务解析】

在该系统中 2KB 程序存储器 ROM 选的是 2716，CPU 连接 2716 需用地址线 11 根（$A_0 \sim A_{10}$），因为 $2K = 2^{11}$，用 P_0 口接地址线低 8 位（$A_0 \sim A_7$），$P_{2.0} \sim P_{2.2}$ 接地址线 $A_8 \sim A_{10}$，如图 3-9 所示。

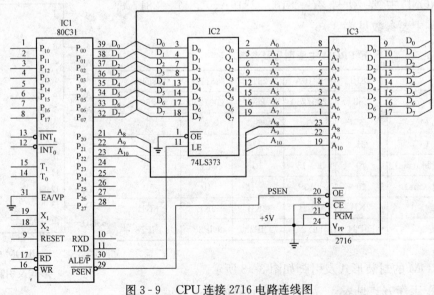

图 3-9　CPU 连接 2716 电路连线图

CPU 访问 2716 存储芯片的地址范围（其中×表示任意值，0 或 1）：

最低地址：×××× ×000 0000 0000B，即 0000 0000 0000 0000B=0000H；

最高地址：×××× ×111 1111 1111B，即 0000 0111 1111 1111B=07FFH。

因为 2716 的存储容量是 2KB，需要 11 位地址线，所以存储单元地址只给出低 11 位值即可，以上的位数没有用，可送任意值，一般任意值选择送 0。高 5 位地址任意，这里 2716 可访问的地址范围是 0000H～07FFH，共 2KB。

3.2.2 子任务 2：扩展单片 16KB 程序存储器

🔊【任务说明】

在 MCS‐51 系统中扩展 16KB 程序存储器 ROM，完成扩展电路连线图，说明访问芯片存储单元的地址范围。

☑【任务解析】

在该系统中，16KB 程序存储器 ROM 选的是 27128，CPU 连接 27128 需用地址线 14 根（A0～A13），因为 $16K=2^{14}$，用 P_0 口接地址线低 8 位（A_0～A_7），$P_{2.0}$～$P_{2.5}$ 接地址线 A_8～A_{13}，如图 3‐10 所示。

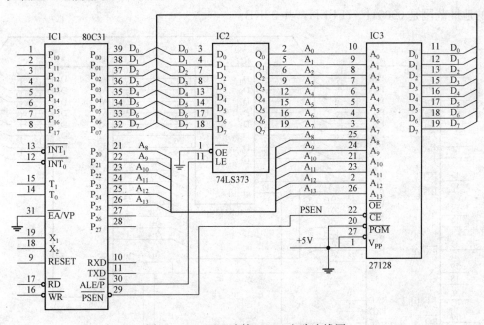

图 3‐10　CPU 连接 27128 电路连线图

CPU 访问 27128 存储芯片的地址范围（其中，×表示任意值，0 或 1）：

最低地址：××00 0000 0000 0000B，即 0000 0000 0000 0000B=0000H；

最高地址：××11 1111 1111 1111B，即 0011 1111 1111 1111B=3FFFH。

因为 27128 的存储容量是 16KB，需要 14 位地址线，所以存储单元地址只给出低 14 位值即可，以上的位数没有用，可送任意值，一般任意值选择送 0。高 2 位地址任意，这里 27128 可访问的地址范围是 0000H～3FFFH，共 16KB。

任务拓展：如果 MCS‐51 系统外接 8KB/32KB 程序存储器，是怎样连接的？

3.2.3 子任务 3：扩展单片 32KB 数据存储器

◁:【任务说明】

在 MCS-51 系统中扩展 32KB 数据存储器 RAM，完成扩展电路连线图，说明访问芯片存储单元的地址范围，并对指定存储空间的数据进行读写操作。

一、扩展电路连线图任务解析

在该系统中 32KB 数据存储器 RAM 选的是 62256，CPU 连接 62256 需用地址线 15 根 $(A_0 \sim A_{14})$，因为 $32K = 2^{15}$，用 P_0 口接地址线低 8 位 $A_0 \sim A_7$，$P_{2.0} \sim P_{2.6}$ 接地址线 $A_8 \sim A_{14}$ 这 7 位，如图 3-11 所示。

二、地址范围任务解析

CPU 访问 62256 存储芯片的地址范围（其中，×表示任意值，0 或 1）：

最低地址：×000 0000 0000 0000B，即 0000 0000 0000 0000B＝0000H；

最高地址：×111 1111 1111 1111B，即 0111 1111 1111 1111B＝7FFFH。

因为 62256 的存储容量是 32KB，需要 15 位地址线，所以存储单元地址给出低 15 位值即可，以上的位数没有用，可送任意值，一般任意值选择送 0，最高 1 位地址任意。这里 62256 可访问的地址范围是 0000H～7FFFH，共 32KB。

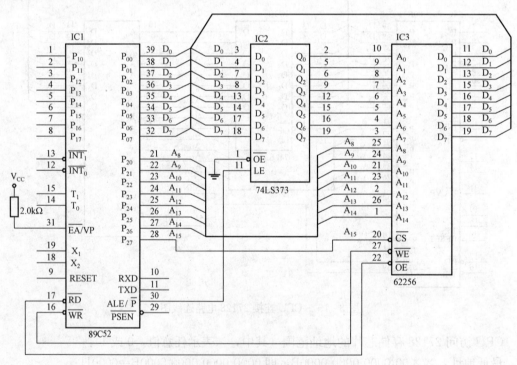

图 3-11 CPU 连接 62256 电路连线图

三、对指定存储空间的数据进行读写操作的任务解析

CPU 对外部 RAM 的访问方式有两种：

(1) CPU 读外 RAM 的指令是 MOVX A，@DPTR。

(2) CPU 向外 RAM 写数据的指令是 MOVX @DPTR，A。

例：将图 3-11 所示外扩 RAM 的 1000H～100FH 单元清零。

解　从 1000H～100FH 共 16B 单元，即 10H 个单元，用循环方式把这 16 个单元的内容清零，循环次数 10H 次在 R1 寄存器中。

汇编程序代码：

```
      MOV   R1,＃10H        ;16B 单元
      MOV   DPTR,＃1000H
      MOV   A,＃00H
L1:   MOVX  @DPTR,A
      INC   DPTR
      DJNZ  R1,L1           ;16B 写完否,未完则继续
      RET
```

3.2.4 子任务 4：扩展单片 E²PROM 存储器

📢【任务说明】

在 MCS-51 系统中，扩展 8KB 的 E²PROM 存储器，完成扩展电路连线图，说明访问芯片存储单元的地址范围。

☑【任务解析】

在该系统中，8KB 的 E²PROM 选的是 2864A，CPU 连接 2864A 需用地址线 13 根（$A_0 \sim A_{12}$），因为 $8K = 2^{13}$，用 P_0 口接地址线低 8 位 $A_0 \sim A_7$，$P_{2.0} \sim P_{2.4}$ 接地址线 $A_8 \sim A_{12}$ 这 5 位，如图 3-12 所示。

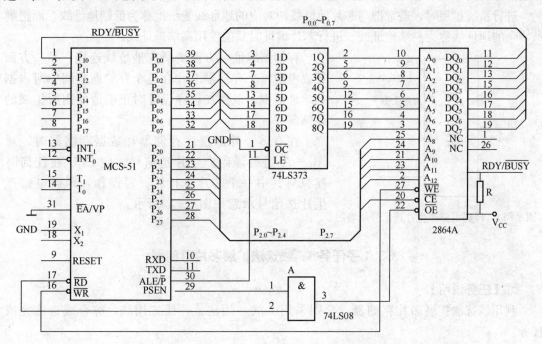

图 3-12　外扩 8KB 的 E²PROM 示意图

CPU 访问 2864A 存储芯片的地址范围（其中，×表示任意值，0 或 1）：

最低地址：×××0 0000 0000 0000B，即 0000 0000 0000 0000B＝0000H；

最高地址：×××1 1111 1111 1111B，即 0001 1111 1111 1111B＝1FFFH。

因为 2864A 的存储容量是 8KB，需要 13 位地址线，所以存储单元地址只给出低 13 位值即可，以上的位数没有用，可送任意值，一般任意值选择送 0。高 3 位地址任意，这里 2864A 可访问的地址范围是 0000H～1FFFH，共 8KB。

任务3.3 多 片 存 储 器 扩 展

利用下列两种编址方法，完成扩展多片存储器的任务：

(1) 线选法扩展多片存储器。

(2) 利用译码器扩展多片存储器。

所谓编址就是使用系统提供的地址线，通过适当的连接，使存储器中的任一单元，或 I/O 接口任意一个端口都唯一对应一个地址。存储器编址分为两步：存储器芯片的编址和芯片内部存储单元的编址。

芯片内部存储单元的编址由芯片内部的地址译码电路完成。对于设计者来说，只需把芯片的地址线和相应的系统地址总线按位相连即可。

芯片的编址实际上就是如何来选择芯片，保证在任意时刻只有一个芯片被选中。芯片的编址完全由设计者完成，而且比较复杂。因此，存储器编址，实际上主要是研究芯片的选择问题。同时，为了能够进行芯片的选择，几乎所有的存储器或 I/O 接口芯片都设置了一个片选信号引脚，所以芯片的编址问题实际上就变成如何产生片选信号的问题。

进行系统扩展时，通常把与芯片地址线相对应的地址线笼统地称为低端地址线，而把剩余的地址线称为高端地址线。进行芯片编址时只能使用高端地址线。

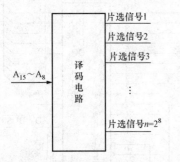

存储器编址一方面要研究地址线连接，另一方面还要考虑每个存储器芯片在整个存储器空间中所占据的地址范围，以便在程序设计时正确地使用所扩展的存储器。

在有多个外部程序存储器和数据存储器时，对 $A_{15} \sim A_0$ 进行译码产生片选信号，使 CPU 在任何时候只对其中一个芯片进行读、写操作，译码电路产生片选信号示意如图 3 - 13 所示。

图 3 - 13　译码电路产生片选信号示意图

3.3.1 子任务 1: 线选法扩展多片存储器

◁：【任务说明】

利用线选法扩展多片存储器，分别采用一线一用法、一线二用法、综合线选法完成任务。

☑【任务解析】

线选法就是直接用系统的高端地址线作为芯片的片选信号。因此，采用线选法只需把选定的高端地址线和芯片的片选端直接相连即可。

线选法的优点：硬件简单，不需要地址译码器，用于芯片不太多的情况。

线选法的缺点：地址空间的利用率较低，只能用于简单的系统扩展。

下面介绍三种线选法扩展多片存储器的方法：

一、一线一用

一线一用法是一个地址线选中一个存储芯片，这种方式比较浪费地址线，但连线简单，易于理解。一线一用线选法扩展外部存储器如图 3-14 所示，其地址分配见表 3-8。

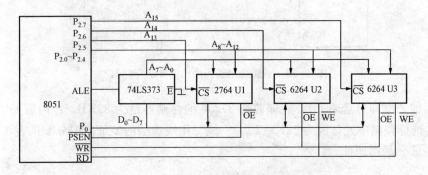

图 3-14   一线一用线选法扩展外部存储器

表 3-8   一线一用法地址分配表

	地址	A_{15}	A_{14}	A_{13}	A_{12}	$A_{11} \sim A_8$	$A_7 \sim A_4$	$A_3 \sim A_0$
U1	最低	1	1	0	0	0	0	0
	最高	1	1	0	1	F	F	F
U2	最低	1	0	1	0	0	0	0
	最高	1	0	1	1	F	F	F
U3	最低	0	1	1	0	0	0	0
	最高	0	1	1	1	F	F	F

为保证在任何时刻只选一个芯片，A_{15}、A_{14}、A_{13} 三条线只能选一个为低电平，在编程时要特别注意，否则会出现同时选中两个以上芯片的情况，A_{15}、A_{14}、A_{13} 用来产生三个存储芯片的片选信号。2764、6264 芯片的存储容量为 8KB，片内存储单元用 13 位地址线 $A_0 \sim A_{12}$ 进行选择，因为 $8KB = 2^{13}B$。按上面的地址分配表可以得到芯片的地址范围为

U1：   C000H～DFFFH   8KB

U2：   A000H～BFFFH   8KB

U3：   6000H～7FFFH   8KB

注意：线选法扩展多片存储器时，要确定哪几位地址线给出片选信号，哪几位地址线给出片内存储单元的选择。

二、一线二用

一线二用法是一位地址线根据非门的分析，选中其中一个存储芯片。一线二用线选法扩展外部存储器如图 3-15 所示。

图 3-15 中的符号 —[1]— 表示非门，含义：输入端为 0 时，输出端为 1；输入端为 1 时，输出端为 0。片选信号是低电平 0，如果要选通 U2，A_{15} 输入 1 即可选通 U2；如果要选

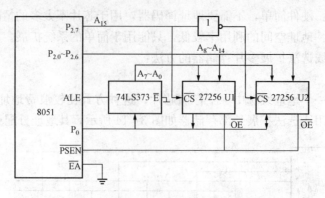

图 3-15　一线二用线选法扩展外部存储器

通 U1，A_{15} 输入 0 即可选通 U1。存储芯片 27256 的存储容量为 32KB，片内需要 15 位地址线 $A_0 \sim A_{14}$ 选择存储单元，因为 $32K = 2^{15}$。一线二用线选法的地址范围分配见表 3-9，表中给出的是最低、最高地址。

表 3-9　　　　　　　　　　　　　一线二用法地址分配表

	地址	A_{15}	A_{14}	A_{13}	A_{12}	$A_{11} \sim A_8$	$A_7 \sim A_4$	$A_3 \sim A_0$
U1	最低	0	0	0	0	0	0	0
	最高	0	1	1	1	F	F	F
U2	最低	1	0	0	0	0	0	0
	最高	1	1	1	1	F	F	F

为保证在任何时刻只选一个芯片，A_{15} 为低电平选通 U1，A_{15} 为高电平选通 U2，通过非门区分选通的是哪个芯片。因此，按上面的地址分配表可以得到芯片的地址范围为

U1：0000H～7FFFH；U2：8000H～FFFFH。

3.3.2 子任务 2：认识译码器芯片

◁≈【任务说明】

认识常见的译码器芯片，了解译码器的引脚图、真值表、地址范围。

☑【任务解析】

译码，是将具有特定含义的二进制代码变换（翻译）成一定的输出信号，以表示二进制代码的原意，这一过程称为译码。译码是编码的逆过程，即将某个二进制代码翻译成电路的某种状态。实现译码功能的组合电路称为译码器。译码器是一个多输入、多输出的组合逻辑电路。其作用是把给定的代码进行"翻译"，变成相应的状态，使输出通道中相应的一路有信号输出。译码器在数字系统中有广泛的用途，不仅用于代码的转换、终端的数字显示，还用于数据分配，存储器寻址和组合控制信号等。不同的功能可选用不同种类的译码器。译码器可分为通用译码器和显示译码器两大类。前者又分为变量译码器和代码变换译码器，例如，二进制译码器、二一十进制译码器等。下面重点介绍二进制译码器。

二进制译码器的输入为二进制代码（N 位），输出为 2^N 个高低电平信号，每个输出仅包含一个最小项。例如，输入是 3 位二进制代码，输出有 8 种状态，8 个输出端分别对应其中一种输入状态。因此，又把 3 位二进制译码器称为 3 线—8 线译码器。

常用的译码器芯片有 74LS139（双 2—4 译码器）、74LS138（3—8 译码器）等。下面分别介绍这两种译码芯片。

一、74LS139 译码器

74LS139 为双 2—4 译码器，其引脚排列如图 3 - 16 所示。其中 G 为使能端，A、B 为地址选择输入端，Y0、Yl、Y2、Y3 为译码输出信号，低电平有效。其真值表见表3 - 10。

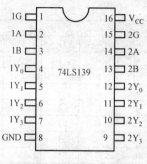

图 3 - 16 74LS139 引脚图

表 3 - 10   74LS139 真值表

输入端			输 出 端			
使能	选择					
$\overline{G}$	B	A	Y_0	Y_1	Y_2	Y_3
1	×	×	1	1	1	1
0	0	0	0	1	1	1
0	0	1	1	0	1	1
0	1	0	1	1	0	1
0	1	1	1	1	1	0

74LS139 的应用：如果 BA 输入 10，说明选通的是 Y_2，如果 BA 输入 11，说明选通的是 Y_3。

二、74LS138 译码器

74LS138 是 3—8 译码器，其引脚排列如图 3 - 17 所示。

```
     ┌─────────┐
  1 ─┤ A    Vcc├─ 16
  2 ─┤ B     Y0├─ 15
  3 ─┤ C     Y1├─ 14
  4 ─┤ G2A   Y2├─ 13
  5 ─┤ G2B   Y3├─ 12
  6 ─┤ G1    Y4├─ 11
  7 ─┤ Y7    Y5├─ 10
  8 ─┤ GND   Y6├─ 9
     └─────────┘
       74LS138
```

图 3 - 17 74LS138 译码器引脚图

74LS138 译码器引脚说明：

（1）A、B、C：译码信号输入端。

（2）$Y_0 \sim Y_7$：译码信号（片选信号）输出端，低电平有效。

（3）G_1：控制信号，高电平有效。

（4）G_{2A}、G_{2B}：控制信号，低电平有效（$G_2 = G_{2A} + G_{2B}$）。

74LS138 功能说明见表 3 - 11。

表 3 - 11   74LS138 功能表

输 入						输 出							
G_{2B}	G_{2A}	G_1	C	B	A	Y_7	Y_6	Y_5	Y_4	Y_3	Y_2	Y_1	Y_0
1	×	×	×	×	×	1	1	1	1	1	1	1	1
×	1	×	×	×	×	1	1	1	1	1	1	1	1
×	×	0	×	×	×	1	1	1	1	1	1	1	1
0	0	1	0	0	0	1	1	1	1	1	1	1	0

续表

输 入						输 出							
G_{2B}	G_{2A}	G_1	C	B	A	Y_7	Y_6	Y_5	Y_4	Y_3	Y_2	Y_1	Y_0
0	0	1	0	0	1	1	1	1	1	1	1	0	1
0	0	1	0	1	0	1	1	1	1	1	0	1	1
0	0	1	0	1	1	1	1	1	1	0	1	1	1
0	0	1	1	0	0	1	1	1	0	1	1	1	1
0	0	1	1	0	1	1	1	0	1	1	1	1	1
0	0	1	1	1	0	1	0	1	1	1	1	1	1
0	0	1	1	1	1	0	1	1	1	1	1	1	1

74LS138 的应用：当 $G_1=1$，$G_2=G_{2A}+G_{2B}=0$ 时，与 C、B、A 值相应的 Y_i 端输出低电平（片选信号）。例如：CBA 输入 101，Y_5 输出低电平，说明选通的是 Y_5 连接的芯片；CBA 输入 111，Y_7 输出低电平，说明选通的是 Y_7 连接的芯片。

应用 74LS138 产生片选信号，计算所选通芯片的地址范围，74LS138 片选信号如图 3-18 所示，地址范围见表 3-12。

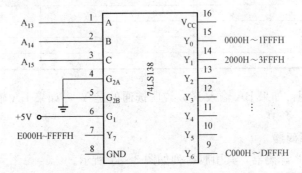

图 3-18　74LS138 应用示意图

表 3-12　　　　　　　　　　　Y_i（i=CBA）确定的地址范围

地址＼位数	A_{15}	A_{14}	A_{13}	A_{12}	$A_{11}\sim A_8$	$A_7\sim A_4$	$A_3\sim A_0$
最小地址	C	B	A	0	0	0	0
最大地址	C	B	A	1	F	F	F

74LS138 地址范围说明：如果 CBA=110，说明选通的是 Y_6 输出端，Y_6 选中的存储芯片地址范围是 1100 0000 0000 0000B～1101 1111 1111 1111B，即 C000H～DFFFH。

3.3.3　子任务 3：利用译码器扩展多片存储器

📢【任务说明】

利用译码器扩展多片存储器。

📝【任务解析】

译码法就是利用译码器对高端地址线进行译码，译出的信号作为芯片的片选信号，用低端地址线选择芯片的片内地址。这种方法适用于大容量、多芯片存储器扩展,也适用于其他外围芯片的扩展。

地址译码法又分为完全译码和部分译码两种:

(1) 完全译码:译码器使用全部地址线,地址与存储单元一一对应。

(2) 部分译码:译码器使用部分地址线,地址与存储单元不是一一对应。部分译码会大量浪费寻址空间,对于要求存储器空间大的微机系统,一般不采用。

下面完成任务。

一、用两片 2732 EPROM 芯片扩展 8KB 程序存储器

2732 EPROM 芯片存储容量是 $4K \times 8bit$,要扩展 8KB 需要两片 2732,这里用 3∶8 译码器的输出作为片选信号,应用系统连线如图 3 - 19 所示。

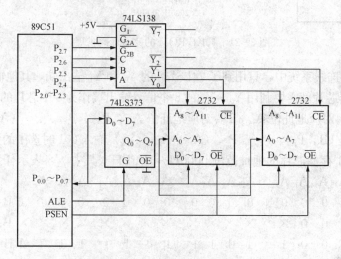

图 3 - 19 两片 2732 EPROM 芯片扩展 8KB 的连线图

74LS138 的 8 位输出端的地址范围如图 3 - 20 所示。

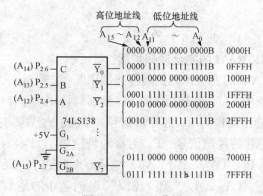

图 3 - 20 地址范围

二、用两片 2764 芯片扩展 16KB 程序存储器

2764 芯片存储容量是 $8K \times 8bit$,要扩展 16KB 需要两片 2764,这里用 3∶8 译码器的输出作为片选信号,应用系统连线如图 3 - 21 所示。

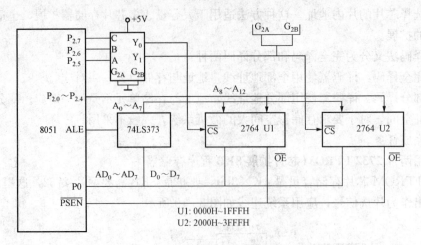

图 3 - 21　16KB ROM 的完全译码扩展

在图 3 - 21 的连线系统中，只用到了 74LS138 的 Y_0 和 Y_1 输出端，其他输出端没有用，如果扩展 8 个存储器芯片就需要利用 $Y_0 \sim Y_7$ 的 8 个信号输出端作为 8 个芯片的片选信号。$P_{2.5}$ 对应地址位 A_{13}，$P_{2.6}$ 对应地址位 A_{14}，$P_{2.7}$ 对应地址位 A_{15}，$P_{2.7}$、$P_{2.6}$、$P_{2.5}$（A_{15}、A_{14}、A_{13}）输入 000 时选中的是 U1，$P_{2.7}$、$P_{2.6}$、$P_{2.5}$（A_{15}、A_{14}、A_{13}）输入 001 时选中的是 U2。

CPU 访问 U1 存储芯片的地址范围 0000H～1FFFH（其中，×表示任意值，0 或 1）：

　　　　$A_{15}A_{14}A_{13}A_{12}$　$A_{11}A_{10}A_9A_8$　$A_7 A_6 A_5 A_4$　$A_3 A_2 A_1 A_0$

最低地址：0 0 0 0　0 0 0 0　0 0 0 0　0 0 0 0 B=0000H；

中间地址：0 0 0 ×　× × × ×　× × × ×　× × × × B；

最高地址：0 0 0 1　1 1 1 1　1 1 1 1　1 1 1 1 B=1FFFH。

CPU 访问 U2 存储芯片的地址范围 2000H～3FFFH，具体如下：

　　　　$A_{15}A_{14}A_{13}A_{12}$　$A_{11}A_{10}A_9A_8$　$A_7 A_6 A_5 A_4$　$A_3 A_2 A_1 A_0$

最低地址：0 0 1 0　0 0 0 0　0 0 0 0　0 0 0 0 B=2000H；

中间地址：0 0 1 ×　× × × ×　× × × ×　× × × × B；

最高地址：0 0 1 1　1 1 1 1　1 1 1 1　1 1 1 1 B=3FFFH。

三、16KB ROM＋8K RAM 的完全译码扩展

16KB ROM＋8K RAM 的完全译码扩展连线如图 3 - 22 所示。

在图 3 - 22 连线系统中，U1 和 U2 的存储容量不同，用到了 74LS138 的 Y_0 和 Y_1 输出端连接在一个与门上，输出端作为 U1 的片选信号，Y_0 或 Y_1 只要有一个输出 0 就可以选通 U1 芯片。Y_2 作为 U2 芯片的片选信号。$P_{2.5}$ 对应地址位 A_{13}，$P_{2.6}$ 对应地址位 A_{14}，$P_{2.7}$ 对应地址位 A_{15}，$P_{2.7}$、$P_{2.6}$、$P_{2.5}$（A_{15}、A_{14}、A_{13}）输入 000 时选中的是 U1，输入 001 时选中的也是 U1。$P_{2.7}$、$P_{2.6}$、$P_{2.5}$（A_{15}、A_{14}、A_{13}）输入 010 时选中的是 U2。

CPU 访问 U1 存储芯片的地址范围 0000H～3FFFH（其中，×表示任意值，0 或 1）：

　　　　$A_{15}A_{14}A_{13}A_{12}$　$A_{11}A_{10}A_9A_8$　$A_7 A_6 A_5 A_4$　$A_3 A_2 A_1 A_0$

最低地址：0 0 0 0　0 0 0 0　0 0 0 0　0 0 0 0 B=0000H；

中间地址：0 0 × ×　× × × ×　× × × ×　× × × × B；

最高地址：0 0 1 1　1 1 1 1　1 1 1 1　1 1 1 1 B=3FFFH。

CPU 访问 U2 存储芯片的地址范围 4000H~5FFFH（其中，×表示任意值，0 或 1）：

$$A_{15}A_{14}A_{13}A_{12} \quad A_{11}A_{10}A_9A_8 \quad A_7A_6A_5A_4 \quad A_3A_2A_1A_0$$

最低地址：0 1 0 0　0 0 0 0　0 0 0 0　0 0 0 0 B＝4000H；

中间地址：0 1 0 ×　× × × ×　× × × ×　× × × × B；

最高地址：0 1 0 1　1 1 1 1　1 1 1 1　1 1 1 1 B＝5FFFH。

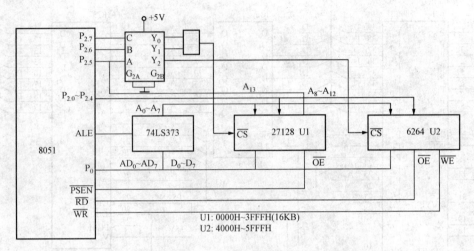

图 3-22　16KB ROM＋8K RAM 的完全译码扩展

译码器扩展多片存储器时，可以灵活分配存储空间，该任务完成了三种典型的存储扩展连线系统，包括：扩展多片相同大小存储空间的系统、扩展多片不同大小存储空间的系统，并借助数字电路综合运用译码器法完成存取存储扩展的任务。

任 务 总 结

我们主要完成的任务包括：认识 MCS－51 系统扩展、单片存储器扩展、多片存储器扩展。在多片存储器扩展系统中，译码方法的选择：芯片较少时，选用线选法；芯片较多时，采用译码器进行芯片的选择。

思 考 与 练 习

1. 请设计一个 89C52 的扩展 RAM 存储系统，扩展的存储芯片容量是 16KB。设计要求：

(1) 画出 89C52 与存储芯片的连线设计图。

(2) 标明所用地址线位数、数据线位数、主要控制线。

2. 请设计一个 89C52 的扩展 ROM 存储系统，扩展两个 2KB 的存储芯片。设计要求：

(1) 利用线选方式。

(2) 画出 89C52 与存储芯片的连线设计图。

(3) 标明所用地址线位数、数据线位数、主要控制线。

3. 请设计 89C52 的扩展 RAM 存储系统，扩展 4 个 2KB 的存储芯片。设计要求：

（1）利用译码器方式。

（2）画出 89C52 与存储芯片的连线设计图。

（3）标明所用地址线位数、数据线位数、主要控制线。

4. 在图 3-23 的单片存储器扩展图中，求 IC3 的存储空间地址范围。

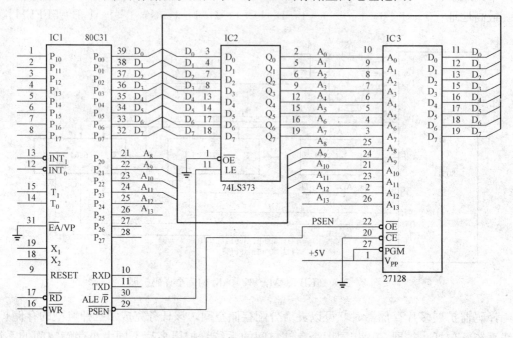

图 3-23　单片存储器扩展

5. 在图 3-24 的多片存储器扩展图中，求 U1 和 U2 的存储空间地址范围。

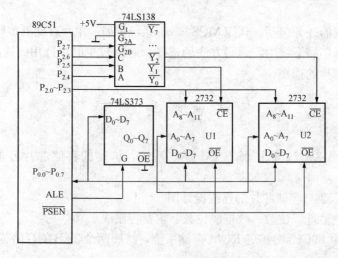

图 3-24　多片存储器扩展

学习情境四

微 机 指 令 系 统

【情境引入】

本学习情境主要介绍 MCS-51 系列单片机指令系统以及在指令中为取得操作数地址所使用的寻址方式，希望读者以本学习情境为基础，掌握寻址方式和各类指令的用法。

一台计算机要充分发挥作用，除了硬件设备外，还必须有适当的软件。硬件主要是指内部结构和外部设备，软件主要是指各种程序的指令系统，而指令系统是软件的基础。学习和使用单片机的一个很重要的环节就是理解和熟练掌握其指令系统。

计算机中所有指令的集合称为该计算机的指令系统，不同种类单片机指令系统一般是不同的，单片机的功能需要通过它的指令系统来体现。MCS-51 指令系统包含有 111 条指令，其中单字节指令有 49 条，双字节指令有 48 条，三字节指令有 17 条。这些指令按指令操作功能划分为数据传送指令有 28 条，算术运算指令 24 条，逻辑运算及移位指令 25 条，控制转移及位操作指令 34 条。

MCS-51 单片机汇编语言的指令一般有标号、操作码、操作数、注释共四部分组成，通用格式为

[标号]:操作码助记符 [操作数1,][操作数2,][操作数3,][;注释]

其中，[ ] 中的内容不是必需的，指令格式的顺序是不能更改的。

标号是用户自己定义的，是指令在存储区中存放的地址的符号表示。一条指令中可以有也可以没有标号，使用标号主要是为了对该条指令做标记，便于编程中可以很容易地找到该条指令，例如分支程序和循环程序的跳转、子程序调用都要用到标号，在调试中也方便查找和修改。编译软件会将指令的符号地址还原成该指令在单片机存储空间的实际地址，所以具有唯一性。标号必须以字母开头（即 A，B，C，…，Z 或 a，b，c，…，z），后跟 1~8 个数字、字母、下划线等，以冒号结尾。用户定义的标号不能与系统保留字（指令助记符、汇编伪指令、寄存器名等）相同。

操作码助记符是用来表示指令完成的操作，是指令当中必需的组成部分，不能缺少，而且指令的助记符号是给定的，不能自创。操作数是参与指令动作的数据，有些指令在格式上是不带操作数的，也有的可以带 1、2、3 个操作数。操作码助记符与操作数 1 之间用空格分隔，操作数与操作数之间用","隔开。操作数可以是多种进制的立即数（#后面跟数据，

可以是二进制带后缀 B、十进制带后缀 D 或不带后缀、十六进制带后缀 H)、操作数的地址、工作寄存器、已定义的标号、表达式等。

注释是对该语句作用或程序的简要说明，可有可无，不是必备的，主要是帮助阅读、理解和使用源程序，一般会注释程序的作用、进入和退出子程序的条件等。注释以分号";"开始，其后为注释部分，多行注释，每行都要有";"。该部分内容不会被编译成为目标码，不会影响程序的执行。

指令的一个重要组成部分是操作数，为了表示指令中同一种类型的操作数，MCS‐51 单片机指令系统采用了如下符号约定：

(1) Rn：n＝0～7，表示当前工作寄存器区的 8 个工作寄存器 R0～R7。

(2) Ri：i＝0、1，表示当前工作寄存器区的两个工作寄存器 R0、R1。

(3) diretc：表示 8 位内部数据存储单元的地址。当取值在 00H～7FH 范围时，表示内部数据 RAM；当取值在 80H～0FFH 范围时，表示特殊功能寄存器。表示特殊功能寄存器时也可以使用寄存器名来代替其直接地址。

(4) data：表示 8 位数据。

(5) data16：表示 16 位数据。

(6) addr11：表示 22 位目的地址。用于 ACALL 和 AJMP 指令。

(7) addr16：表示 16 位目的地址。用于 LCALL 和 LJMP 指令。

(8) rel：表示带符号的 8 位偏移量。

(9) bit：表示 8 位内部数据存储空间或特殊功能寄存器区中可按位寻址区的 8 位位地址。

(10) @：表示其后的寄存器的值为操作数的地址。

(11) ()：表示某一寄存器或存储单元或表达式的内容。

(12) (())：表示某一寄存器或存储单元或表达式的内容。

任务 4.1　判断寻址方式

利用指令特点，完成以下子任务：

(1) 子任务 1：立即寻址。

(2) 子任务 2：直接寻址。

(3) 子任务 3：寄存器寻址。

(4) 子任务 4：寄存器间接寻址。

(5) 子任务 5：变址寻址。

(6) 子任务 6：相对寻址。

(7) 子任务 7：位寻址。

寻址是指寻找参与操作的数据所在的存储单元的地址。MCS‐51 大部分指令在执行时都要用操作数，因此存在着到哪里去取得操作数的问题。在计算机中，只要给出数据所在的存储单元的地址，就能找到所需要的数据。因此寻址就其本质而言，就是如何确定操作数所在存储单元的地址，计算机执行程序就是不断寻找操作数并进行操作的过程。同一条指令中的不同操作数可以有不同的寻址方式。

4.1.1 子任务 1：立即寻址

🔊【任务说明】

根据立即寻址的特点，分析下列两条指令中源操作数的内容。

```
MOV  A,  #77H
MOV  DPTR,  #5678H
```

立即寻址是在指令中直接给出操作数的寻址方式。操作数直接出现在指令中，这时的操作数称为立即数，在指令中，数据前加符号 # 表示立即数，它可以是 8 位二进制数或 16 位二进制数。操作数是以指令字节的形式存放于程序存储器中的。

指令 MOV A，#77H 实现将立即数 77H 传送至 A 中，77H 为 8 位二进制数，加 # 表示源操作数为立即数，即操作数的内容为 77H，该指令的执行过程如图 4-1 所示。

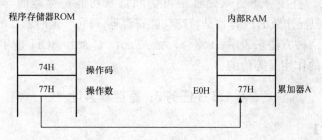

图 4-1 立即数寻址示意图

指令 MOV DPTR，#5678H 实现将立即数 5678H 传送至 DPTR 中，5678H 为 16 位二进制数。

在 MCS-51 系统中，8 位立即数表示为 #data，这种带有 8 位立即数的指令，在存储时，一般都占用两个字节的指令，即一个字节为操作码，一个字节为 8 位立即数。在 MCS-51 系统中，只有一条 16 位立即数的指令，即 MOV DPTR，#data16。其功能是将 16 位立即数送到数据指针寄存器 DPTR。该指令在存储时，由于是 16 位立即数，因此是一条三字节指令，即一字节指令码，两字节立即数（16 位立即数在指令中是先写高 8 位，后写低 8 位，存储时是高位存小地址，低位存大地址）。

4.1.2 子任务 2：直接寻址

🔊【任务说明】

描述下列指令中源操作数的寻址方式。

```
MOV  A,30H
MOV  A,TH0
```

在指令中直接给出操作数地址，就属于直接寻址。该寻址方式的指令操作数部分直接是操作数的地址，不使用其他特殊符号，要与立即方式区分开。

MOV A,30H 指令，源操作数就属于直接寻址方式。其中 30H 就是表示直接地址，即内部 RAM 的 30H 单元。指令功能是把内部 RAM 的 30H 单元内容传送到累加器 A 中，指令的执行过程如图 4-2 所示。

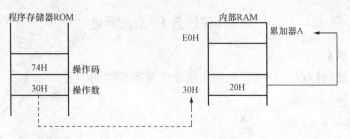

图 4 - 2 　直接寻址示意图

在 MCS - 51 系统中，直接寻址方式可以访问内部数据 RAM 的 128 个单元以及所有的特殊功能寄存器。在指令助记符中，直接寻址的地址可以用 2 位十六进制数直接表示。对于特殊功能寄存器既可以用其 RAM 地址来表示，也可以用各自的名称符号来表示，这样可以增强程序的可读性。直接寻址方式是唯一可访问特殊功能寄存器的寻址方式。因此指令 MOV A,TH0 的源操作数的内容就是特殊功能寄存器 TH0（定时器 0 的高 8 位寄存器）的内容，该指令可用两种方法来表示：MOV A,TH0 或 MOV A,8CH。8CH 是 TH0 寄存器的 RAM 地址。这两种表示的作用是等价的。

4.1.3 子任务 3：寄存器寻址

◁≒【任务说明】

分析指令 MOV A,R0 的执行过程。

寄存器寻址是指指令中指定寄存器的内容作为操作数的寻址方式。即指令中给出的是寄存器的名称，参与操作的数存放在工作寄存器（R0～R7）、累加器 A、数据指针 DPTR 以及累加器 Cy 中。

因此 MOV A,R0 指令的功能是将工作寄存器 R0 中的内容送到累加器 A 中。若此时 R0 中的内容为 4FH，则执行该指令后累加器 A 中的内容也变为 4FH。该指令的执行过程如图 4 - 3 所示。其中，ECH 为指令 MOV A,R0 的操作码。

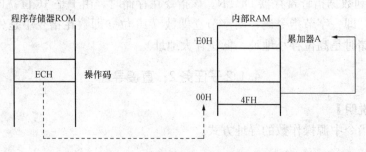

图 4 - 3 　寄存器寻址方式示意图

4.1.4 子任务 4：寄存器间接寻址

◁≒【任务说明】

若 R0=65H，(65H)=47H，分析指令 MOV A,@R0 的执行过程。

寄存器中存放的内容不是参与操作的数，而是参与操作的数所在存储单元的地址，这就是寄存器间接寻址，也就是说操作数的地址在寄存器中。为了与寄存器寻址相区别，表示寄存器间接寻址时要在寄存器名称之前加符号@。

在 MCS-51 单片机指令系统中，可用于间接寻址的寄存器有 R0、R1、DPTR 及 SP 等。R0、R1 可寻址内部 RAM 低 128B 和外部 RAM 单元内容，指令中会出现@R0 或@R1，DPTR 可寻址外部 RAM 的 64KB 空间，书写为@DPTR，但不能间接寻址来访问特殊功能寄存器。注意，在寄存器间接寻址中，SP 以隐含形式出现。

因此，MOV A，@R0 指令的功能是把以 R0 中内容 65H 为地址的片内 RAM 单元的内容 47H 送入累加器 A 中，其中 E6H 为指令 MOV A,@R0 的机器码。指令 MOV A,@R0 的执行过程如图 4-4 所示。指令执行后，累加器 A 中内容为 47H，A 中原来保存的数据被 47H 覆盖了。

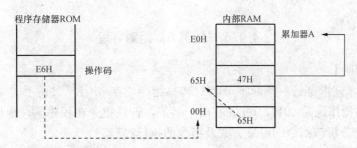

图 4-4 寄存器间接寻址示意图（MOV A，@R0 的执行过程）

4.1.5 子任务 5：变址寻址

🔊【任务说明】

若 A=20H，DPTR=2000H，分析指令 MOVC A,@A+DPTR 的执行过程及源操作数的寻址方式。

变址寻址即基址寄存器＋变址寄存器间接寻址，即将指令中基地址（基址寄存器）内容和偏移量地址（变址寄存器）内容相加的结果作为操作数所在 ROM 单元地址的寻址方式，其寻址空间是程序存储器 ROM，在指令中以@A＋DPTR 或@A＋PC 表示，这种寻址方式只适用于程序存储器。

在 MCS-51 系统中没有专门的变址寄存器，则采用数据指针 DPTR 或者程序计数器 PC 的内容为基本地址，而地址偏移量则是累加器 A 的内容，并以 DPTR＋A 或者 PC＋A 的值作为实际操作数地址。用变址寻址可以对外部程序存储器的内容进行访问，访问的范围可以为 64KB，当然，这种访问只能是从 ROM 中读数据，而不可能对 ROM 写入。

📝【任务解析】

在这里累加器 A 作为变址寄存器，存放 8 位无符号数；DPTR 作为基址寄存器，存放 16 位二进制数，而操作数存放在 ROM 中。指令执行时，单片机先把 DPTR 中的 2000H 与累加器 A 中的 20H 相加，得到的结果 2020H 作为 ROM 地址，在 ROM 中找到 2020H 地址单元并取出其中的数据（设为 E6H）送累加器 A，而 A 中原来的数据就被新数据 E6H 所覆盖了。即该指令执行后累加器 A 的内容变为 E6H，如图 4-5 所示。

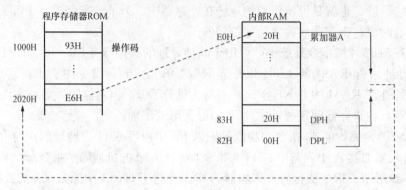

图 4-5 变址寻址方式示意图（MOVC A，@A＋DPTR 的执行过程）

4.1.6 子任务 6：相对寻址

【任务说明】

SJMP rel，该指令是一条两字节相对转移指令，在 MCS-51 系列中，也称短转移指令，这条指令的操作码是 80H，rel 共有两个字节，若该指令在程序区，地址为 3000H，rel 的值为 04H，请分析该指令的寻址方式及指令的执行过程。

【任务解析】

相对寻址是以 PC 的当前值为基准，加上指令中给出的相对偏移量 rel，形成目标地址的寻址方式。在 MCS-51 指令系统中设有转移指令，转移指令分绝对转移指令和相对转移指令，相对寻址对应于相对转移指令而言，在执行相对转移指令时即采用相对寻址方式。

这里 PC 当前值是指执行完本指令后的 PC 值，即

PC 当前值＝源地址＋转移指令字节数

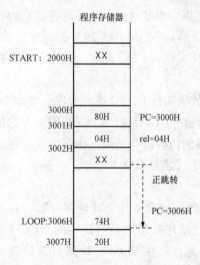

图 4-6 相对寻址示意图

如果把相对转移指令操作码所在的起始字节单元的地址称为源地址，转移后的地址称为目标地址，即

目标地址＝PC 当前值＋rel＝源地址＋转移指令字节数＋rel

其中，rel 是一个带符号的 8 位二进制数，用补码表示。如果 rel 为正数，则程序向下（地址增加方向）转移，最大转移空间为 127B；若 rel 为负数，则程序向上（地址减少方向）转移，最大转移空间为 128B。

SJMP rel；该指令在程序区，地址为 3000H，rel 的值为 04H，rel 共有两个字节，则转移地址为 3000H ＋02H＋04H＝3006H，因此指令执行后，PC 值变为 3006H，程序的执行发生了转移，其执行过程示意图如图 4-6 所示。

4.1.7 子任务 7：位寻址

🔊【任务说明】

分析指令 MOV A,20H 和 MOV C,20H 的区别。

✐【任务解析】

指令 MOV A,20H 中，20H 是字节地址，其功能是把片内 RAM 中字节地址为 20H 单元的数据送到累加器 A 中，参与操作的数是 8 位（见表 4-1 中 07H～OOH）；而指令 MOV C,20H 中，20H 为位地址，其功能是把片内 RAM 中字节地址为 24H 单元的 20H 位（见表 4-1）数据送到位累加器 C 中，参与操作的数只有一位（表 4-1 中字节地址为 24H 单元中的 20H 位）。指令 MOV C,20H 的执行过程如图 4-7 所示。

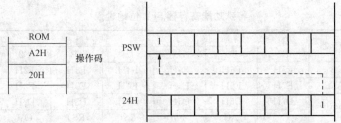

图 4-7 位寻址方式示意图（MOV C,20H 的执行过程）

位寻址是指指令中直接给出位地址来寻找位操作数的寻址方式。该寻址方式可对片内 RAM 和特殊功能寄存器中进行单独位操作的指令进行位寻址，在指令中用 bit 表示。

位寻址可访问的存储空间包括

（1）片内 RAM 中地址为 20H～2FH 的 16 个单元共 $16 \times 8 = 128$ 位。这 128 位中的每一位都有一个地址，称为位地址（该位地址见表 4-1）。

（2）SFR 中 12B 地址能被 8 整除的 83 位（该位地址见表 4-2）。

这些位地址在指令中有 4 种表达方式：

1）直接使用位地址。例如：指令 MOV C,20H；

2）单元地址＋位。例如：指令 MOV C,20H.3；

3）位名称。例如：指令 MOV C,AC；

4）SFR 名称＋位。例如：指令 MOV C,PSW.3。

位寻址类似于直接寻址，两者均由指令给出地址，都用十六进制数表示，但在指令中可以通过累加器加以区分。

表 4-1 　　　　　　　　MCS-51 系列单片机片内 RAM 位地址分配表

字节地址	位		地			址		
	D7	D6	D5	D4	D3	D2	D1	D0
20H	07H	06H	05H	04H	.03H	02H	01H	00H
21H	0FH	0EH	0DH	0CH	0BH	0AH	09H	08H
22H	17H	16H	15H	14H	13H	12H	11H	10H
23H	1FH	1EH	1DH	1CH	1BH	1AH	19H	18H
24H	27H	26H	25H	24H	23H	22H	21H	20H
25H	2FH	2EH	2DH	2CH	2BH	2AH	29H	28H
26H	37H	36H	35H	34H	33H	32H	31H	30H

字节地址	位 地 址							
	D7	D6	D5	D4	D3	D2	D1	D0
27H	3FH	3EH	3DH	3CH	3BH	3AH	39H	38H
28H	47H	46H	45H	44H	43H	42H	41H	40H
29H	4FH	4EH	4DH	4CH	4BH	4AH	49H	48H
2AH	57H	50H	55H	54H	53H	52H	51H	50H
2BH	5FH	5EH	5DH	5CH	5BH	5AH	59H	58H
2CH	67H	66H	65H	64H	63H	62H	61H	60H
2DH	6FH	6EH	6DH	6CH	6BH	6AH	69H	68H
2EH	77H	76H	75H	74H	73H	72H	71H	70H
2FH	7FH	7EH	7DH	7CH	7BH	7AH	79H	78H

表 4-2 特殊功能寄存器 SFR 位地址表

字节地址	寄存器	位 地 址							
		D7	D6	D5	D4	D3	D2	D1	D0
F0H	B	F7H	F6H	F5H	F4H	F3H	F2H	F1H	F0H
E0H	ACC	E7H	E6H	E5H	E4H	E3H	E2H	E1H	E0H
D0H	PSW	D7H	D6H	D5H	D4H	D3H	D2H	D1H	D0H
		Cy	AC	F0	RS1	RS0	OV	F1	P
B8H	IP	BFH	SHE	BDH	BCH	BBH	BAH	B9H	B8H
		—	—	—	PS	PT1	PX1	PT0	PX0
B0H	P3	B7H	B6H	B5H	B4H	B3H	B2H	B1H	B0H
		P3.7	P3.6	P3.5	P3.4	P3.3	P3.2	P3.1	P3.0
A8H	IE	AFH	AEH	ADH	ACH	ABH	AAH	A9H	A8H
		EA	—	—	ES	ET1	EX1	ET0	EX0
A0H	P2	A7H	A6H	A5H	A4H	A3H	A2H	A1H	A0H
		P2.7	P2.6	P2.5	P2.4	P2.3	P2.2	P2.1	P2.0
98H	SCON	9FH	9EH	9DH	9CH	9BH	9AH	99H	98H
		SM0	SM1	SM2	REN	TB8	RB8	TI	RI
90H	P1	97H	96H	95H	94H	93H	92H	91H	90H
		P1.7	P1.6	P1.5	P1.4	P1.3	P1.2	P1.1	P1.0
89H	TMOD	GATE	C/T̄	M1	M0	GATE	C/T̄	M1	M0
88H	TCON	8FH	8EH	8DH	8CH	8BH	8AH	89H	88H
		TF1	TR1	TF0	TR0	IE1	IT1	IE0	IT0
87H	PCON	SMOD	—	—	—	GF1	GF0	PD	IDL
80H	P0	87H	86H	85H	84H	83H	82H	81H	80H
		P0.7	P0.6	P0.5	P0.4	P0.3	P0.2	P0.1	P0.0

任务 4.2 实现数据传送

单片机系统是由许多部件构成的,单片机的主要工作就是完成这些部件之间的信息交换,所以数据传送是 CPU 最基本、最重要的操作之一。数据传送是否灵活、迅速对程序的编写和执行速度影响极大。MCS-51 系列单片机的数据传送操作可以在累加器 A、工作寄存器 Rn、内部数据存储器、外部数据存储器间进行。我们也将字节交换、半字节交换以及堆栈操作也归为数据传送指令。用到的指令助记符有 MOV、MOVX、MOVC、XCH、

XCHD、SWAP、POP、PUSH 共 8 种。

根据数据传送类指令助记符的不同，完成以下子任务：

(1) 子任务 1：MOV 指令。

(2) 子任务 2：XCH 指令。

(3) 子任务 3：XCHD 指令。

(4) 子任务 4：SWAP 指令。

(5) 子任务 5：PUSH、POP 指令。

(6) 子任务 6：MOVX 指令。

(7) 子任务 7：MOVC 指令。

4.2.1 子任务 1：MOV 指令

◁》【任务说明】

根据 MOV 指令特点，编写代码实现将寄存器 R3 和 R4 的内容交换。

◢【任务解析】

寄存器 R3 和 R4 的内容交换，用 MOV 来实现。下面分析 MOV 指令传送数据的方式：

(1) MOV 传送指令中目的操作数与源操作数之间的关系确定是否可以在寄存器之间直接传送。

(2) 若能直接传送，则直接编写，若不能，则要通过中间桥梁。

根据传送指令目的地址的不同，数据传送 MOV 指令又可分为以下 4 类。

一、以累加器 A 为目标操作数的传送指令

```
MOV  A,Rn       ;(Rn)→A

MOV  A,@Ri      ;((Ri))→A

MOV  A, direct  ;(direct)→A

MOV  A,#data    ;data→A
```

这 4 条指令的目标操作数都是累加器 A，源操作数分别采用寄存器寻址、寄存器间接寻址、直接寻址和立即数寻址等寻址方式，功能是把源操作数所指定的数据送入累加器 A。

二、以工作寄存器 Rn 为目标操作数的传送指令

```
MOV  Rn, A       ;(A)→(Rn)

MOV  Rn, direct  ;(direct)→( Rn)

MOV  Rn, #data   ;data→( Rn)
```

这 3 条指令都是以工作寄存器为目标操作数，源操作数分别采用寄存器寻址、直接寻址和立即数寻址等寻址方式，功能是把源操作数所指定的数据送入当前工作寄存器区的某个寄存器。

三、以寄存器间接地址为目标操作数的传送指令

```
MOV  @Ri, A       ;(A)→(Ri)

MOV  @Ri, direct ;(direct)→(Ri)

MOV  @Ri, #data  ;data→( Ri)
```

这 3 条指令的目标操作数都是寄存器间接寻址单元，源地址单元可采用寄存器寻址、直接寻址和立即数寻址等方式,功能是把源操作数所指定的数据送入 R0 或 R1 所指向的片内 RAM 单元。

四、以直接地址为目标操作数的传送指令

```
MOV    direct, A      ; A→( direct)

MOV    direct, Rn     ; Rn→( direct)

MOV    directl, direct2 ;(direct2)→(directl)

MOV    direct, @Ri    ;((Ri))→(direct)

MOV    direct, #data  ; data→(direct)
```

这 5 条指令的目标操作数都是直接寻址单元,源操作数分别采用寄存器寻址、直接寻址、寄存器间接寻址和立即数寻址等寻址方式,功能是把源操作数所指定的数据送入直接地址所对应的 RAM 单元或特殊功能寄存器(SFR)中。

如图 4-8 所示 MOV 指令在片内 RAM 及寄存器之间的数据传送路径。

由图 4-8 分析,不能直接实现 R3 到 R4 的数据传送,需要借助第三变量,可以借助累加器 A 或存储单元。根据以上 MOV 指令的传送特点,结合图 4-9 具体说明实现步骤:

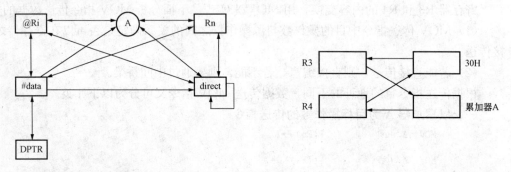

图 4-8　MOV 指令在片内 RAM 及寄存器之间的数据传送路径　图 4-9　R3、R4 寄存器内容交换过程图

(1) 将 R3 寄存器内容送入累加器 A;
(2) 将 R4 寄存器的内容传送给内存 30H;
(3) 将 30H 的内容传送给 R3;
(4) 将累加器 A 的内容传送给 R4。

程序实现代码如下:

```
MOV    A,    R3

MOV    30H,  R4

MOV    R3,   30H

MOV    R4,   A
```

4.2.2 子任务 2:XCH 指令

◁∷【任务说明】

利用 XCH 指令编程实现将寄存器 DPH 和 DPL 的内容交换。

☑【任务解析】

DPTR 寄存器为 16 位寄存器,由 DPH(高 8 位)和 DPL(低 8 位)组成。也就是实现

将 DPTR 寄存器内容的高 8 位与低 8 位互换。

指令 XCH 实现将目的操作数与源操作数的字节内容互换，其格式如下：

XCH 目的操作数，源操作数

XCH 指令有以下三种形式：

(1)XCH A,Rn

(2)XCH A, direct

(3)XCH A,@Ri

以上指令的功能是将累加器 A 中的整个字节与源操作数所指定 8 位数据进行交换，该指令执行后会影响 PSW 中的奇偶标志位 P，但不影响其他标志位。

因此，要实现将数据指针寄存器 DPTR 的高 8 位与低 8 位数据内容交换，代码如下：

```
XCH    A,    DPH
XCH    A,    DPL
```

若是将 R3 与 R4 寄存器的内容互换，也可利用 XCH 指令来实现：

```
XCH    A,    R3
XCH    A,    R4
```

4.2.3 子任务 3：XCHD 指令

◁◦【任务说明】

假设内存 20H 中存有 9 的 ASCII 码 39H，22H 中存有 28 的 BCD 码 28H，将 9 和 8 的 BCD 码互换位置。

☑【任务解析】

BCD 码是 4bit，ASCII 码是 8bit，但数字 0~9 的 ASCII 码的低 4 位就是其对应的 BCD 码，因此如何从 ASCII 码中提取 BCD 码，得到其后 4 位，问题就得到解决了。

指令 XCHD 的格式：XCHD 目的操作数，源操作数；实现将目的操作数的低 4 位与源操作数的低 4 位内容互换。XCHD A,@Ri；该指令的功能是将累加器 A 的低半字节（低半字节指低 4 位，即 $D_3 \sim D_0$）的内容与间接寻址寄存器 R0 或 R1 指定的片内 RAM 单元的低半字节进行交换，而高半字节（高 4 位）保持不变。

由于 XCHD 指令的操作数寻址方式的限制，因此需要将一个数的地址放在 R_i 中，另一个数放入在寄存器 A 中。代码如下：

```
MOV    R1,   #20H    ;将地址提前放入寄存器 R1 中
MOV    A,    22H     ;将 22H 中的内容 28H 放入寄存器 A 中
XCHD   A,    @R1     ;利用 R1 中的地址找到内容 39H，与 A 中内容一起互换交换低 4 位，则 A 中内容
                      变为 38H,内存 22H 中内容变为 29H
```

4.2.4 子任务 4：SWAP 指令

◁◦【任务说明】

使用 SWAP 指令将内存 33H 中的高 4 位与低 4 位内容互换。

SWAP 指令的格式：SWAP A；该指令实现将 A 的高 4 位与低 4 位内容互换。

因此实现该任务的步骤如下：

（1）将内存 33H 中的内容送入 A 中；

（2）使用 SWAP 指令实现将 A 中的高 4 位与低 4 位内容互换；

（3）再将交换过的数据传回到 33H 中。

程序代码如下：

```
MOV  A,33H
SWAP  A
MOV  33H,A
```

4.2.5 子任务 5：PUSH、POP 指令

◁【任务说明】

（1）假定（40H）=36H，片内 RAM 的 07H～3FH 单元中的数据在系统复位后是随机值，SP 为系统默认值（即系统复位后的初始值 07H），试分析进栈指令 PUSH 40H 的执行过程。

（2）假定（30H）=18H，片内 RAM 的 07H～2FH 的数据是系统复位后的随机值，SP 已执行指令 MOV SP,♯2FH（即 SP 在系统初始化程序中被设置为 2FH），设执行进栈指令后 SP 的值为 30H，试分析出栈指令 POP 0EH 的执行过程。

☑【任务解析】

堆栈是在 MCS-51 单片机片内 RAM 设置的一个区域（可设置在片内 00H～7FH 的任何地方），主要用于保护和恢复 CPU 的工作现场，也可用于片内 RAM 单元之间的数据传送（存放临时数据），由特殊功能寄存器中的堆栈指针 SP 配合完成。堆栈操作指令分进栈指令和出栈指令两种。

一、进栈指令

第 1 个任务用进栈指令实现，进栈指令的格式如下：

```
PUSH  direct  ;SP+I→SP    (先变指针)
              ;(direct)→(SP)(再压入堆栈)
```

进栈指令的功能是将直接寻址单元的内容压入堆栈。指令分两步执行：先将堆栈指针寄存器 SP 的地址加 1，使堆栈指针指向栈顶的上一个单元（即新的栈顶），然后将指令指定的片内 RAM 或 SFR 中地址为 direct 的存储单元中的操作数送到堆栈指针 SP 指向的片内 RAM 单元中。第一个任务说明中分析进栈指令 PUSH 40H 的执行过程，该过程可分为以下两个步骤：

（1）将堆栈指针 SP 的地址 07H 加 1，此时 SP=08H，指向栈顶的上一个单元 08H，如图 4-10（b）所示。

（2）将指令在指定的、直接寻址的、片内 RAM 40H 单元中的数据（36H）送到 SP 所指向的 08H 单元中，如图 4-10（c）所示，其执行过程如图 4-10 所示。

该指令执行后，08H 地址单元的内容为 36H。

二、出栈指令

第 2 个任务用出栈指令实现，进栈指令的格式如下：

POP　　direct　；（SP）→direct（先弹出堆栈）

　　　　　　　　　；SP－1→SP(再变指针)

　　出栈指令的功能是将当前堆栈指针寄存器 SP 所指示的单元内容（进栈指令压入的内容）送到地址为 direct 的单元中。指令执行时，先将堆栈指针寄存器 SP 所指向的堆栈单元的内容弹出，送到该指令指定的片内 RAM 单元或 SFR 单元中地址为 direct 的存储单元中；再将堆栈指针寄存器 SP 的地址减 1，使之指向新的栈顶。

　　在第二任务的已知条件下，进栈指令执行后，SP 变为 30H，所以出栈指令 POP　0EH 的执行过程分两步：

　　（1）先将 SP 所指向的直接寻址的片内 RAM 的 30H 单元（栈顶地址）中的数据（18H）弹出，送到指令指定的片内 RAM 的 0EH 单元中，即（0EH）=18H；

　　（2）SP－1→SP，因此这时 SP=30H－1=2FH，SP 仍指向栈顶地址 2FH。

　　出栈指令 POP　0EH 的执行过程如图 4-11 所示。

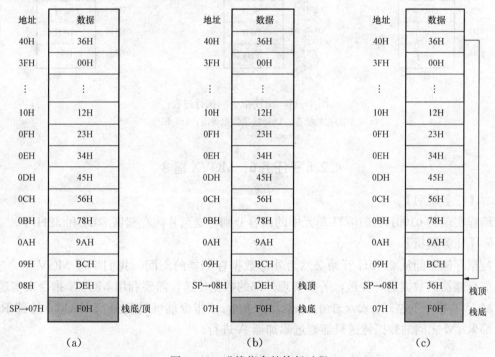

图 4-10　进栈指令的执行过程

（a）SP 的初始状态；（b）SP+1→SP，指向栈顶；（c）40 单元中的数据进栈

　　在图 4-11（c）中可以看到，在执行出栈指令 POP　0EH 后，栈顶和栈底重合了。事实上，不管堆栈操作指令一次处理多少个单元，在没有嵌套的情况下，完成了一次完整的进栈和出栈操作后，栈顶和栈底就重合了。

　　从进栈指令和出栈指令的执行过程可以看出，CPU 在处理子程序或响应中断时，系统会自动连续两次调用进栈指令，将断点地址压入堆栈保存起来；在调用子程序完毕或中断返回时，系统会连续两次调用出栈指令，将原来压入堆栈中的断点地址从堆栈中弹出来，再恢复至原来的位置。

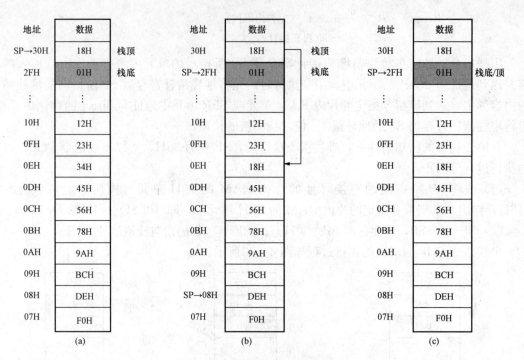

图 4 - 11　出栈指令的执行过程
（a）SP 的初始状态；（b）栈顶数据弹出；（c）SP－1→SP

4.2.6 子任务 6：MOVX 指令

📢【任务说明】

编程实现将 0100H、0102H 单元中的内容分别传送到片内存储区 30H 和 32H 中。

☑【任务解析】

数据存储空间从 0100H 开始必然为外部数据存储器的空间，我们学过 MOV 指令实现将内部存储器的数据进行传送，若要实现外部的数据传送，需要利用 MOVX 指令来实现。

MOVX 指令的格式：MOVX 目的操作数，源操作数；该指令能够访问外部 RAM，外部 RAM 与内部 RAM 之间的数据传送只能通过累加器 A 进行。

```
MOVX   A ,     @Ri              ;(Ri)→A
MOVX   A ,     @DPTR            ;(DPTR)→A
MOVX   @Ri ,   A                ;(A)→(Ri)
MOVX   @DPTR , A                ;(A)→(DPTR)
```

前两条实现了读外部 RAM 或 I/O 口的指令，后两条实现写外部 RAM 或 I/O 口的指令。

该任务实现的步骤如下：

（1）将外存地址给寄存器 DPTR。

（2）利用 DPTR 间接寻址的内容先传入 A。

（3）再将 A 中内容送入片内 30H。

程序代码如下：

```
MOV   DPTR,#0100H
MOVX  A,@DPTR
MOV   30H,A
MOV   DPTR,#0102H
MOVX  A,@DPTR
MOV   32H,A
```

4.2.7 子任务 7：MOVC 指令

📢【任务说明】

若在外部 ROM 中从 2000H 单元开始存放 0～9 的平方值，要求根据累加器 A 中的值 (0～9) 来查找所对应的平方值。

在 MCS-51 系列单片机的程序存储器（ROM）中除了存放程序外，还可以存放一些常数，这些常数的排列称为表格。在程序运行时，将需要的数据送到累加器中的过程称为查表。因此，累加器 A 与外部 ROM 之间的传送指令也称为查表指令。查表指令共有 2 条：

```
MOVC    A,@A+PC        ;((A)+(PC))→A
MOVC    A,@A+DPTR      ;((A)+(DPTR))→A
```

上述指令中，第一条指令是把 PC 作为基址寄存器，累加器 A 的内容为偏移量，先将 PC 的当前值加 1（指向下一条指令的起始地址），再与累加器 A 的内容相加，得到一个 16 位地址，将与该地址对应的 ROM 单元的内容送到累加器 A 中；第二条指令把 DPTR 作为基址寄存器，累加器 A 的内容为偏移量，先将 DPTR 的值与 A 的内容相加，得到一个 16 位地址，然后将该地址对应的 ROM 单元的内容送到累加器 A。

✍【任务解析】

(1) 若用 DPTR 作变址寄存器，则程序为

```
MOV   DPTR,#2000H
MOVC  A,@A+DPTR
```

这时，A+DPTR 就是所查平方值所存的地址。

(2) 若用 PC 作为基址寄存器，在 MOVC 指令之前先用一条加法指令进行地址调整，则程序为

```
ADD   A,#data
MOVC  A,@A+PC
```

其中，#data 的值要根据 MOVC 指令的所在地址和数据区地址的值来进行调整计算。设 A 为原来累加器 A 中的值 (0～9)，PC 为 MOVC 指令所在的地址，设为 1FF0H，则指令应这样执行：

```
PC=PC+1=1FF0H+01H=1FF1H
data=2000H-1FF1H=0FH
```

因此，程序应为

```
ADD   A,#0FH
```

```
MOVC  A,@A+PC
```

这样，当使用这条指令之前就要先算好地址，才可以访问准确。

练习：若将 ROM 中 4000H 单元内容送至片内 RAM 的 75H，如何实现？

程序代码如下：

```
MOV   A,#00H
MOV   DPTR,#4000H
MOVC  A,@A+DPTR
MOV   75H,A
```

任务 4.3　实现算术运算

MCS-51 单片机指令系统中，算术运算指令共 24 条，可以进行 8 位无符号数的加、减、乘、除等基本运算操作，也可以对 BCD 码进行调整运算。除加 1 和减 1 指令外，其他指令的运算结果均影响程序状态字（PSW）中的有关标志位的状态。

根据算术运算的特点，完成以下子任务：

（1）子任务 1：实现不带进位的加法运算。

（2）子任务 2：实现带进位的加法运算。

（3）子任务 3：实现带借位的减法运算。

（4）子任务 4：实现加 1 运算（INC 指令）。

（5）子任务 5：实现减 1 运算（DEC 指令）。

（6）子任务 6：实现乘除运算。

（7）子任务 7：十进制调整指令。

4.3.1　子任务 1：实现不带进位的加法运算

📢【任务说明】

设（A）= A5H，（R1）=84H，分析指令 ADD A,R1 执行后的结果。

首先来了解 ADD 指令的特点及功能，然后再分析运算的结果。

ADD 指令的格式：ADD 目的操作数,源操作数；用于完成两个 8 位二进制数的加法运算。参与运算的数只有被加数和加数，不考虑低位的进位。该类指令共有 4 条：

```
ADD   A, Rn      ;(A)+(Rn)→A
ADD   A, @Ri     ;(A)+((Ri))→A
ADD   A,  direct ;(A)+(direct)→A
ADD   A,  #data  ;(A)+data→A
```

上述指令的功能是将源地址指示的操作数和累加器 A 中的操作数相加，运算结果保存在累加器 A 中。半加指令的运算结果会影响辅助进位位 AC、进位标志位 Cy、溢出标志位 OV 及奇偶标志位 P。具体影响如下：

（1）如果 D3 位向 D4 位有进位，则辅助进位位 AC 置 1，否则清 0。

（2）如果 D7 位向更高值有进位，则进位标志位 Cy 置 1，否则清 0。

（3）如果 D7 位和 D6 位中只有一位有进位，则溢出标志位 OV 置 1，否则清 0。

（4）如果累加器 A 中 1 的个数为奇数，则奇偶标志位 P 置 1，否则清 0。

因此指令 ADD A,R1，其过程如下：

$$
\begin{array}{r}
1010\ 0101B \\
+\qquad 1000\ 0100B \\
\hline
\boxed{1}\ \ 0010\ 1001B
\end{array}
$$

运算结果为（A）=29H，AC=1，Cy=1，OV=1，P=1；

辅助进位位 AC 主要用于十进制数的加法调整；进位标志位 Cy 用于多字节的加法运算，因此也可以说，Cy 是无符号数的溢出标志位（溢出是指两个符号数进行加、减运算，运算结果超出了机器所允许表示的范围，得出了错误结果的现象）；溢出标志位 OV 主要用于判断两个符号数求和之后的结果是否正确，若 OV=1，说明结果因产生溢出而发生错误，数据超出了所能表示的范围，因此 OV 标志只对符号数的运算有意义，也可以说，OV 是符号数的溢出标志位；奇偶标志位 P 一般是在串行口数据通信时检验数据传送的正确与否。

关于进位和溢出，主要看被处理的数是符号数还是无符号数。实际上，一个 8 位的二进制数，既可以看成是符号数，也可以看成是无符号数。如果看成是符号数，那么最高位 D7 表示符号位，则 8 位二进制数表示的范围是 −128～+127，超过此范围就产生溢出，溢出情况根据 OV 可以确定：若 OV=1，表示结果有溢出，即 A 中结果不正确，因为两个正数相加结果变成了负数，此时 Cy 无意义。如果看成是无符号数，则 8 位二进制数表示的范围是 0～255，超过此范围就产生溢出，有无溢出可根据 Cy 来确定：若 Cy=0，表示结果未发生溢出，即 A 中结果正确，此时 OV 无意义。

4.3.2 子任务 2：实现带进位的加法运算

📢【任务说明】

编程实现多字节的加法：345678H+99AABBH。假设被加数已经存入内存 RAM 地址 20H～22H 中，加数存放于 30H～32H 中，和存放于 40H～42H 中，数据高位存放大地址，低位存放小地址。

📝【任务解析】

345678H +99AABBH，在低 8 位的相加过程中和大于 255，因此要向高 8 位进位，然后再将高 8 位的数据相加。需要使用指令 ADDC（带进位的加法指令），其功能是实现被加数+加数+低位的进位。

该指令格式如下：

```
ADDC  A,  Rn        ;(A)+(Rn)+(Cy)→A
ADDC  A,  @Ri       ;(A)+((Ri))+(Cy)→A
ADDC  A,  direct    ;(A)+(direct)+(Cy)→A
ADDC  A,  #data     ;(A)+data+(Cy)→A
```

这组指令的功能、对标志位的影响都与 ADD 指令相类似，不同的是在进行加法运算时，要加上进位标志位的内容。

程序代码如下：

```
;********** 低 8 位相加,和存入 40H 单元**********
MOV   R0,＃20H
MOV   R1,＃30H
MOV   A,  @R0    ;被加数的低位
ADD   A,  @R1    ;与加数的低位相加
MOV   40H, A     ;存入 40H 中
;**** 中间 8 位相加,再加上低位可能产生的进位,和存入 41H 单元*******
MOV   R0,  ＃21H
MOV   R1,  ＃31H
MOV   A,  @R0    ;被加数的次低位
ADDC  A,  @R1    ;与加数的次低位相加,再加上低位可能产生的进位
MOV   41H, A     ;存放入 41H 中
;***** 高 8 位相加,再加上低位可能产生的进位,和存入 42H 单元*******
MOV   R0,＃22H
MOV   R1,＃32H
MOV   A,@R0
ADDC  A,@R1
MOV   42H,A
;********** 最高位可能产生的进位存入 43H 中**********
MOV   A, ＃0
ADDC  A, ＃0
MOV   43H, A;最高位可能产生的进位存入 43H 中
```

4.3.3 子任务 3：实现带借位的减法运算

📢【任务说明】

试编程实现 $82-(-76)=158$，并判断程序执行后累加器 A 的结果和 PSW 中各标志位的状态。

指令格式如下：

```
SUBB   A,   Rn        ;(A) － (Rn) － (Cy) →A
SUBB   A, @Ri         ;(A) － ((Ri)) － (Cy) →A
SUBB   A,  direct     ;(A) － (direct) － (Cy) →A
SUBB   A,  ＃data     ;(A) －data － (Cy) →A
```

这组指令的功能是用累加器 A 中的操作数减去源地址所指定的操作数和进位标志位 Cy 中的操作数，结果存放于累加器 A 中。减法指令影响 PSW 中各标志位的状态。对各标志位的影响如下：

（1）如果 D3 位向 D4 位有借位，则辅助进位位 AC 置 1，否则清 0。

（2）如果 D7 位向更高位有借位，则进位标志位 Cy 置 1，否则清 0。

（3）如果 D7 位和 D6 位中不同时产生借位，则溢出标志位 OV 置 1，否则清 0。

（4）如果累加器 A 中 l 的个数为奇数，则奇偶标志位 P 置 1，否则清 0。

注意：若参与运算的两个数不需要借位，则应先将 Cy 执行指令 CLR　C 清 0，然后再执行 SUBB 指令。

程序代码实现如下：

```
CLR    C              ; Cy 清 0
MOV    A, #52H        ; 52H→A,52H 为(+82)的补码
SUBB   A, #0B4H       ; (A) -0B4H- (Cy)→A
```

其减法过程为

$$
\begin{array}{rcl}
82 & & 0101\ 0010B \\
-76 & - & 1011\ 0100B \\
\hline
\boxed{1}\ 158 & & 1001\ 1110B
\end{array}
$$

各标志位的状态为 Cy=1，AC=1，OV=1，P=1。

OV=1，溢出说明累加器 A 中的结果不正确。实际应用时必须对减法指令执行后的 OV 标志位加以检测：若 OV=0，说明 A 中结果正确；若 OV=1，说明 A 中结果不正确，产生了溢出。

4.3.4 子任务 4：实现加 1 运算（INC 指令）

◁❙【任务说明】

编程将 7C00H 和 7C01H 单元内容清 0。

☑【任务解析】

加 1 指令的功能是把操作数指定单元的内容加 1，除了针对 PSW 的操作外，操作结果不影响 PSW 中的标志位，如果针对累加器操作，会影响奇偶标志位。加 1 指令可以用来修改操作数的地址，使用间接寻址的指令。加 1 指令的格式见表 4-3。

表 4-3　　　　　加　1　指　令

指　令	操　作	指　令	操　作
INC A	A←A+1	INC @Ri	(Ri) ← ((Ri)) +1
INC Rn	Rn← (Rn) +1	INC DPTR	DPTR←DPTR+1
INC direct	(direct) ← (direct) +1		

代码如下：

```
MOV    A, #00H
MOV    DPTR, #7C00H
MOVX   @DPTR, A
INC    DPTR
MOVX   @DPTR, A
```

4.3.5 子任务 5：实现减 1 运算（DEC 指令）

◁❙【任务说明】

若（A）=00H，（R0）=40H，（40H）=00H，（30H）=ABH，Cy=1，分析下列指令

执行后的结果。

```
DEC    A
DEC    R0
DEC    @R0
DEC    30H
```

📝【具体解析】

从任务中可以看出，DEC 指令的格式有 4 种，见表 4 - 4。该指令的功能是将指定单元的数据减 1 再送回该单元，除了针对 PSW 的操作外，操作结果不影响 PSW 中的标志位，如果针对累加器操作，会影响奇偶标志位。

表 4 - 4　　　　　　　　　　　　　　减　1　指　令

指　令	操　作	指　令	操　作
DEC A	A←A−1	DEC direct	(direct) ← (direct) −1
DEC Rn	Rn← (Rn) −1	DEC @Ri	(Ri) ← ((Ri)) −1

下列指令执行的结果，在每行用注释说明：

```
DEC    A       ;A−1→A,A=FFH,有借位,不影响标志位,Cy=1
DEC    R0      ;R0−1→R0,R0=3F
DEC    @R0     ;((R0))−1→((R0)),(40H)=FFH
DEC    30H     ;(30H)−1→(30H),(30H)=AAH
```

注意：

（1）加 1 减 1 指令与加减法指令中加 1 减 1 运算的区别是加 1 减 1 指令不影响标志位，特别是不影响进位标志位 Cy，即加 1 等于 256 时也不向 Cy 进位，Cy 保持不变；减 1 不够减时向高位借位，但 Cy 保持不变。

（2）无 16 位减 1 指令。即只有 INC DPTR 指令，没有 DEC DPTR 指令。

4.3.6 子任务 6：实现乘除运算

🔊【任务说明】

已知两个乘数分别存在 20H 和 21H 中，（20H）=4EH，（21H）=50H，试编写程序求其积，并将结果存放于 22H 和 23H 中。

📝【任务解析】

在解析任务之前，了解乘法运算的指令：MUL AB；该指令的功能是实现两个 8 位无符号数的乘法操作。两个无符号数分别存放在 A 和 B 中，乘积为 16 位，其低 8 位存于 A 中，高 8 位存于 B 中。该指令的功能是把累加器 A 和特殊功能寄存器 B 中的两个 8 位无符号数相乘，乘积不超过 8 位时，结果全放在累加器 A 中，寄存器 B 为 0；若乘积超过 8 位，结果的低 8 位放在累加器 A 中，高 8 位放在寄存器 B 中。乘法指令影响溢出标志位 OV 和进位标志位 Cy：若乘积大于 0FFH（255），则溢出标志位 OV 置 1，否则清 0；而进位标志位 Cy 总是清 0。因此，可在乘法指令执行后对 OV 进行检查，以确定是否保存寄存器 B 的内容。

程序编写步骤如下。

（1）一个乘数放入 A 中。

（2）另一个乘数放入 B 中。

（3）用 MUL 指令实现乘法，将 AB 内容相乘。

（4）处理结果将积的低 8 位放入 22H。

（5）积的高 8 位放入 23H。

程序代码如下：

```
MOV  A, 20H
MOV  B, 21H
MUL  AB
MOV  22H, A
MOV  23H, B
```

若已知除数和被除数，求商，又该如何呢？

在 MCS-51 单片机指令系统中除法运算指令也只有一条，并且也是只能进行 8 位无符号数的乘法运算，其格式如下：

```
DIV    AB    ;(A÷B)商→A
              ;(A÷B)余数→B
```

除法指令的功能是将 A 中的 8 位无符号数除以 B 中的 8 位无符号数，能整除时，商存放在 A 中，B 为 0；不能整除时，商存放在 A 中，余数存放在 B 中。除法指令影响溢出标志位 OV 和进位标志位 Cy：若除数为 0（即 B＝0），则溢出标志位 OV 置 1，表示除法没有意义，否则 OV 清 0；而进位标志位 Cy 总是清 0。

如果（A）＝3200H，（B）＝A0H，则执行指令 DIV　AB 后，即（A）÷（B）＝50H，因为能整除，所以（A）＝50H，（B）＝0，又除数（B）＝A0H≠0，所以 OV＝0，而 Cy＝0，P＝0。

4.3.7 子任务 7：十进制调整指令

🔊【任务说明】

已知两个 BCD 码分别存在 30H、31H 和 32H、33H，编程求其和，和的位数从高到低分别存放在寄存器 R4、R3、R2。

📝【任务解析】

在 MCS-51 单片机指令系统中没有十进制数的加法指令，对于十进制数的加法运算是通过二进制数的加法指令 ADD 或者 ADDC 完成的。当参与运算的两个数为二进制编码（8421BCD 码）时，产生的结果也仍为二进制编码（8421BCD 码），因为 8421BCD 码本身就是表示十进制数的二进制编码，相加的结果为满十六进一，而不是满十进一，当 8421BCD 相加的结果大于 9 时，得到的结果就会出错，因此必须在普通的加法指令 ADD 或 ADDC 之后再加一条指令，对 8421BCD 码运算的结果进行调整，以得到正确的 8421BCD 码结果，这种指令就是十进制调整指令，其格式如下：

```
DA  A  ;对累加器 A 中的 8421BCD 码结果进行十进制调整
```

使用十进制调整指令需要注意以下三点：

（1）若累加器 A 中的 BCD 码低 4 位大于 9（或 AC＝1），则对累加器 A 进行加 06H 调整（低 4 位加 6 调整）；若累加器 A 中的 BCD 码高 4 位大于 9（或 Cy＝1），则对累加器 A 进行加 60H 调整（高 4 位加 6 调整）；若累加器 A 中的 BCD 码高 4 位大于 9（或 Cy＝1），同时低 4 位也大于 9（或 AC＝1），则对累加器 A 进行加 66H 调整（高 4 位加 6，低 4 位加 6 调整），因此该调整指令可能加的调整数为 06H、60H 和 66H。

（2）十进制调整指令只影响 Cy。若在高 4 位或低 4 位进行加 6 调整后产生进位，则将 Cy 置 1。

（3）在书写该指令时，BCD 码要加 H，因为 BCD 码本身就是用二进制编码表示的十进制数。

该任务的程序代码如下：

```
MOV   A, 30H      ;取一个加数低位
MOV   A, 32H      ;低位相加
DA    A           ;低位和进行 BCD 码调整
MOV   R2,A        ;低位和存入 R2 中
MOV   A, 31H      ;取一个加数高位
ADDC  A, 33H      ;高位连同进位相加
DA    A           ;高位和进行 BCD 码调整
MOV   R3,A        ;高位和存入 R3 中
MOV   A, ＃00H     ;把 A 清 0
ADDC  A, ＃00H     ;把进位进入 A 中
MOV   R4, A       ;进位存入 R4
```

任务 4.4　实现逻辑运算及移位

MCS - 51 单片机指令系统中逻辑运算指令共 24 条，包括与、或、异或、清 0、取反及移位等操作指令。这些指令跟 A 有关时，影响奇偶标志位 P，但对 Cy（除带 Cy 移位）、AC、OV 无影响。

根据逻辑类指令特点，完成以下子任务：

（1）子任务 1：逻辑与运算指令。

（2）子任务 2：逻辑或运算指令。

（3）子任务 3：逻辑异或运算指令。

（4）子任务 4：清零和取反指令。

（5）子任务 5：循环移位指令。

4.4.1 子任务 1：逻辑与运算指令

任务说明 1：分析指令 ANL　P0，＃0FH 执行后的结果。

☑【任务解析】

该指令为逻辑与操作，逻辑与指令用于对两个 8 位二进制数按位进行逻辑与运算，共有 6 条，其中前 4 条的结果存于累加器 A 中，执行后影响 P 标志位；后 2 条的结果存于直接寻

址的片内 RAM 单元，执行后不影响任何标志位。指令格式为

```
ANL   A, Rn            ;(A)∧(Rn)→A(n=0～7)
ANL   A, @Ri           ;(A)∧((Ri))→A(i=0,1)
ANL   A, direct        ;(A)∧(direct)→A
ANL   A, #data         ;(A)∧(data)→A
ANL   direct, A        ;(direct)∧(A)→direct
ANL   direct,#data     ;(direct)∧(data)→direct
```

逻辑与运算规则：相应位见 0 全 0，全 1 为 1。因此逻辑与指令也常用于对某些指定位清 0（与 0 相与）。

任务 1 的内容就得到了解决，指令 ANL P0,#0FH 执行后，根据逻辑与的运算特点具有清零的作用，遇见 0 结果就为 0，遇见 1 结果还是原来的数，所以实现了对 P0 口的数据的高 4 位进行清零操作。

任务说明 2：M1 单元有一个 9 的 ASCII 码 39H，试编程将其变为 BCD 码。请编写程序实现。

☑【任务解析】

将高位清零，即可完成任务，因此使用 ANL 指令来实现。代码如下：

```
MOV  A,  M1
ANL  A,  #0FH
MOV  M1, A
```

4.4.2 子任务 2：逻辑或运算指令

任务说明 1：设（A）=D4H，试分析指令 ORL A,#0FH 执行后的结果。

☑【任务解析】

该指令为逻辑或操作，逻辑或指令用于对两个 8 位二进制数按位进行逻辑或运算，共有 6 条，其中前 4 条的结果存于累加器 A 中，执行后影响 P 标志位；后 2 条的结果存于直接寻址的片内 RAM 单元，执行后不影响任何标志位。指令格式为

```
ORL   A, Rn            ;(A)V(Rn)→A  (n=0～7)
ORL   A, @Ri           ;(A)V((Ri))→A  (i=0,1)
ORL   A, direct        ;(A)V(direct)→A
ORL   A, #data         ;(A)V(data)→A
ORL   direct, A        ;(direct)V(A)→direct
ORL   direct, #data    ;(direct)V(data)→direct
```

逻辑或运算规则：相应位见 1 为 1，全 0 为 0。逻辑或指令常用于对某些指定位置 1（与 1 相或）。因此常用逻辑或来实现置 1 操作。

任务 1 的内容就得到了解决，指令 ORL A,#0FH 执行后，其运算过程如下：

$$
\begin{array}{r}
1101 \quad 0100B \\
\text{V} \quad 0000 \quad 1111B \\
\hline
1101 \quad 1111B
\end{array}
$$

运算结果为(A)=DFH,P=1。实现了将累加器 A 的低 4 位置 1。

任务说明 2：将累加器 A 中的低 3 位内容传送到 P1 口，并保持 P1 口高 5 位的数据不变。

具体步骤：

（1）屏蔽 A 的高 5 位。

（2）保持 P1 口的高 5 位。

（3）将 A 中的低 3 位和 P1 口的高 5 位数据组合。

程序代码：

```
ANL   A, ＃07H
ANL   P1, ＃F8H
ORL   P1,A
```

4.4.3 子任务 3：逻辑异或运算指令

🔊【任务说明】

外部 RAM 的 30H 单元中有一个数 AAH，现要将其高 4 位不变，低 4 位取反，试编程实现。

📝【任务解析】

逻辑异或指令用于对两个 8 位二进制数按位进行逻辑异或运算，共有 6 条。其中，前 4 条的结果存于累加器 A 中，执行后影响 P 标志位；后 2 条的结果存于直接寻址的片内 RAM 单元，执行后不影响任何标志位。指令格式为

```
XRL   A, Rn              ;(A)⊕(Rn)→A  (n=0～7)
XRL   A, @Ri             ;(A)⊕((Ri))→A  (i=0,1)
XRl   A, direct          ;(A)⊕(direct)→A
XRL   A, ＃data          ;(A)⊕(data)→A
XRl   direct, A          ;(direct)⊕(A)→direct
XRL   direct, ＃data     ;(direct)⊕(data)→direct
```

逻辑异或指令的运算规则：对应位相同为 0，不同为 1。逻辑异或指令常用来比较两个数据是否相等：即当两个数据异或结果为全 0，则两数相等，否则两数不相等。此外，异或指令还可以实现对某个字节单元的指定位取反，因为与 1 异或，结果取反。

根据异或指令的特点，如果让 AAH 与 0FH 进行异或，正好可以实现任务的需求。

代码如下：

```
MOV   R0,＃30H          10101010
MOVX  A,@R0          ⊕ 00001111
XRL   A, ＃0FH          10100101
MOVX  @R0,A
ORL   P1,A
```

4.4.4 子任务 4：清零和取反指令

🔊【任务说明】

已知 30H 单元中有一个数 x，编写代码实现对该数求补的程序。

📝【任务解析】

求补运算＝求反＋1，如何实现求反是问题的关键。先来了解一下求反及清零操作。用传送指令可以实现对累加器 A 的清零和取反操作，但是它们都是双字节指令。在 MCS-51 的指令系统中专门设计了单字节、单周期对累加器清零和取反的指令。

格式：CLR A   ;累加器清零
　　　CPL A   ;累加器取反

因此，任务得到解决，其具体步骤：

(1) 将 x 这个数放入累加器 A。

(2) 对 x 求反。

(3) 在求反的基础上增 1。

(4) 将所得的补码送入 30H。

程序代码如下：

```
MOV A, 30H
CPL A
INC A
MOV 30H, A
```

4.4.5 子任务 5：循环移位指令

◁》【任务说明】

把 R2R3 中的 16 位补码数（高位在 R2 中）右移一位，并不改变符号。

✐【任务解析】

将数进行移动要通过逻辑移位运算指令来实现。在 MCS-51 中移位指令比较少，移位只能对累加器 A 进行，共有循环左移、循环右移、带进位的循环左移和右移 4 种。

指令格式：

```
RL   A    ;循环左移
RR   A    ;循环右移
RLC  A    ;带进位循环左移
RRC  A    ;带进位循环右移
```

以上指令所实现的操作，可如图 4-12～图 4-15 所示。

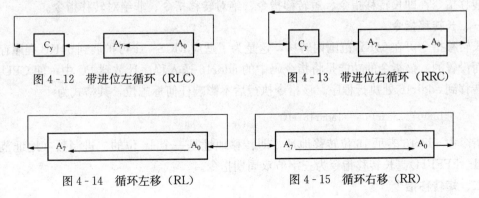

图 4-12　带进位左循环（RLC）　　　　图 4-13　带进位右循环（RRC）

图 4-14　循环左移（RL）　　　　　　图 4-15　循环右移（RR）

【任务实施】

若不改变符号，则需要将符号位存入进位标志 Cy，移位过程需要带进位，使用 RRC 指令（带进位循环右移），程序代码如下：

```
MOV  A, R2
MOV  C, ACC.7
RRC  A
MOV  R2,A
MOV  A, R3
RRC  A
MOV  R3,A
```

任务 4.5　实现控制转移及位操作

在 MCS-51 单片机指令系统中控制转移指令共 17 条，主要是通过改变程序计数器 PC 中的内容来控制程序执行流向。此类指令主要用于完成程序的转移、子程序的调用与返回、中断与返回等功能。根据其功能的不同，控制转移指令可分为无条件转移指令、条件转移指令、子程序调用与返回指令及空操作四类。位处理指令又称布尔操作指令，包括逻辑操作、传送操作、状态控制以及控制转移等指令。

根据控制类及位操作指令的特点，完成以下子任务：

(1) 子任务 1：无条件转移指令。

(2) 子任务 2：条件转移指令。

(3) 子任务 3：调用和返回指令。

(4) 子任务 4：位运算指令。

(5) 子任务 5：位控制转移指令。

4.5.1 子任务 1：无条件转移指令

任务说明 1：了解无条件转移指令的四种跳转指令，理解相关的概念。

不规定条件的转移指令称为无条件转移指令，MCS-51 单片机指令系统中共有 4 条无条件转移指令，即长转移指令、短转移指令、绝对转移指令、非绝对转移指令。

一、长转移指令

长转移指令可在 64KB 范围内转移，这是为了适应 MCS-51 可扩展到 64KB 程序存储器空间而设置的。该指令的功能是将指令码中的 addr16 送入程序计数器 PC 中，使 CPU 无条件地转移到 addlr16 处执行程序。该指令执行后不影响任何标志位，其格式为

```
LJMP  addr16   ;addr16→PC
```

指令中 addr16 表示 16 位转移地址，即转移地址是一个 16 位的二进制数（地址范围为 0000H～FFFFH）。长转移指令为三字节双周期指令。

二、短转移指令

短转移指令可在 -126～+129 范围内转移，指令执行时分两步：

（1）先将程序计数器 PC 加 1 两次，即取出指令码。

（2）把加 1 两次后的地址和 rel（偏移量）相加，作为目标转移地址。rel 的计算公式：

　　rel＝目标地址－源地址－2（其中，2 为 SJMP 指令的长度）

因此，短转移指令也称为相对转移指令，其格式为

　　　　SJMP　　rel　　;PC＋2→ PC,　PC＋rel→PC

其中，rel 是地址偏移量，为 8 位带符号的二进制数，取值范围为－128～＋127，在书写程序中常采用 rel 符号，上机运行时才被代成二进制数形式。因该指令在执行时首先使程序计数器 PC 加 1 两次，即 PC＋2，因此短转移指令的实际转移范围为－126～＋129。该指令是一条双字节、双周期指令。在 MCS-51 系列指令系统中没有暂停指令，可以使用 SJMP 指令来实现动态停机：

　　　　HERE: SJMP　HERE　　或　SJMP　MYM　;♯表示本指令的首字节所在的单元地址

三、绝对转移指令

绝对转移指令是将 PC（加 2 后的修改值）的高 5 位与指令中的低 11 位地址拼接在一起，共同形成可转移的 16 位目标地址，从而实现在当前 2KB 范围内转移。该指令格式为

　　　　AJMP　　addrll　　;PC＋2→PC, PC0～PC10→ addrll,　PC11～PC15 不变

AJMP 指令是一条双字节指令，指令分两步执行：

（1）先将程序计数器 PC 加 1 两次，即取出指令码。

（2）把加 1 两次后的地址作为高 5 位地址 PC11～PC15 和指令码中低 11 位地址 addr 10～addr0 构成目标转移地址。

其中，addr 10～addr 0 的地址范围是全 0～全 1，是一个无符号的二进制数。由于 AJMP 指令只提供 addr 10～addr 0 共 11 位地址，因此绝对转移指令只能在 2KB 空间范围内向前或向后转移。如果把 64KB 的 ROM 空间划分为 32 个区，那么每个区有 2KB 寻址空间，要求转移的目标地址必须和当前指令在同一 2KB 区内，否则容易引起程序转移的混乱。

这里所说的 AJMP 目标转移地址不是与 AJMP 指令地址在同一 2 KB 区，而是与 AJMP 指令取指后的 PC 地址（即 PC＋2）在同一 2KB 区。若 AJMP 指令的地址为 2FFEH，则 PC＋2＝3000H，故目标转移地址必须在 3000H～37FF 这个 2KB 区。

四、间接转移指令

间接转移指令的功能是把累加器 A 中的 8 位无符号数和数据指针（DPTR）的 16 位数相加，并将结果作为转移地址送至 PC。在指令的执行过程中，不改变累加器 A 和数据指针 DPTR 的内容，也不影响任何标志位。该指令是一条单字节指令，其格式为

　　　　JMP　　@A＋DPTR　　;PC＋1→PC, ((A)＋(DPTR))→PC

指令执行后不改变累加器 A 和数据指针 DPTR 的内容，也不影响任何标志位。利用这条指令也可以实现程序的散转（并行多分支转移处理），因此又被称为散转指令。

任务说明 2：分析下列转移指令是否正确。

　　　①1FFEH　　AJMP　　27BCH

②1FFEH　　AJMP　　1F00H

③389AH　　AJMP　　3ABCH

【任务解析】

第①条：(PC) +2=2000H，地址的高 5 位为 00100；与转移地址的高 5 位相同。因此 PC+2 与转移目标地址在同一个 2KB 区域，转移正确。

第②条：(PC) +2=2000H，地址的高 5 位为 00100；与转移地址的高 5 位（00011）不同。因此 PC+2 与转移目标地址不在同一个 2KB 区域，转移不正确。

第③条：(PC) +2=389CH，地址高 5 位为 00111；与转移地址的高 5 位相同。因此 PC+2 与转移目标地址在同一个 2KB 区域，转移正确。

任务说明 3：已知某单片机的监控程序地址为 A080H，试问用什么方法使单片机开机后自动地转向该监控程序？

【任务解析】

因为单片机上电时，PC=0000H，所以在 0000H 单元存放一条 LJMP　0A080H 的指令即可。

4.5.2 子任务 2：条件转移指令

条件转移是指程序的转移是有条件的，若条件满足则修改 PC 值，从而实现程序的转移；若条件不满足，则 PC 值不变，继续执行原程序。条件转移指令共 8 条，分为累加器 A 判零位转移指令、比较条件转移指令和减 1 条件转移指令三类。

任务说明 1：编写程序实现判断 R0 寄存器的内容是否为 0，若 R0 的内容为 0，则 R1 的内容为 0，否则 R1 寄存器各位都置 1。

【任务解析】

解决问题的关键在于如何判断 R0 是否为零，在 MCS-51 系统中，有累加器判零条件转移指令，其功能是指令执行时要判断累加器 A 中的内容是否为零，并将其作为转移的条件，共有 2 条：

```
JZ    rel    ;若 A=0,则 PC+2+rel→PC
             ;若 A≠0,则 PC+2→PC
```

该指令的功能：如果累加器 A=0，则转移；否则不转移，继续执行原程序。

```
JNZ   rel       ;若 A≠0，则 PC+2+rel→PC
                ;若 A=0，则 PC+2→PC
```

该指令的功能正好和上一条指令功能相反，即：如果累加器 A≠0 则转移，否则继续执行原程序。

通常指令中的偏移量以目标地址的标号形式出现。如：JZ LOOP；表示当累加器 A 的值为 0 时，程序转向 LOOP 地址，否则程序将继续顺序执行。

任务说明 1 的具体实现步骤如下：

(1) 将 R0 的内容送入累加器 A。

(2) 判断累加器 A 是否为零。

(3) 若 A 的内容等于零，则转去标号 L，使得 R1 的内容为零。

（4）若 A 的内容不等于零，使 R1 的内容置 1。

程序代码：

```
    MOV  A,R0
    JZ   ZE
    MOV  R1,#0FFH
    SJMP $          ;暂时停机
L:  MOV  R1,#0.
    SJMP $          ;暂时停机
```

任务说明 2：将片内 RAM 地址为 30H 开始的 10 个单元中的二进制数相加求和，并将和存入 40H 中。（设相加结果不超过 8 位二进制数）

【任务解析】

该任务解决的关键在于可以实现控制连续加了几个数，在 MCS-51 系统中可以利用减 1 指令（DJNZ）很容易地实现 10 个数的相加。减 1 指令的功能是将第一个操作数减 1 后结果是否为 0 作为判断转移的条件，若结果不为 0，则转移到目标地址执行循环程序段（程序转移）；若结果为 0，则终止循环程序段的执行，程序顺序向下执行（程序不转移）。指令格式为

```
DJNZ    Rn,rel      ;(Rn) - 1→Rn
                    ;若 Rn≠0,则(PC)+2+rel→PC(程序转移)
                    ;若 Rn=0,则(PC)+2→PC(程序不转移)
DJNZ    direct,rel  ;(direct)-1→direct
                    ;若( direct)≠0,则(PC)+3+rel→PC(程序转移)
                    ;若( direct)=0,则(PC)+3→PC(程序不转移)
```

减 1 不为 0 转移指令对控制已知次数的循环过程十分有用：指定任何一个工作寄存器 Rn 或 RAM 单元 direct 为循环变量，对循环变量赋予初值以后，每完成一次循环，循环变量自动减 1，直到循环变量减到 0，循环结束为止。

【任务实施】

连续 10 个单元中的数相加，在不考虑进位的情况下，步骤如下：

（1）将单元个数 10 送入寄存器 R0。

（2）将 30H 单元中的数送入 R1 寄存器中。

（3）分别将 A 和 C 清零。

（4）循环：将 A 和 R1 中的数进行相加，取下一个单元的数送 R1，DJNZ 来判断是否加了 10 个数。

代码如下：

```
      MOV   R0,#10
      MOV   R1,30H
      CLR   A
      CLR   C
LOOP: ADDC  A,@R1
      INC   R1
```

```
        DJNZ    R0，LOOP
        MOV     40H，A
        SJMP    $
```

任务说明3：将字节地址 30H～3FH 单元的内容逐一取出减 1，然后再放回原处，如果取出的内容为 00H，则不要减 1，仍将 0 放回原处。

☑【任务解析】

每取一个数先判断该数跟 00H 是否相等，如何判断两个数是否相等，在单片机指令系统中指令 CJNE 可以实现该目的。指令执行时首先比较两个操作数是否相等；若两数不相等则转移；否则，不发生转移，继续执行原程序。指令格式为

```
        CJNE    A，#datar，rel      ;若(A)≠data,则 PC+3+rel→PC
                                   ;若(A)=data,则 PC+3→PC
        CJNE    A，direct，rel      ;若(A)≠direct,则 PC+3+rel→PC
                                   ;若(A)=direct,则 PC+3→PC
        CJNE    Rn，#data，rel      ;若(Rn)≠data,则 PC+3+rel→PC
                                   ;若(Rn)=data,则 PC+3→PC
        CJNE    @Ri，#data，rel     ;若((Ri))≠data,则 PC+3+rel→PC
                                   ;若((Ri))=data,则 PC+3→PC
```

上述第一条指令执行时，CPU 首先把累加器 A 和立即数 data 进行比较：若累加器 A 的内容与立即数 data 不相等，则 CPU 根据累加器 A 和立即数 data 形成目标地址；若累加器 A 中的内容与立即数 data 相等，则程序继续顺序向下执行，不发生转移。

Cy 标志位的原则：若累加器（A）≥#data，表示累加器 A 中内容够减 #data，故 Cy=0；若累加器（A）<#data，表示累加器 A 中内容不够减 #data，故 Cy=1。其余三条指令功能均与第一条指令功能相同，只不过相比较的两个源操作数不同。

程序代码：

```
        MOV     R7，#10H
        MOV     R1，#30H
LOOP：CJNE    @R1，#00H，NEXT
        MOV     @R1，#00H
        SJMP    NEXT1
NEXT：  DEC     @R1
NEXT1： INC     R1
        DJNZ    R7，LOOP
        SJMP    $
```

4.5.3 子任务3：调用和返回指令

◁【任务说明】

分析 ACALL 指令与 LCALL 指令的特点。

☑【任务解析】

在 MCS-51 系列指令系统中子程序调用指令的功能：把程序转向子程序的起始指令，

同时又把断点地址（它的下一条指令地址）压入堆栈进行保护。返回指令往往位于子程序的末尾，作用是从堆栈中弹出调用指令保存的断点地址送入程序计数器 PC，具体执行过程如图4-16所示。

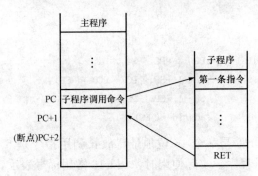

图 4-16　子程序的调用和返回流程示意图

调用指令根据其调用子程序范围可分为长调用和绝对调用两种，其特点类似于长转移与绝对转移指令。

一、绝对调用指令（ACALL）

绝对调用指令是一条双字节指令。该指令也分三步执行：

（1）先将 PC+1 两次（取出指令码）。

（2）分别把断点地址（PC+3 后的地址）压入堆栈（先 SP 加 1 一次，压低字节 PC7~PC0。再 SP 加 1 一次，压高字节 PC15~PC8）。

（3）将 addr11（addr10~addr0）作为子程序起始地址的低 11 位送入 PC（PC10~PC0），PC 自动加 1 两次后的高 5 位地址 PC15~PC11 作为子程序起始地址的高 5 位，组合而成一个新地址，这个地址就是子程序入口地址，将入口地址送入程序计数器 PC，使程序转向被调用的子程序执行。

指令格式如下：

```
ACALL   addr11      ;PC+2→PC
                    ;SP+1→SP,PC7~PC0 →(SP)
                    ;SP+1→SP,PC15~PC8 →(SP)
                    ;addr11→(PC10~PC0)
```

由于该指令码中 addr11 只给出 11 位地址，故绝对调用指令只能在当前 2KB 区域内调用，否则会引起程序混乱。实际编程时，addr11 常用标号表示。只有在执行时才按上述指令格式翻译成机器码。

绝对调用指令 ACALL 和绝对转移指令 AJMP 有许多相似之处：它们都是双字节指令，都是用指令提供的 11 位地址替换 PC 的低 11 位，所形成的新的 PC 值作为子程序入口地址，addr11 的取值范围均为 2KB，子程序的首地址均必须与断点地址处于同一个 2KB 区域。

二、长调用指令（LCALL）

长调用指令是一条三字节指令。该指令分三步执行：

（1）先将 PC+1 三次（取出指令码）。

（2）把断点地址（PC＋3 后的地址）压入堆栈（先 SP 加 1 一次，压低 8 位 PC7～PC0，再 SP 加 1 一次，压高 8 位 PC15～PC8）。

（3）将 addr16 送入程序计数器 PC，该指令执行后不影响任何标志位。使程序转向被调用的子程序执行。

指令格式如下：

```
LCALL    addr16      ;PC＋3→PC
                     ;SP+1→SP，  PC7～PC0→(SP)
                     ;SP+1→SP，  PC15～PC8→(SP)
                     ;addr16→(PC)
```

由于该指令码中 addr16 是一个 16 位地址，故长调用指令是 64KB 范围内的调用指令，可调用 64KB 范围内的子程序。实际使用时，addr16 常用标号表示，所谓标号就是子程序的首地址，如 LCALL LOOPl。

三、返回指令

调用和返回是成对使用的，有调用指令就有返回指令。返回指令是指把堆栈中的断点地址自动恢复到程序计数器 PC 中的指令。即将原压入堆栈（栈顶）的内容弹出，送到 PC 中（先弹出的内容送 PC 的高 8 位，后弹出的内容送 PC 的低 8 位），使程序从断点处开始继续执行原来的程序。返回指令包括子程序返回指令和中断返回指令，必须放在子程序和中断服务程序末尾使用。

1. 子程序返回指令

该指令的功能是把堆栈中保存的 2B 单元的断点地址内容恢复到程序计数器 PC 中，使程序返回到调用处，该指令只能用在子程序末尾。其格式如下：

```
RET        ;((SP))→(PC15～PC8)， (SP)−1→SP
           ;((SP))→(PC7～PC0)， (SP)−1→SP
```

2. 中断返回指令

该指令用在中断服务程序末尾，功能是把栈顶 2B 的单元内容恢复到 PC 中，使程序返回到原程序断点处执行。该指令与子程序返回指令 RET 的区别：该指令可以清除中断优先级的状态位，允许单片机响应低优先级的中断请求。其格式如下：

```
RETI       ;((SP)) →(PC15—PC8)， (SP)−1→SP
           ;((SP)) → (PC7～PC0)， (SP)−1→SP
```

4.5.4 子任务 4：位运算指令

◁┊**【任务说明】**

设 E、B、C、D 代表位地址，试编写程序完成 E、B 的内容异或并将结果放入 D 中。

▱**【任务解析】**

位运算操作中没有异或，因此可以将其转换成 D＝E（B̄）＋EB 来实现异或。

位运算也属于逻辑运算，有与、或、非三种。以布尔累加器即进位标志为一个操作数，另一个位地址内容为第二个操作数，运算结果仍送回 Cy，非运算是对操作数进行求反。

一、位逻辑与指令

位逻辑与指令的功能是将进位标志位 Cy 与一个位单元 bit 中的一位二进制数进行逻辑与运算；或者先将 bit 中的一位二进制数取反（用 $\overline{bit}$ 表示），再与进位标志位 Cy 进行逻辑与运算。指令执行后不影响程序状态字 PSW 中的任何标志位。指令共有两条：

```
ANL   C, bit
ANL   C, bit
```

二、位逻辑或指令

位逻辑或指令的功能是将进位标志位 Cy 与一个位单元 bit 中的一位二进制数进行逻辑或运算；或者先将 bit 中的一位二进制数取反（用 $\overline{bit}$ 表示），再与进位标志位 Cy 进行逻辑或运算。指令执行后不影响程序状态字 PSW 中的任何标志位。指令共有两条：

```
ORL   C, bit
ORL   C, bit
```

三、位逻辑非指令

位逻辑非指令用以对进位标志位 Cy 或指定的位单元 bit 中的一位二进制数取反，运算结果保存在进位标志位 Cy 当中。该指令也有两条，格式如下：

```
CPL  C
CPL  bit
```

有了位运算的具体格式，程序代码如下：

```
MOV  C, B
ANL  C, E
MOV  D, C
MOV  C, E
ANL  C, B
ORL  C, D
MOV  D, C
```

4.5.5 子任务 5：位控制转移指令

任务说明 1：内部 RAM 的 M1、M2 单元各有两个无符号的 8 位数。试编程比较其大小，并将大数送至 MAX 单元。

📝【任务解析】

判断两个数的大小，使 M1 和 M2 单元数据进行减法运算，如果发生借位则说明减数大，如果没有结果则说明被减数大，所以问题的关键在于判断 Cy 是否为 1。在 MCS - 51 指令系统中指令 JC 和 JNC 可以判断 Cy 是否为 1。指令格式如下：

```
JC    rel        ;若 Cy=1,则 PC+2+rel→PC
                 ;若 Cy=0,则 PC+2→PC
JNC   rel        ;若 Cy=0,则 PC+2+rel→PC
                 ;若 Cy=1,则 PC+2→PC
```

第一条指令表示如果 Cy＝1，则程序发生转移；Cy＝0 程序不发生转移，继续执行原程序。第二条指令正好与第一条指令相反，如果 Cy＝0，程序发生转移；Cy＝1，程序不发生转移，继续执行原程序。

程序代码：

```
        MOV  A,M1           ;操作数1送累加器A
        CJNE A,M2,LOOP      ;两个数相比较,无论结果如何都到LOOP,主要实现减
                            ;法操作,可以影响Cy位
LOOP:   JNC  LOOP1          ;M1>=M2时转LOOP1,根据Cy位进行转移
        MOV  A,M2           ;M1<M2时,取M2到A
LOOP1:  MOV  MAX,A          ;A中数据送MAX单元
```

任务说明 2：P2 口各位接共阳极发光二极管，如果寄存器 ACC 的最高位是 1，则让 P2.0、P2.1、P2.2、P2.3 控制的 4 个 LED 亮，其他灯灭；如果寄存器 ACC 的最高位是 0，则让 P2.4、P2.5、P2.6、P2.7 控制的 4 个 LED 亮，其他灯灭。请编写代码实现。

【任务解析】

该题的关键是如何判断寄存器 ACC 的最高位是 1 还是 0。在单片机指令系统中 JB 和 JNB 来实现以位地址中内容为条件的转移，指令格式如下：

```
    JB  bit,rel      ;若(bit)=1,则PC+3+rel→PC
                     ;若(bit)=0,则PC+3→PC
    JNB bit,rel      ;若(bit)=0,则PC+3+rel→PC
                     ;若(bit)=1,则PC+3→PC
    JBC bit,rel      ;若(bit)=1,则PC+3+rel→PC,且0→bit(执行后bit位清0)
                     ;若(bit)=0,则PC+3→PC
```

即不论 bit 位为何值，执行 JBC　bit，rel 指令后，总是使 bit 位清 0。

程序代码：

```
    JB   ACC.7,FU
    MOV  P2,#0FH
    SJMP $
FU: MOV  P2,#0F0H
    SJMP $
```

● 任 务 总 结

本学习情境所解决的任务有：指令的寻址方式（7 种）和数据传送类指令、算术运算指令、逻辑运算指令、子程序调用与返回指令、控制类指令及位操作指令。指令所要掌握的东西比较烦琐，特将各类指令的用法用表的形式分别汇总，以便学习和使用。见表 4-5~表 4-9。

表 4-5　　　　　　　　　　　　　　数据传送类指令表

类型	助记符		功能
片内 RAM 传送指令	MOV A,	Rn	Rn→A
		direct	(direct) →A
		@Ri	(Ri) →A
		♯data	data→A
	MOV Rn,	A	A→Rn
		direct	(direct) →Rn
		♯data	data→Rn
	MOV direct,	A	A→ (direct)
		Rn	Rn→ (direct)
		direct2	(direct2) → (direct)
		@Ri	(Ri) → (direct)
		♯data	data→ (direct)
	MOV @Ri,	A	A→ (Ri)
		direct	(direct) → (Ri)
		♯data	data→ (Ri)
	MOV DPTR, ♯data16		data16→DPTR
片外 RAM 传送 指令	MOVX A, @Ri		外 RAM (Ri) →A
	MOVX A, @DPTR		外 RAM (DPTR) →A
	MOVX @Ri, A		A→外 RAM (Ri)
	MOVX @DPTR, A		A→外 RAM (DPTR)
读 ROM 指令	MOVX A, @A+PC		PC+1→PC, ROM (A+PC) →A
	MOVX A, @A+DPTR		ROM (A+DPTR) →A
交换 指令	XCH A, Rn		A←→Rn
	XCH A, Ri		A←→ (Ri)
	XCH A, direct		A←→ (direct)
	XCHD A, @Ri		$A_{3\sim0}$←→ $(Ri)_{3\sim0}$
	SWAP A		$A_{3\sim0}$←→$A_{7\sim4}$
堆栈 指令	PUSH direct		SP+1→SP, (direct) →SP
	POP direct		(SP) → (direct), SP−1→SP

表 4-6　　　　　　　　　　　　　　算术运算类指令

类型			助记符	功能
加法	不带 Cy	ADD A,	Rn	A+Rn→A
			@Ri	A+ (Ri) →A
			direct	A+ (direct) →A
			♯data	A+data→A
	带 Cy	ADDC A,	Rn	A+Rn+Cy→A
			@Ri	A+ (Ri) +Cy→A
			direct	A+ (direct) +Cy→A
			♯data	A+data+ Cy→A

类　型	助　记　符		功　能
减法	SUBB A,	Rn	A－Rn－Cy→A
		@Ri	A－（Ri）－Cy→A
		direct	A－（direct）－Cy→A
		♯data	A－data－Cy→A
加1	INC	A	A＋1→A
		Rn	Rn＋1→Rn
		@Ri	（Ri）＋1→（Ri）
		direct	（direct）＋1→（direct）
		DPTR	DPTR＋1→DPTR
减1	DEC	A	A－1→A
		Rn	Rn－1→Rn
		@Ri	（Ri）－1→（Ri）
		DPTR	（direct）－1→（direct）
乘法	MUL　　　AB		A×B→BA
除法	DIV　　　AB		A÷B，商 A，余数 B
BCD 调整	DA　　　A		十进制调整

表 4－7　　　　　　逻辑运算类指令

类型	助记符		功能
与	ANL A,	Rn	A∧Rn→A
		@Ri	A∧（Ri）→A
		direct	A∧（direct）→A
		♯data	A∧data→A
	ANL direct,	A	（direct）∧A→（direct）
		♯data	（direct）∧data→（direct）
或	ORL A,	Rn	A∨Rn→A
		@Ri	A∨（Ri）→A
		direct	A∨（direct）→A
		♯data	A∨data→A
	ORL direct,	A	（direct）∨A→（direct）
		♯data	（direct）∨data→（direct）
异或	XRL A,	Rn	A⊕Rn→A
		@Ri	A⊕（Ri）→A
		direct	A⊕（direct）→A
		♯data	A⊕data→A
	XRL direct	A	（direct）⊕A→（direct）
		♯data	（direct）⊕data→（direct）
循环移位	RL　A		$A_7 \leftarrow \cdots \leftarrow A_0$
	RLC　A		Cy　$A_7 \leftarrow \cdots \leftarrow A_0$
	RR　A		$A_7 \rightarrow \cdots \rightarrow A_0$
	RRC　A		Cy　$A_7 \rightarrow \cdots \rightarrow A_0$
求反	CPL　A		$A \leftarrow \overline{A}$
清0	CLR　A		A←0

表 4 - 8　　　　　　　　　　　　　80C51 位操作类指令

类　型		助　记　符	功　能
位传送		MOV　C，bit	(bit)→C
		MOV　bit，C	C→(bit)
位修正	清 0	CLR　C	0→C
		CLR　bit	0→(bit)
	取反	CPL　C	$\overline{C}$→C
		CPL　bit	($\overline{bit}$→)(bit)
	置 1	SETB　C	1→C
		SETB　bit	1→(bit)
位逻辑运算	与	ANL　C，bit	C∧(bit)→C
		ANL　C，/bit	C∧($\overline{bit}$)→C
	或	ORL　C，bit	C∨(bit)→C
		ORL　C，/bit	C∨($\overline{bit}$)→C

表 4 - 9　　　　　　　　　　　　　控 制 转 移 类 指 令

类　型		助　记　符	功　能
无条件转移	转移	LJMP　addr16	addr16→PC
		AJMP　addr11	PC+2→PC，addr11→PC
		SJMP　rel	PC+2+rel→PC
		JMP　@A+DPTR	A+DPTR→PC
	调用	LCALL　addr16	PC+3→PC，断点入栈，addr16→PC
		ACALL　addr11	PC+2→PC，断点入栈，addr11→PC
	返回	RET	子程序返回
		RETI	中断返回
条件转移		JZ　rel	A=0，则 PC+2+rel→PC
		JNZ　rel	A≠0，则 PC+2+rel→PC
		JC　rel	Cy=1，则 PC+2+rel→PC
		JNC　rel	Cy=0，则 PC+2+rel→PC
		JB　bit，rel	(bit)=1，则 PC+2+rel→PC
		JNB　bit，rel	(bit)=0，则 PC+2+rel→PC
		JBC　bit，rel	(bit)=1，则 PC+2+rel→PC，0→bit
		CJNE　A，#data，rel	A≠data，则 PC+3+rel→PC
		CJNE　A，direct，rel	A≠(direct)，则 PC+3+rel→PC
		CJNE　Rn，#data，rel	Rn≠data，则 PC+3+rel→PC
		CJNE　@Ri，#data，rel	Ri≠data，则 PC+3+rel→PC
		DJNZ　Rn，rel	Rn−1→Rn， 若 Rn≠0，则 PC+2+rel→PC
		DJNZ　direct，rel	(direct)−1→(direct)， 若 (direct)≠0，则 PC+2+rel→PC
空操作		NOP	PC+1→PC

思 考 与 练 习

1. 请判断下列各条指令的书写格式是否有错，如有错说明其原因：

MUL　R0R1

```
MOV  A,@R7
MOV  A,♯3000H
MOVC @A+DPTR, A
LJMP ♯1000H
```

2. 下列程序段执行后，(R₀) =_____，(7EH) =_____，(7FH) =_____。

```
MOV  R0,♯7EH
MOV  7EH,♯0FFH
MOV  7FH,♯40H
1NC  @R0
1NC  R0
1NC  @R0
```

3. 已知（SP）= 60H，子程序 SUBTRN 的首地址为 0345H，现执行位于 0123H 的 ACALL SUBTRN 双字节指令后，（PC）=_____，（61H）=_____，（62H）=_____。

4. 阅读下列程序，说明其功能。

```
MOV  R0,♯data
MOV  A,@R0
RL   A
MOV  R1,A
RL   A
RL   A
ADD  A,R1
MOV  @R0,A
```

5. 说明 MCS-51 单片机的下列各条指令中源操作数的寻址方式。

```
ANL  A,20H
ADDC A,♯20H
JZ   rel
CLR  C
RRA
```

6. 请使用简单指令将片外 RAM 的 20H～25H 单元清零。

7. 若有数据块是有符号数，求正数的个数（以零为结束）。假设数据块是从内存 40H 开始。

8. 判断一个数是否为奇数，如果是奇数将 A 置 1，偶数将 A 清零。

9. 试说明下列一段程序运行后 A 中的结果。

```
     MOV   23H,  ♯0AH
     CLR   A
LOOP: ADD  A,23H
     DJNZ 23H, LOOP
  SJMP   $
```

学习情境五

汇 编 语 言 程 序 设 计

【情境引入】

本学习情境主要介绍汇编语言程序设计的方法，希望读者以本学习情境为基础能够进一步掌握汇编程序设计思想。

编写单片机的汇编语言程序，就是按照实际问题的要求和单片机的特点，决定应采用的计算方法和计算公式（也就是一般所说的算法），然后根据单片机的指令系统，按照尽可能节省数据存储单元、缩短程序长度和加快运行时间三个原则编写程序。

程序设计步骤（对于简单程序可以省略部分步骤）：

(1) 对实际问题进行抽象化处理，提炼成数学模型。

(2) 确定解决该数学模型的算法。

(3) 程序模块分析。在分析复杂的实际问题时，往往需要把整个问题分成若干个功能块，画出层次图，确定各模块间的通信。简单问题则只需一个模块足矣。

(4) 画出程序流程图，以图示形式表示解决具体问题的思路和方法。

(5) 分配内存工作单元和寄存器，即安排数据存放和进行运算处理的地方。

(6) 根据流程图编写程序。

(7) 上机调试、修改，直至通过。

任务 5.1　利用 Keil 调试汇编程序

利用 Keil，完成以下子任务：

(1) 子任务 1：创建工程。

(2) 子任务 2：设置工程。

(3) 子任务 3：调试运行工程。

(4) 子任务 4：查看和修改存储空间。

正确安装 Keil 后，双击计算机桌面上的快捷键图标█运行 Keil，即可进入 Keil 的集成开发环境（IDE），如图 5-1 所示。与其他常用的窗口软件一样，Keil 的 IDE 设置有菜单栏、可以快速选择命令的按钮工具栏、一些源代码文件窗口、对话窗口、信息显示窗口。

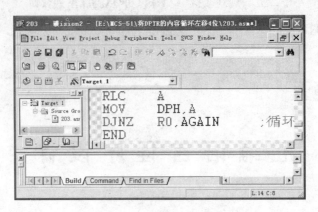

图 5-1　Keil 集成开发环境

5.1.1 子任务 1：创建工程

◁《【任务说明】

在熟悉 Keil 的 IDE 后，利用 Keil 录入、编辑、调试、修改单片机汇编语言应用程序。具体包括以下步骤：

一、创建一个工程，从设备库中选择目标 CPU

51 系列单片机种类繁多，不同种类的 CPU 特性不完全相同，在单片机应用项目的开发设计中，必须指定单片机的种类，指定对源程序的编译、链接参数，指定调试方式，指定列表文件的格式等。因此，在 Keil 的 IDE 中，使用工程的方法进行文件管理，即将汇编语言源程序、说明性的技术文档等都放置在一个工程里，只能对工程而不能对单一文件进行编译、链接等操作。

启动 Keil 的 IDE 后，Keil 总是打开用户上一次处理的工程，要关闭它可以执行菜单命令 Project→Close Project。建立新工程可以通过执行菜单命令 Project→New Project 来实现，此时将打开如图 5-2 所示的 Create New Project 对话框。

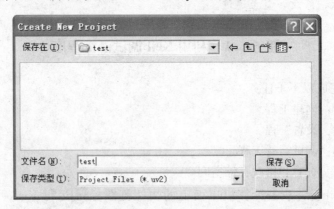

图 5-2　Create New Project 对话框

在此，需要做以下工作：

（1）文件名：为新建的工程取一个名字，例如：test。

（2）保存类型：选择默认值。

（3）保存在：选择新建工程存放的目录。建议为每个工程单独建立一个目录，并将工程中需要的所有文件都存放在这个目录下。

在完成上述工作后，单击"保存"按钮，立即开始为工程选择目标设备 CPU 的工作。在工程建立完毕后，Keil 会立即打开如图 5 - 3 所示的 Select Device for Target'Target 1' 对话框。列表框中列出了 Keil 支持的以生产厂家分组的所有型号的 51 系列单片机。工程 test 选择的是 Atmel 公司生产的 89C51 单片机，单击"确定"按钮。

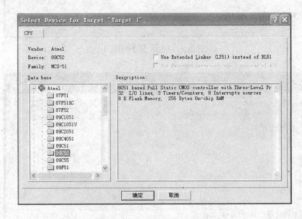

图 5 - 3 选择目标设备

另外，如果在选择完目标设备后想重新改变目标设备，可以执行菜单命令 Project→Select Device for，在随后出现的目标设备选择对话框中重新选择。由于不同厂家许多型号的单片机性能相同或相近，因此，如果所需的目标设备型号在 Keil 中找不到，可以选择其他公司生产的相近型号。

二、创建编辑汇编语言源程序文件

到此，已经建立了一个空白工程 Target 1，如图 5 - 4 所示，并为工程选择好了目标设备，但是这个工程中没有任何程序文件。程序文件必须进行人工添加。如果程序文件在添加前还没有创建，必须先创建它。

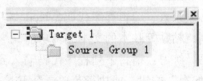

图 5 - 4 空白工程

1. 建立程序文件

执行菜单命令 File→New，打开名为 Text1 的新文件窗口如图 5 - 5 所示。Text1 仅仅是一个文件框架，还需要将其保存起来，并正式命名。

执行菜单命令 File→Save As，打开如图 5 - 6 所示的对话框，在"文件名"文本框中输入文件的正式名称，如 Text1.asm。注意，文件后缀 asm 不能省略，因为 Keil 要根据文件后缀判断文件的类型，从而自动进行处理。另外，文件要与其所属的工程保存在同一个目录中，否则容易导致工程管理混乱。

单击"保存"按钮返回，可见标题栏内容由 Text1 变成 D：\ test \ Text1.asm，其中的 D：\ test 就是工程目录，工程文件、源程序文件等都保存在该目录下。

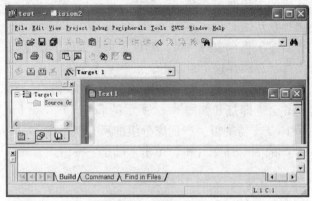

图 5-5 新文件窗口

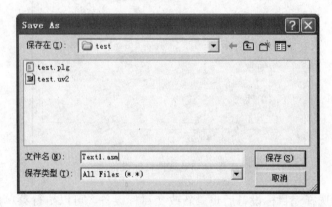

图 5-6 命名并保存新建文件

2. 录入、编辑、保存程序文件

至此，已建立了一个名为 Text1.asm 的空白汇编语言程序文件，要让其发挥作用，还必须录入、编辑程序代码。Keil 与其他文本编辑器类似，同样具有输入、删除、选择、复制、粘贴等基本的文本编辑功能。

练习：请将下列程序代码输入到汇编语言程序文件 Text1.asm 中，然后单击工具栏的"保存"按钮，或执行菜单命令 File→Save 也可以保存当前文件。

```
mov a,#0EH
mov r0,#0FH
mov 21H,a
mov 22H,r0
mov DPTR,#0100H
movx @DPTR,a
END
```

三、将源程序文件添加到工程管理器中

至此，已经分别建立了一个工程 test 和一个汇编语言源程序文件 Text1.asm，除了存放目录一致外，它们之间还没有建立任何关系。可以通过以下步骤将程序文件添加到工程中。

1. 提出添加文件要求

在图5-4所示的空白工程中右击 Source Group 1，弹出如图5-7所示的快捷菜单。

2. 找到待添加的文件

在图5-7所示的快捷菜单中，选择 Add Files to Group 'Source Group 1'（向当前工程的 Source Group 1 组中添加文件），弹出如图5-8所示的对话框。

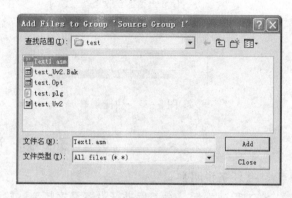

图5-7 添加工程文件快捷菜单 　　　　图5-8 选择要添加的文件

3. 添加

在图5-8所示的对话框中，将"文件类型"设置为 All Files（＊.＊），Keil 给出当前文件夹下所有文件的列表，选择 Text1. asm 文件，单击 Add 按钮（注意，单击一次就可以了），然后再单击 Close 按钮关闭窗口，将程序文件 Text1. asm 添加到当前工程的 Source Group 1 中，如图5-9所示。

另外，在 Keil 中，除了可以向当前工程的组中添加文件外，还可以向当前工程添加组（见图5-10），方法是在图5-9中右击 Target1，在弹出的快捷菜单（见图5-11）中选择 Targets，Groups，Files 选项，如图5-12所示，在此输入新组名 group3，单击 Add 按钮。Keil 的不同版本该选项是 Add Group，会在窗口中出现一个名为 Target to Add 的文本框。

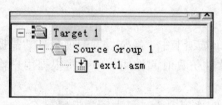

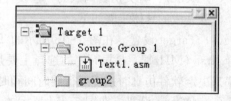

图5-9 添加文件后的工程 　　　　图5-10 添加组后的工程

4. 删除已存在的文件或组

如果想删除已经加入的文件或组，可以在图5-10所示的对话框中右击该文件或组，在弹出的快捷菜单中选择 Remove File 或 Remove Group 选项，即可将文件或组从工程中删除。注意，这种删除属于逻辑删除，被删除的文件仍旧保留在磁盘上的原目录下，如果需要，还可以再将其添加到工程中。

图 5-11　快捷菜单　　　　　　　　图 5-12　添加新组

5.1.2 子任务 2：设置工程

🔊【任务说明】

在工程建立后，对工程进行设置晶振频率、输出文件、软件仿真调试。

工程的设置分为软件设置和硬件设置。硬件设置主要针对仿真器，用于硬件仿真时使用；软件设置主要用于程序的编译、链接及仿真调试。该任务将重点介绍工程的软件设置。

在 Keil 的工程管理器（见图 5-11）中，右击工程名 Target l，弹出如图 5-11 所示的快捷菜单。选择菜单上的 Options for Target L′arget 1 选项后，即可打开工程设置对话框（见图 5-12），或者单击工具栏按钮 🗲 **Target 1** ▽ 。一个工程的设置分为若干部分，每个部分又包含若干项目。开发中常用的几个部分包括以下几点：

（1）Target：用户最终系统的工作模式设置，决定用户系统的最终框架。

（2）Output：工程输出文件的设置，用于设置是否输出最终的 HEX 文件以及格式设置。

（3）Listing：列表文件的输出格式设置。

（4）A51：有关 A51 编译器的一些设置。

（5）Debug：有关仿真调试的一些设置。

任务完成的具体步骤如下。

（1）Target 设置。在图 5-13 所示的 Targets 选项卡中，经常设置的项目是"晶振频率选择 Xtal（MHz）"，晶振频率的选择主要是在软件仿真时起作用，Keil 将根据用户输入的频率来决定软件仿真时系统运行的时间和时序。

（2）Output 设置。在图 5-14 所示的 Output 选项卡中，最常用的设置是 Create HEX File 选项，该项必须选中。最终下载或烧录到单片机中的是可执行程序，其扩展名为 .hex，即十六进制可执行文件。注意：默认情况下该项目未被选中。

（3）Debug 设置。如图 5-15 所示，Debug 设置界面分成两部分：软件仿真设置（左边）和硬件仿真设置（右边）。软件仿真和硬件仿真的设置基本一样，只是硬件仿真设置增加了仿真器参数设置。在此只需选中软件仿真 Use Simulator 单选项。

如果要用第三方的软件仿真程序，例如：LedKey. dll，先前要将 LedKey. dll 仿真程序复制到 Keil 安装目录文件夹 C：\ C51 \ Bin 中，在软件仿真设置中，添加仿真板文件参数（Parameter 文本框）－d 文件名，例如：－d LedKey，进入调试时会出现实验仿真板界面。

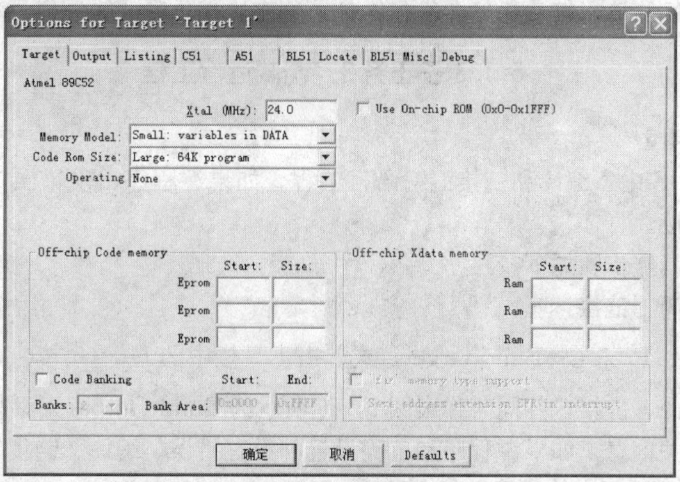

图 5-13　工程设置

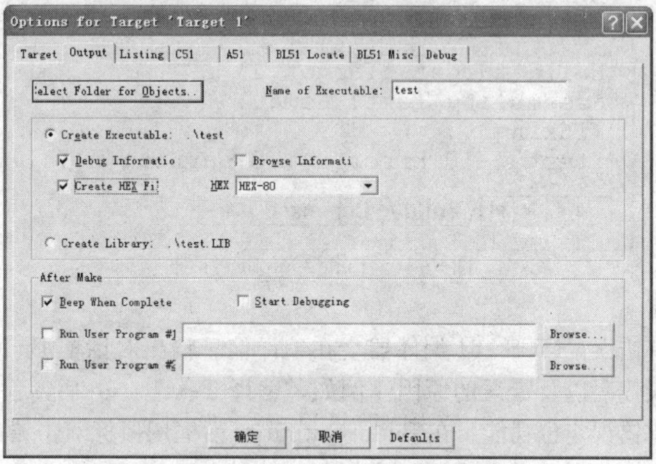

图 5-14　Output 选项卡

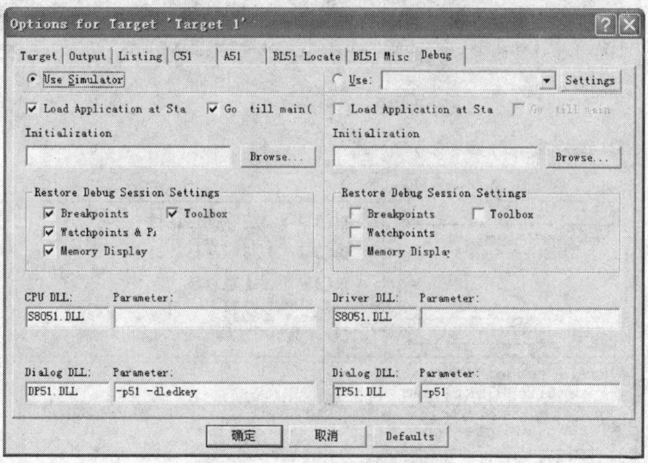

图 5-15　Debug 设置

注意：软件仿真，是指使用计算机来模拟程序的运行，用户不需要建立硬件平台，就可以快速地得到某些运行结果。但是在仿真某些依赖于硬件的程序时，软件仿真则无法实现。

5.1.3 子任务3：调试运行工程

📢【任务说明】

在 Keil 的 IDE 中，编译和链接汇编语言工程，如果源程序出现错误，还需要修正错误后重新编译、链接。

任务完成的具体步骤如下。

一、程序编译、链接

执行菜单命令 Project→Build target，或单击工具栏中的 🔲 🔲 按钮，即可完成对汇编语言源程序的编译、链接，并同时弹出图 5-16 所示的 Build Output 对话框，其中给出了编译、链接操作相关信息。如果源程序和工程设置都没有错误，编译、链接就能顺利完成，此时 Build Output 对话框中的最后一行会显示：0 Error（s），0 Warning（s）。

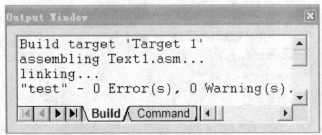

图 5-16　Build Output 对话框

二、程序纠错

如果源程序有错误，MCS-51 编译器会在编译信息输出对话框 Build Output 中给出错误所在的行、错误代码以及错误的原因。例如，编译 Text1.asm 后，程序有错，目标代码无法产生，Keil 有错误定位功能，在 Build Output 对话框用鼠标双击错误 提示，箭头指向程序的错误行，修改代码后，再重新编译、链接，如图 5-17 所示。

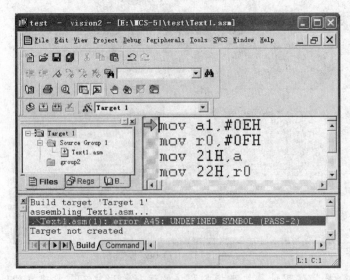

图 5-17　程序有错误时编译、链接的结果

经过排错后，要对源程序重新进行编译和链接，直到编译、链接成功为止。

三、程序运行

执行 Debug→Start/Stop Debug Session，便进入软件仿真调试运行模式，同时弹出多个窗口，如图 5-18 所示。图中上部为调试工具条（Debug Toolbar）；下部左侧为寄存器（Register）窗口，用于显示当前工作寄存器组（R0～R7）、常用系统寄存器（A、B、SP、DPTR、PSW 等）的工作状态；下部右侧分别为反汇编窗口（Disassembly，其中箭头所指的行，是当前等待运行的程序行）、程序文件窗口、Address 窗口。

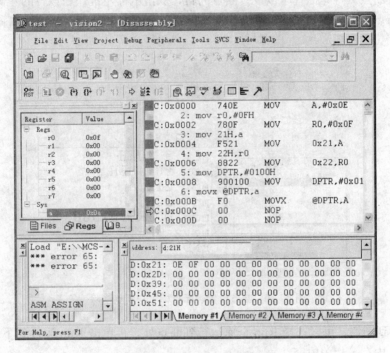

图 5-18 源程序的软件仿真运行

在 Keil 中，有 5 种程序运行方式：Run、Step into、Step over、Step out、Run to Cursor line。

（1）Run：全速运行到结尾或断点处。

（2）Step into：跳入子函数中逐行运行。

（3）Step over：在当前函数中逐行运行。

（4）Step out：跳出当前子函数，返回到子函数调用语句的下一条语句。

（5）Run to Cursor line 表示：运行到当前光标所在行。

注意：逐行运行子函数的方法是在主函数中单击 Step over 逐行运行到当前行，如果该行是子函数调用语句时，单击 Step into 跳入对应子函数，然后单击 Step over 逐行运行子程序直到遇到 RET 语句为止，如果在逐行运行子函数时需要跳出子函数则单击 Step out。

四、程序复位、停止

在各种程序运行方式下，均可以使程序从头重新开始运行，即程序复位；只有在 Run 方式下，才可以单击 Halt 按钮随时终止程序运行。

（1）程序复位按钮 Reset CPU：⁰ᵐRST 。

（2）程序"终止"按钮 Halt： ⊗ 。

五、断点运行

运行到断点和运行到光标处（Run to Cursor line）的作用类似，其区别是断点可以设置多个，而光标只有一个。

当需要程序全速运行到程序某个位置停止时，可以使用断点，具体方法如下：

（1）断点设置/清除。在 Keil 的汇编语言源程序窗口中，可以在任何有效位置设置断点或清除已设置断点。将光标置于欲设置断点的行，双击鼠标左键，在该行的左侧会出现一个红色的矩形断点标志，如图 5-19 所示。将光标置于含有断点的行，再次双击鼠标左键，即可清除断点。

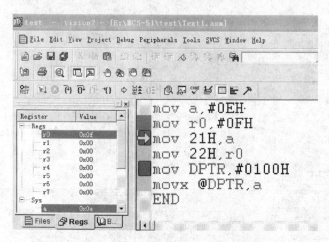

图 5-19　断点设置、断点标志与断点清除

（2）运行到断点。可以选择 Run 全速运行到断点处，再单击 Run 运行到下一个断点处，查看寄存器、内存等相关内容。

六、退出软件仿真运行模式

如果想退出 Keil 的软件仿真运行环境，可以再次执行菜单命令 Debug→Start/Stop Debug Session。

5.1.4 子任务 4：查看和修改存储空间

◁【任务说明】

在 Keil 的软件仿真运行环境中，查看和修改内部数据存储空间 RAM、外部数据存储空间 XRAM、程序存储空间 ROM。

任务完成的具体步骤如下。

一、查看和修改内部数据存储空间 RAM（类型 data，简称 d）

在 Keil 中，把片内 0～0x7FH 范围内可直接寻址的 RAM 和 0x80～0xFFH 范围内的 SFR（特殊功能寄存器）组合成空间连续的可直接寻址的 data 空间。Data 存储空间可以使用存储器对话框进行查看和修改。

在仿真调试运行状态下，执行菜单命令 View→Memory Windows 或单击上述"工具"

按钮 □ 可以打开/关闭存储器对话框，如图 5-20 所示。

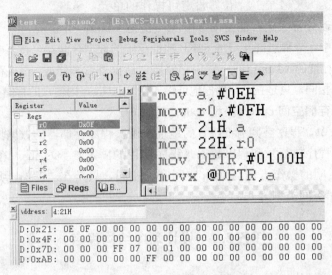

图 5-20 存储器对话框

从存储器对话框中可以看到以下内容。

(1) 存储器地址输入栏 Address。用于输入存储空间类型和起始地址。其中，d 表示data 区域，21H 表示显示起始地址。

(2) 存储器地址栏。显示每一行的起始地址，便于观察和修改，如 D：0x21 和 D：22H 等。Data 区域的最大地址为 0xFFH。

(3) 显示存储器数据。显示对应的存储单元的内容，显示格式可以改变。在该区域空白处，右击会弹出图 5-21 所示的快捷菜单，从中可以选择不同的数据显示方式，Decimal 表示十进制。

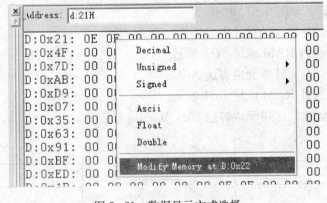

图 5-21 数据显示方式选择

Keil 提供了 4 个独立的存储器对话框组（Memory 1、2、3、4），每个组可以单独定义空间类型和起始地址。选择组标签可以在存储器对话框组之间进行切换。

(4) 修改存储器数据。在存储器对话框中修改数据非常方便，方法：把鼠标指向待修改的数据，右击弹出如图 5-21 所示的快捷菜单。选择 Modify Memory at D：0x22 选项，表示要改动 data 区域 0x22 地址的数据内容。选择后系统会出现输入栏，输入新数值后单击

OK 按钮返回。需要注意的是，有时改动并不一定能完成。例如，0xFF 位置的内容改动就不能正确完成，因为 80C51 在这个位置没有可操作的单元。

二、查看和修改外部数据存储空间 XRAM（类型 xdata，简称 x）

在标准 80C51 中，外部可间接寻址 64KB 地址范围的数据存储器，在 Keil 中把它们组合成空间连续的可间接寻址的 xdata 空间。使用存储器对话框查看和修改 xdata 存储空间的操作方法与 data 空间完全相同，只是在"存储器地址输入栏"Address 内输入的存储空间类型要变为 x。

三、访问程序存储空间 code（类型 code，简称 c）

在标准 80C51 中，程序空间有 64KB 的地址范围。程序存储器的数据按用途不同，可分为程序代码（用于程序执行）和程序数据（程序使用的固定参数）。使用存储器对话框查看和修改 code 存储空间的操作方法与 data 空间完全相同，只是在"存储器地址输入栏"Address 内输入的存储空间类型为 c。

任务 5.2　设计顺序结构程序

设计不同的顺序结构程序，完成以下子任务：

（1）子任务 1：内外存储器之间数据交换。

（2）子任务 2：查表程序。

5.2.1 子任务 1：内外存储器之间数据交换

◁《【任务说明】

内部数据存储器地址 30H 存一个数 0x4F，外部数据存储器地址 40H 存一个数 0xCA，实现内外存储器单元之间数据交换。

☑【任务解析】

数据传送的步骤，如图 5 - 22 所示。

（1）外 RAM 地址 40H 的单元内容送累加器 ACC。

（2）ACC 内容送内 RAM 地址 31H 单元。

（3）内 RAM 地址 30H 单元内容送 ACC。

（4）ACC 内容送外 RAM 地址 40H 单元。

（5）内 RAM 地址 31H 单元内容送 30H 单元。

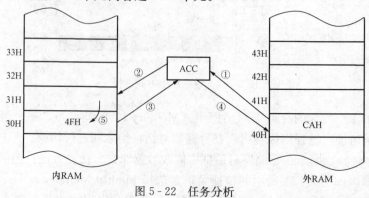

图 5 - 22　任务分析

代码如下：

```
MAIN:
mov DPTR,#0040H
movx a,@DPTR          ;外 RAM 地址 40H 的单元内容送累加器 ACC
mov 31H,a             ; ACC 内容送内 RAM 地址 31H 单元
mov a,30H             ;内 RAM 地址 30H 单元内容送 ACC
movx @DPTR,a          ; ACC 内容送外 RAM 地址 40H 单元
mov 30H,31H           ;内 RAM 地址 31H 单元内容送 30H 单元
END
```

5.2.2 子任务 2：查表程序

🔊【任务说明】

设计查表程序，求 R1 中数（0～15 之间）的平方，结果仍放回到 R2 中。例如：(R1) =3，(R2) =9。

☑【任务解析】

查表是计算机解决复杂问题所采取的一种简单而有效的方法。它根据变量 x 的值，在表格中查找 y，使 $y=f(x)$。由于查表程序结构简单，执行速度快，因而广泛应用于数值计算、转换、补偿、显示、打印等功能程序中。设计查表程序的关键是善于组织表格，使其具有一定的规律性，便于编程查找。

程序代码之一（采用 PC 当基址寄存器）：

```
ORG 0000H
tab1:
MOV R1,#4
MOV A,R1
ADD A,#02H                    ;加上地址偏移量
MOVC A,@A+PC                  ;查表
MOV R1,A
RET
DB 0,1,4,9,16,25,36,49,64,81  ;平方表
DB 100,121,144,169,196,225    ;续表
end
```

注意：程序中，由于把 PC 当做基址寄存器，且 MOVC 指令中的 PC 指向的是其下面一条指令的首地址，而不是第一个 DB 指令，在 DB 指令与 MOVC 指令之间总共有 2B，所以在执行 MOVC 指令之前先对累加器 A 加 2 修正。

程序代码之二（采用 DPTR 当基址寄存器）：

```
ORG    0100H
TAB2:  PUSH  DPL
PUSH   DPH                    ;保存 DPTR 的原值
MOV    DPTR, #TAB            ;取平方表首地址
MOV    R1,#4
```

```
MOV   A, R1                    ;取待查数据
MOVC  A, @A+DPTR               ;查平方表
MOV   R1, A                    ;保存结果
POP   DPH
POP   DPL                      ;恢复 DPTR 的原值
RET
```
```
TAB:   DB  0, 1, 4, 9, 16, 25, 36, 49, 64, 81, 100, 121,144, 169, 196, 225;平方表
```

注意：程序中，由于把 DPTR 当做基址寄存器，可以将表格的首地址直接送给 DPTR，所以不需要修正。另外，为了保护调用程序中 DPTR 的值，所以在子程序中可用堆栈进行保护，子程序返回之前应正确恢复。

任务 5.3　设计分支结构程序

在一个实际的应用程序中，程序不可能始终是直线执行的。当用计算机解决一些实际问题时，要求计算机能够做出某种判断，并根据判断做出不同的处理。通常情况下，计算机会根据实际问题中给定的条件，判断条件满足与否，产生一个或多个分支，以决定程序的流向。因此条件转移指令形成的分支结构程序能够充分地体现计算机的智能。

设计典型的分支结构程序，完成以下子任务：

（1）子任务 1：设计单分支结构程序。

（2）子任务 2：设计双分支结构程序。

（3）子任务 3：设计逐次比较式多分支结构程序。

（4）子任务 4：设计散转式多分支结构程序。

5.3.1 子任务 1：设计单分支结构程序

◁《【任务说明】

设计单分支结构程序，完成比较两个无符号数的任务。设内部 RAM 地址 30H、31H 单元中存放两个无符号数，比较它们的大小。将较小的数存放在 30H 单元，较大的数存放在 31H 单元中。单分支流程图如图 5 - 23 所示。

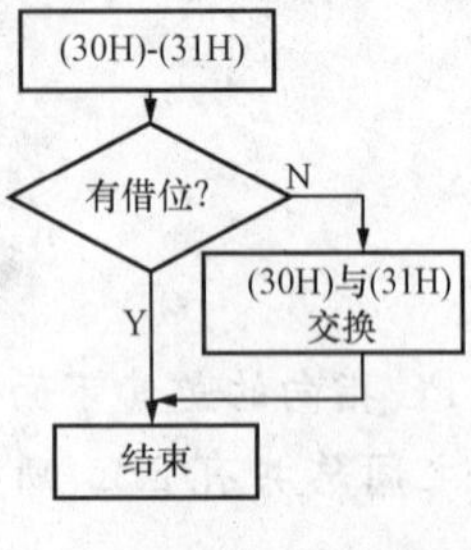

从图 5 - 23 可以看出，单分支结构程序执行时，当条件成立时会执行一段代码，条件不成立时不执行任何环节就进入下一条语句。只需判断 1 个条件而产生的分支程序可认为是简单分支程序。

☑【具体解析】

这是一个简单分支程序，可以使两数相减，用 JC 指令进行判断。若 CY=1，则被减数小于减数。代码如下：

图 5 - 23　单分支流程图

```
ORG   0000H
START:
MOV   30H,＃22H
MOV   31H,＃21H
```

```
CLR     C           ;0→CY
MOV     A,30H
SUBB    A,31H       ;做减法比较两数
JC      NEXT        ;若(30H)小,则转移
MOV     A,30H
XCH     A,31H       ;交换两数
MOV     30H,A
NEXT:
VSJMP   $
END
```

5.3.2 子任务2：设计双分支结构程序

◁⊱【任务说明】

设计双分支结构程序，完成一个十六进制位转换为 ASCII 码的任务。请将 R1 中的一个十六进制位转换为 ASCII 码，将结果存到 R2 中。程序流程图如图 5-24 所示。

从图 5-24 可以看出，双分支结构程序执行时，当条件成立时会执行一段代码，条件不成立时会执行另一段代码，然后才能进入下一条语句。

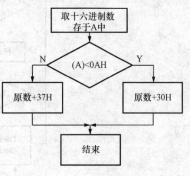

【具体解析】0～9 的 ASCII 码分别是 30H～39H；英文字母 A～F 的 ASCII 码分别是 41H～46H。

（1）如果该十六进制数小于 10，要转换为 ASCII 码应加 30H。

（2）如果该十六进制数大于等于 10，要转换为 ASCII 码应加 37H。

图 5-24　双分支流程图

代码如下：

```
        ORG     0000H
HEXASC:
        MOV R1,♯0AH          ;把要转换的数放在 R1 中
        MOV A,R1             ;将该十六进制数暂存到 A 中
        CJNE A,♯0AH,L1       ;如果(A)不等于 0AH,则跳转到标号 L1
L1:     JNC ADD37            ;判断是否大于或等于 0AH
ADD30:
        ADD A,♯30H           ;小于 0AH,则加 30H 转换为 ASCII
        MOV R2,A             ;保存结果
        RET
ADD37:
        ADD A,♯37H           ;大于或等于 0AH,则加 37H 转换为 ASCII
        MOV R2,A             ;保存结果
        RET
        END
```

5.3.3 子任务 3：设计逐次比较式多分支结构程序

◁◺【任务说明】

设计逐次比较式多分支结构程序，完成带符号数比较大小的任务。比较内部 RAM 的 Data1 和 Data2 单元内以补码形式表示的两个带符号数，并将大数存入 BIG 单元，小数存入 SMALL 单元；若两数相等，则建立标志位 F0。

MCS-51 指令系统无多分支转移指令，要实现多分支转移，可用 CJNE 指令采用逐次比较的方法。程序流程图如图 5-25 所示。

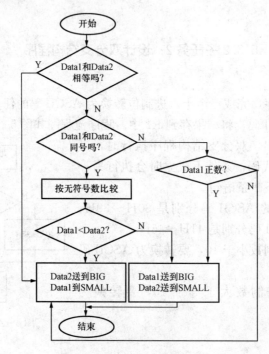

图 5-25　逐次比较式多分支程序

【具体解析】

要比较两个带符号数，不能依据 CY 标志位判定其大小，其判定方法为

（1）若 X、Y 两数符号相同，且（X−Y）为正，表明 X＞Y；否则，X＜Y。

（2）若 X、Y 两数符号不同，则根据符号判定其大小。

代码如下：

```
        Data1 EQU 40H
        Data2 EQU 42H
        BIG   EQU 30H
        SMALL EQU 31H
        ORG   0000H
COM2:
        MOV A,#Data1
        XRL A,#Data2
```

```
        JNZ STEP1              ;两数不等,转到 STEP1
        SETB F0               ;两数相等,则置 F0
RET
STEP1:
        JB ACC.7,TEST         ;两数异号,转 TEST
        MOV A,#Data1
        SUBB A,#Data2         ;两数同号,比较两数大小
        JC STEP3              ;CY 为 1,说明 Data1-Data2 有借位,Data1 小转 STEP3
STEP2:
        MOV BIG,#Data1
        MOV SMALL,#Data2
        RET
TEST:                         ;处理两数异号
        MOV A,#Data1
        JNB ACC.7,STEP2       ;Data1 为正,即最高位为 0,转 STEP2
STEP3:
        MOV SMALL,#Data1
        MOV BIG,#Data2
        RET
        END
```

5.3.4 子任务 4：设计散转式多分支结构程序

◁【任务说明】

设计散转式多分支结构程序。根据 R2 的内容,决定不同的处理。寄存器 R2 存放控制代码,根据 R2 的内容,决定不同的处理。即（R2）＝0,转 PROG0；（R2）＝1,转 PROG1；（R2）＝2,转 PROG2；…（R2）＝n,转 PROGn。

☑【具体解析】

对于这种情况,可用直接转移指令（AJMP 或 LJMP）组成一个转移表,然后把标志单元的内容读入累加器 A,转移表首地址放入 DPTR 中,利用 JMP @A＋DPTR 指令实现散转。

代码如下：

```
        ORG 0000H
          MOV DPTR,#TAB
        MOV R2,#0    ;R2 存放控制代码
        MOV A,R2     ;取变量到 A,对变量乘 2 修正
        ADD A,R2     ;自身加自身,相当乘 2
                     由于 AJMP 是 2B 指令,为了正常查表,要对变量乘 2 修正
        JMP @A＋DPTR
TAB:
        AJMP PROG0
        AJMP PROG1
```

```
            AJMP PROG2
            AJMP PROG3
    PROG0:
            MOV R1,#12H
            SJMP HEAR
    PROG1:
            MOV R1,#34H
            SJMP HEAR
    PROG2:
            MOV R1,#56H
            SJMP HEAR
    PROG3:
            MOV R1,#78H
            SJMP HEAR
    HEAR:
            END
```

注意：该程序为多分支结构程序。由于 AJMP 指令为 2B 指令，为了能够正常查表，所以要对变量乘 2 修正。若转移地址表内使用的是 LJMP 指令，则应该对变量乘 3 修正。

任务 5.4　设计循环结构程序

设计典型的分支结构程序，完成以下子任务：

(1) 子任务 1：设计单循环结构程序。

(2) 子任务 2：设计多重循环结构程序。

5.4.1 子任务 1：设计单循环结构程序

任务说明 1：设计单循环结构程序，假设在内部 RAM 30H～4FH 连续 16 个单元中存放单字节无符号数，求 16 个无符号数之和，并将和存入内部 RAM 51H、50H 中。

☑【具体解析】

程序只有一个循环，这种程序被称为单循环程序，程序流程图如图 5-26 所示。

程序代码如下：

```
    START:
        MOV     R7,#7      ;循环次数
        MOV     R3,#0      ;装和的高字节
        MOV     A,30H      ;第一个加数送 A
        MOV     R0,#31H    ;加数的起始地址
    LOOP:
        ADD     A,@R0      ;累加和送 A 中
        JNC     NEXT       ;没进位,则跳 NEXT
        INC     R3         ;有进位,则高位加 1
    NEXT:
```

```
        INC    R0          ;加数地址加 1
        DJNZ   R7,LOOP
        MOV    51H,R3      ;将和的高位传 51H
        MOV    50H,A       ;将和的低位传 50H
        SJMP   $
END
```

任务说明 2：设计单循环结构程序，从外部 RAM 的 BLOCK 单元开始有一无符号数数据块，将数据块长度存入 LENGTH 单元，求出其中最大数存入 MAX 单元。程序流程图如图 5 - 27 所示。

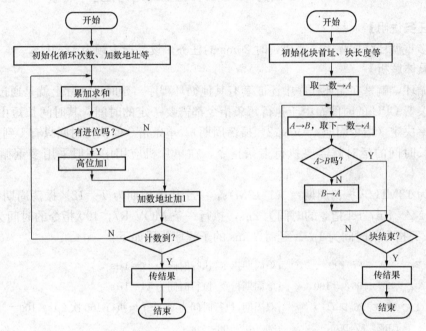

图 5 - 26　求 16 个无符号数之和的流程图　　　图 5 - 27　求最大数流程图

代码如下：

```
        BLOCK  DATA   0100H        ;定义数据块首址
        MAX    DATA   31H          ;定义最大数暂存单元
        LENGTH DATA   30H          ;存放数据块长度的计数单元
FMAX:
        MOV    DPTR,#BLOCK         ;数据块首址送 DPTR
        DEC    LENGTH              ;长度减 1
        MOVX   A,@DPTR             ;取一个数至 A
LOOP:
        CLR    C                   ;0→CY
        MOV    B,A                 ;暂存于 B
        INC    DPTR                ;修改指针
        MOVX   A,@ DPTR            ;再取下一个数
        SUBB   A,B                 ;比较
```

```
        JNC     NEXT
        MOV     A,B                     ;大者送 A
        SJMP    NEXT1
NEXT:   ADD     A,B                     ;(A)＞(B),则恢复 A
NEXT1:  DJNZ    LENGTH,LOOP             ;未完继续比较
        MOV     MAX,A                   ;存最大数
        SJMP    $
        END
```

5.4.2 子任务 2：设计多重循环结构程序

🔊【任务说明】

设计多重循环结构程序，完成延时 20ms 的任务，设晶振主频为 12MHz。

✍【具体解析】

多重循环，就是在循环程序中还嵌套有其他循环程序。延时，实际上就是通过执行一系列指令来浪费 CPU 的时间。由于执行每条指令都需要一定的时间，其时间长短由指令周期和晶振频率决定（指令周期 $t = n \times 12 \times$ 振荡周期）。单条指令的执行时间只有 1 到几个微秒，若需要较长时间的延时就需要执行多条指令，在单片机应用中一般采用多重循环方式来实现。

主频为 12MHz，振荡周期＝（1/12M）s，一个机器周期为 $T = 12 \times$ 振荡周期＝$1\mu s$，执行一条 DJNZ Rn, rel 指令的时间为 $2\mu s$，执行一条 MOV R7，100 指令的时间为 $1\mu s$，执行一条 RET 指令的时间为 $1\mu s$。延时 20ms 的子程序代码如下：

```
DELY:   MOV     R7,100          ;单周期指令,执行时间为 1T=1μs
DLY0:   MOV     R6,♯100         ;单周期指令,执行时间为 1T=1μs
DLY1:   DJNZ    R6,DLY1         ;双周期,执行时间为 2T=2μs,执行 100 次 2μs×100=200μs
        DJNZ    R7,DLY0         ;200μs×100=20ms
        RET                     ;单周期指令,执行时间为 1T=1μs
```

以上延时程序所有指令的执行时间为 $200\mu s \times 100 = 20ms$。

注意：该时间没有计算 MOV 指令的执行时间，不是精确的数据。如果利用 Keil 计算延时程序执行时间，可以用断点调试的方法，在执行延时程序片段的开头和结尾查看运行的 sec 时间值，取差值就是延时程序片段的执行时间。

任务 5.5   设计子程序及调用程序

设计不同种类的子程序及调用程序，完成以下子任务：

(1) 子任务 1：了解子程序调用与返回过程。

(2) 子任务 2：设计无需传参子程序及调用程序。

(3) 子任务 3：设计累加器或寄存器传参子程序及调用程序。

(4) 子任务 4：设计堆栈传参的子程序及调用程序。

(5) 子任务 5：设计现场保护和恢复现场子程序。

5.5.1 子任务 1：了解子程序调用与返回过程

【任务说明】

了解子程序调用与返回过程，理解相关概念。

对于一般的单片机应用系统，通常采用模块化程序设计方法来设计应用程序。模块化程序设计，就是把一个复杂的程序分成多个功能上相对独立的程序模块（即子程序），分别编制、调试，然后连接在一起形成一个完整的程序。为此，对那些具有独立功能的、通用的、需要多次重复使用的程序段，常编写成子程序，需要执行这段程序时，就用 ACALL 或 LCALL 指令调用该子程序，子程序执行完毕再由返回指令 RET 返回到调用程序继续执行。子程序调用与返回过程如图 5-28 所示。

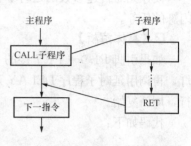

图 5-28　子程序调用与返回过程

把调用其他子程序的程序称为调用程序（一般是主程序），被其他程序调用的程序称为子程序。

如果一个子程序又调用其他子程序，则称这种调用为嵌套调用，MCS-51 支持多级子程序嵌套调用。通常，把这些能完成某种基本操作、确切操作的程序段单独编制成子程序以供不同程序或同一程序反复调用。

在程序设计中恰当地使用子程序有如下优点：

(1) 不必重复书写同样的程序，提高编程效率。

(2) 程序的逻辑结构简单，便于阅读。

(3) 缩短了源程序和目标程序的长度，节省了程序存储器空间。

(4) 使程序模块化、通用化，便于交流，共享资源。

(5) 便于按某种功能调试。

通常人们将一些常用的标准子程序驻留在 ROM 或外部存储器中，构成子程序库。丰富的子程序库，用户使用十分方便，对某子程序的调用，就像使用一条指令一样方便。

编写子程序时须提供如下内容：

(1) 子程序的名字：即子程序的入口地址。

(2) 子程序的功能：即该子程序能实现的功能。

(3) 子程序的入口参数：即需要使用该子程序的主程序提供的参数放在何处。

(4) 子程序的出口参数：即子程序运算完的结果放在何处。

(5) 子程序占用的资源：即子程序运行过程中，会改变哪些存储单元和寄存器中的内容，以方便主程序在调用子程序前保护重要的数据。

注意：

(1) 子程序开头的标号区段必须有一个使用用户了解其功能的标志（或称为名字），该标志即子程序的入口地址，以便在主程序中使用绝对调用指令 ACALL 或长调用指令 LCALL 转入子程序。例如：调用延时子程序：LCALL　DELY。

(2) 子程序结尾必须使用一条子程序返回指令 RET。它具有恢复主程序断点的功能，以便断点出栈送 PC，继续执行主程序。

5.5.2 子任务 2：设计无需传参子程序及调用程序

🔊【任务说明】

设计无需传递参数的延时子程序，主程序调用该子程序，完成引脚 P1.0 对应的 LED 灯闪烁的任务。

📝【具体解析】

如果引脚 P1.0～ P1.7 接的 LED 灯是共阴极的，首先利用 SETB 指令点亮 P1.0 对应的灯，再调用延时子程序 DELAY 延时一段时间，利用 CLR 指令熄灭 P1.0 对应的灯，循环执行，周而复始。

代码如下：

```
    MAIN:
        SETB    P1.0            ;点亮 P1.0 对应的灯
        LCALL   DELAY           ;调用延时子程序
        CLR     P1.0            ;熄灭 P1.0 对应的灯
        LCALL   DELAY
        LJMP    MAIN            ;跳到主程序开头循环执行
                                ;以下是子程序 DELAY
        DELAY:
    MOV R7,#220
        D1:   MOV R6,#210
        D2:   DJNZ    R6,D2
    DJNZ    R7,D1
    RET                         ;子程序返回指令
    END                         ;整个程序结束指令
```

说明：如果计算机性能很好，仿真软件的运行速度可能很快，LED 灯闪烁极快，这样，可以修改延时子程序，增加一层循环，变成三重循环，这样延时时间就会增加。延时子程序 DELAY 代码如下：

```
    ;以下是三重循环的子程序 DELAY 代码
    DELAY:
    MOV R5,#100
        D1:     MOV R7,#250
        D2:     MOV R6,#250
        D3:     DJNZ     R6,D3
    DJNZ    R7,D2
    DJNZ    R5,D1
    RET
```

5.5.3 子任务 3：设计累加器或寄存器传参子程序及调用程序

🔊【任务说明】

设计用累加器或寄存器传递参数的子程序，完成 16 位二进制数求补的任务。

☑【任务解析】

因为子程序是作为调用程序的一部分被执行，所以在调用子程序时，必然要发生数据上的联系。在调用子程序时，调用程序应通过某种方式把有关参数（也称入口参数）传递给子程序，当子程序执行完毕，又需要通过某种方式把有关参数（通常是子程序执行的结果，也称出口参数）传递给调用程序，把这种数据传递的过程称为参数传递。

子程序调用时，要特别注意主程序与子程序的信息交换问题。在调用一个子程序时，主程序应先把有关参数（子程序入口条件）放到某些约定的位置，子程序在运行时，可以从约定的位置得到有关参数。同样子程序结束前，也应把处理结果（出口条件）送到约定位置。返回后，主程序便可从这些位置得到需要的结果，这就是参数传递。

累加器或寄存器传递参数，这种传递方式中，把要传递的参数放在累加器 A 或工作寄存器 R0～R7 中，返回时，出口参数即操作结果就在累加器和工作寄存器中。该方法速度快且程序简单，在要传递的参数较少的情况下，这种方式是最方便的。

入口参数：(R7R6) ＝ 16 位数。

出口参数：(R7R6) ＝ 求补后的 16 位数。

子程序 CPLD 代码如下：

```
Main:
    MOV   R6,#12H      ;入口参数:(R7R6)＝16位数,即对9412H求补操作(取反加1)
    MOV   R7,#94H
    LCALL  CPLD        ;调用子程序 CPLD
CPLD:
    MOV   A,R6         ;从 R6 接收传来的参数
    CPL   A
    ADD   A,#1
    MOV   R6,A
    MOV   A,R7         ;从 R7 接收传来的参数
    CPL   A
    ADDC  A,#0
    MOV   R7,A
    RET
    END
```

5.5.4 子任务 4：设计堆栈传参的子程序及调用程序

◁〖【任务说明】

设计通过堆栈传递参数的子程序，将内部 RAM 的 20H 单元中的十六进制数转换为两个 ASCII 码，结果按高低位的顺序存放在 21H 和 22H 单元中，结果如图 5-29 所示，内 RAM 的 20H 单元是待转换的数 45H，21H 单元是高位 4 的 ASCII 码 34H，22H 单元是低位 5 的 ASCII 码 35H。

```
Address: d:20H
D:0x20: 45 34 35 00 00 00
```

图 5-29 运行结果

☑【任务解析】

堆栈可用于参数传递，在调用子程序前，先把参与运算的操作数压入堆栈。转入子程序

之后，可用堆栈指针 SP 间接访问堆栈中的操作数，同时又可以把运算结果压入堆栈中。返主程序后，可用 POP 指令获得运算结果。

注意：转入子程序时，主程序的断点地址也要压入堆栈，占用堆栈两个字节，弹出参数时要用两条 DEC SP 指令修改 SP 指针，以便使 SP 指向操作数。对于该任务，在主程序中设置了入口参数 ACC 入栈，即 ACC 被推入 SP+1 指向的单元，当执行 LCALL HASC 指令之后，主程序的断点地址 PC 也被压入堆栈，即 PCL 被推入 SP+2 单元、PCH 被推入 SP+3 单元。

完成任务的代码如下：

```
        ORG 0000H
    MAIN:
        MOV SP,#60H            ;初始化栈顶指针
        MOV 20H,#45H           ;把要转换的数放在 20H 单元中
        MOV A,20H              ;从 20H 单元取出放 A
        SWAP A                 ;交换高 4 位和第 4 位，以便先转换高 4 位
        PUSH ACC               ;参数压栈
        ACALL  HEXASCII        ;调用函数 HEXASC 转换为 ASCII 码，当执行 ACALL 指令后，程
                               ;序的断点地址 PC 也被压入堆栈，即 PCL 被推入 SP+2 单元、
                               ;PCH 被推入 SP+3 单元，所以栈顶不再是参数。
        POP 21H                ;转换后的结果在栈顶，弹出放 21H 单元
        PUSH 20H

        ACALL  HEXASC
        POP 22H
        SJMP $
        ORG 0100H
    HEXASC:
        MOV R1,SP
        DEC R1
        DEC R1                 ;所以栈顶不再是参数，要减 1 两次，找到参数
        MOV A,@R1              ;把参数读出来
        ANL A,#0FH
        ADD A,#02H
        MOVC A,@A+PC           ;查表也可以用 DPTR 寄存器，不用关心 TAB 表的位置
        MOV @R1,A              ;处理后，把参数写回去
        RET                    ;执行 RET 后，主程序断点从堆栈弹出，重置 PC
    TAB:
        DB 30H,31H,32H,33H,34H,35H,36H,37H
        DB 38H,39H,41H,42H,43H,44H,45H,46H
        END
```

简单子程序堆栈传参代码举例，子程序完成功能：将内部 RAM 的 20H 单元的数加 2，存到 21H 单元。代码如下：

```
        ORG 0000H
```

```
     MAIN:
          MOV SP,#60H
          MOV 20H,#45H          ;带处理的数
          MOV A,20H
          PUSH ACC              ;参数压栈
          ACALL  NETX           ;调用函数处理
          POP 21H               ;结果在堆栈中,弹出到21H单元
          SJMP $
          ORG 0100H
     NETX:                      ;子函数NETX完成20H单元的数加2
          MOV R1,SP
          DEC R1
          DEC R1
          MOV A,@R1             ;取出参数放入A
          ADD A,#02H
          MOV @R1,A
          RET
          END
```

5.5.5 子任务5：设计现场保护和恢复现场子程序

🔊【任务说明】

子程序要用寄存器 R1，为了保持 R1 返回主程序后的数值 FFH，完成设计现场保护和恢复现场子程序的任务。

📝【任务解析】

主程序使用的内部 RAM 内容，各工作寄存器内容，累加器 A 内容和 DPTR 以及 PSW 等寄存器内容，都不应因转子程序而改变。推入与弹出的顺序应按"先进后出"，或"后进先出"的顺序，才能保证现场的恢复。

```
BCDCB:   PUSH     ACC
         PUSH     PSW
         PUSH     DPL          ;PUSH保护现场
         PUSH     DPH
         …                     ;程序代码
         POP      DPH
         POP      DPL
         POP      PSW          ;POP恢复现场
         POP      ACC
RET
```

代码如下（子程序 HE 中保护寄存器 R1 的值，返回时恢复 R1 的原值）：

```
     ORG 0000H
     MAIN:
     MOV SP,#60H
```

```
        MOV R1,#0FFH        ;子程序要用R1,子程序返回时R1要保持FFH不变
        MOV 20H,#45H        ;带处理的数
        MOV A,20H
        PUSH ACC            ;参数压栈
        ACALL  HE           ;调用函数处理
        POP 21H             ;结果在堆栈中,弹出到21H单元
        SJMP $
        ORG 0100H
    HE:
        MOV 30H,R1          ;PUSH指令操作数不能是R1,所以用30H中转一下
        PUSH 30H            ;子函数中用到寄存器R1,所有保存现场
        MOV R1,SP
        DEC R1
        DEC R1              ;由于ACALL指令运行后,PC断点保存在堆栈中,从栈顶向下减两个字节
        DEC R1              ;堆栈中还有R1的值FFH,从栈顶向下减一个字节
        MOV A,@R1           ;取出参数放入A
        ADD A,#02H
        MOV @R1,A
        POP 30H
        MOV R1,30H          ;FFH出栈恢复现场
        RET
        END
```

任 务 总 结

我们主要完成的任务包括：利用 Keil 调试汇编程序；设计典型的顺序结构程序；设计典型的分支结构程序；设计典型的循环结构程序；设计不同种类的子程序及调用程序。

思 考 与 练 习

1. 一个一位十六进制数存放在 HEX 单元的低 4 位，将其转换成 ASCII 码并送回 HEX 单元。

2. 解压程序。将一个字节内的两个 BCD 码拆开，并转换成 ASCII 码，存入两个 RAM 单元。设两个 BCD 码已存放在内部 RAM 的 20H 单元，将转换后的高半字节存放到 21H 中，低半字节存放到 22H 中。

3. 十进制数据转换为 ASCII 编码的程序。也就是说，希望将数据以十进制数据形式显示出来。要求：将十进制数据 123 转换成为 ASCII 编码。

4. 从 20 个数的表格中（每个数占一个字节），查找 60 这个数值，若找到，则将其地址存入 R3R2 中，否则，将 R3R2 清零。表格首址为 TABL。

5. 设计一段程序实现功能：如果（A）中 1 的个数为奇数，P2 口接的所有二极管发光；如果全 0，则只让 P2.0、P2.1、P2.2、P2.3 控制的 4 个 LED 发光；否则全灭。设 P2 某一

位为 1，对应灯亮。

6. 内部 RAM 的 40H 单元和 50H 单元各存放了一个 8 位无符号数，请比较这两个数的大小，比较结果用发光二极管显示（LED 为低电压有效）：

若（40H）≥（50H），则 P2.0 管脚连接的 LED1 发光；

若（40H）＜（50H），则 P2.1 管脚连接的 LED2 发光。

7. 有两个无符号 16 位数，分别存放在从 M1 和 M2 开始的数据区中？说明：低 8 位先存，高 8 位后。写出两个 16 位数的加法程序，和存于 R3（高 8 位）和 R4（低 8 位）。设和不超过 16 位。

8. 利用 DPTR 查表求每个数的立方，操作数在 R1 中，结果存 R2 中，例如：R1＝3，R2＝27。

9. 比较无符号数 9FH 和 12H 的大小，最大值赋值给内 RAM 的 40H 单元。

10. 寄存器 R2 存放控制代码，根据 R2 的内容，决定不同的处理。即：（R2）＝0，转PROG0；（R2）＝1，转 PROG1；（R2）＝2，转 PROG2；⋯⋯

11. 将 DPTR 的内容循环左移 4 位。

学习情境六

CPU 与外设数据传送方式

【情境引入】

计算机的外部设备种类繁多，有机械式、电动式、电子式或其他形式，其输入的信息也不尽相同，可以是数字量、模拟量，也可以是开关量或是串行/并行信号，为保证 CPU 和外设之间能正确、有效地进行信息传输，针对不同的外设，不同场合就需要采用不同的数据传送方式。

CPU 与外设常见的数据传送方式包括程序控制方式、中断方式、DMA 方式。该学习情境主要利用查询方式和中断方式完成 CPU 与外设的数据传送任务。

任务 6.1　认识 CPU 与外设数据传送的方式

CPU 与外设之间的数据传送方式有三种：程序控制传送方式、中断传送方式和 DMA 传送方式。完成以下子任务：

(1) 子任务 1：程序控制传送方式。

(2) 子任务 2：中断技术。

(3) 子任务 3：DMA 传送方式。

(4) 子任务 4：比较各种传送方式。

6.1.1 子任务 1：程序控制传送方式

【任务说明】

了解 CPU 和外设之间数据传送方式的程序控制传送方式。

【任务解析】

程序控制传送方式一般分为无条件传送方式、查询传送方式。

1. 无条件传送方式

无条件传送方式是一种最简单的程序查询传送方式。这种方式无需询问外部设备是否准备好（即假设外部设备一直处于准备好的状态），当程序需要输入或输出时，就向指定端口进行输入或输出操作。这种方式所需的硬件较少，软件设计也比较简单，输入/输出操作完全取决于程序的安排，对外设的情况可以不予考虑。

这种数据传送方式可用于外部控制过程的各种动作时间是固定且已知的情况。在传送数据时，假设外设已经准备就绪，所以在程序中不必安排查询外设状态的指令。在输入时，程序执行 IN 指令，外设数据一定要准备好；在输出时，程序执行 OUT 指令，接口输出数据寄存器一定非空。所以，虽然名为无条件传送，实际传送是有条件的，只不过在程序中没有体现检查状态的指令而已。这种方式用得较少，适用于一些简单的外设操作。

2. 查询传送方式

查询传送方式也称为条件传送方式。用条件传送方式时，CPU 通过程序不断查询外设的状态，只有当外设准备好时，才进行数据传输，如图 6-1 所示。

条件传送的步骤如下：

（1）CPU 从状态端口中读取状态字。

（2）CPU 检测状态字的对应位，判断是否"准备好"，如果没有准备好，则回到前一步重新读取状态字，继续判断。

（3）如果准备好，则开始传送数据。

说明：查询方式传送比无条件传送更加可靠，因此使用场合较多，但在查询方式下，使得 CPU 工作效率极低。如果一个系统有多个外设时，因 CPU 只能轮流对每一个外设进行查询，而不能及时响应外设的数据传送要求，所以实时性较差。

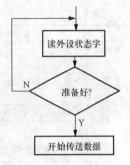

图 6-1 查询传送方式

6.1.2 子任务 2：中断技术

◁ミ【任务说明】

了解中断技术本质，中断的一般流程，微机系统中的中断系统。

☑【任务解析】

中断技术是计算机中的重要技术之一，它既和硬件有关，也和软件有关。中断技术使得计算机的工作更加灵活、高效。

1. 中断的概念

在日常生活中，大家可能遇到过这样的问题：正在看书，突然电话铃响了，此时需要在书上做个记号或夹个书签，然后走到放电话的位置，拿起电话与对方通话；正在通话中间，门铃又响了，此时又需要告诉电话的另一方稍等一下（暂不挂断电话），然后去开门，并在门口与来访者交谈；交谈完毕，关好门，又回到放电话的位置继续与对方通话；通话完毕，挂断电话，然后再从做记号的位置继续看书。

上述问题就是最典型的中断现象。从看书到接电话，是一次中断过程，从打电话到与来访者交谈，则是中断过程中发生的又一次中断，即中断嵌套。为什么会出现上述现象呢？这是因为大家在一个特定的时刻面临着三项任务：看书、接电话和接待来访者。但一个人又不可能在同一时刻完成三项任务，因此只有采用中断的方法，根据轻重缓急，穿插完成各项任务。

在计算机中同样存在着类似的现象。因为计算机一般只有一个 CPU，但在运行程序的过程中可能会出现如数据输入、数据输出或特殊情况处理等多个任务要求 CPU 来完成。对此，CPU 也只能采用停下一个任务去处理另外一个更重要任务的中断方式来解决。

另外，在 CPU 与外部设备交换信息时，存在着高速 CPU 和低速外设之间的矛盾。若采用软件查询的方式，CPU 会浪费较多的时间去等待外设。对 CPU 外部随机或定时（如定时器发出的信号）出现的紧急事件，也常常需要 CPU 能马上响应。为解决上述问题，也需要采用中断技术。

2. 中断技术本质

中断技术通俗地来说，就是被打断。是指当 CPU 在处理某一事件时，计算机内部或外部发生了另一紧急事件，请求 CPU 迅速对其做出处理，CPU 则暂停（中断）当前正在进行的工作，转去执行相应的处理程序（称为中断服务子程序），待处理程序执行完，立即回到原来被停止执行程序的间断点（简称断点）去继续执行，这一对紧急事件的处理过程称为中断。中断与日常生活举例对比见表 6-1。

表 6-1　　　　　　　　　　　　中断与日常生活举例对比

日常生活中的例子	计算机中断
老师正在改作业	CPU 正在处理事件（主程序）
一个学生有问题问老师	外设提出中断申请
老师记录下当前改到的那份作业	CPU 记录主程序被迫中断的地址，并响应外设的中断申请
为学生解惑	进入中断，处理紧急事件（执行中断服务子程序）
解惑结束，老师从刚才停止的地方继续改作业	退出中断，返回主程序，并从断点继续执行

中断的一般流程如图 6-2 所示。

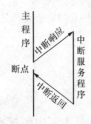

图 6-2　中断的一般流程

在图 6-2 中可以看出，CPU 执行主程序代码，一旦有中断请求，CPU 会保存断点（即将要执行的指令所在地址，就是程序计数器 PC 的值），PC 再装入新的地址（即中断服务子程序入口地址），运行中断服务子程序中的指令，当运行完中断服务子程序后就返回断点继续执行主程序后续指令。

3. 中断系统

在计算机中，实现中断功能的部件称为中断系统。

中断系统包括中断源、中断判优、中断响应、中断查询、中断处理等，实现这样一个全过程的硬件和软件。

4. 中断技术的应用

中断技术经常被应用在以下方面：

（1）实现实时处理。利用中断技术，CPU 可以及时响应和处理来自内部功能模块或外部设备的中断请求，并为其服务，以满足实时处理和控制的要求。实现分时操作，提高了 MCU 的效率。在嵌入式系统的应用中可以通过分时操作的方式启动多个功能部件和外设同时工作。当外设或内部功能部件向 CPU 发出中断申请时，CPU 才转去为它服务。这样，利用中断功能，CPU 就可以同时执行多个服务程序，提高了 CPU 的效率。

（2）进行故障处理。对系统在运行过程中出现的难以预料的情况或故障，如掉电，可以通过中断系统及时向 CPU 请求中断，做紧急故障处理。

（3）待机状态的唤醒。在单片机嵌入式系统的应用中，为了减少电源的功耗，当系统不处理任何事物，处于待机状态时，可以让单片机工作在休眠的低功耗方式。通常，恢复到正常工作方式往往也是利用中断信号来唤醒的。

6.1.3 子任务3：DMA 传送方式

📢【任务说明】

了解 DMA 传送方式。

✏【任务解析】

DMA 传送方式，即外设在专用的接口电路 DMA 控制器的控制下直接和存储器进行高速数据传输。采用 DMA 传送方式时，如外设需要进行数据传输，首先向 DMA 控制器发出请求，DMA 控制器再向 CPU 发出总线请求，要求使用系统总线。CPU 响应 DMA 控制器的总线请求并把总线控制权交给 DMA 控制器，然后在 DMA 控制器的控制下开始利用系统总线进行数据传输。数据传输结束后，DMA 控制器自动交出总线控制权。DMA 传送方式的数据传输速度基本上取决于外设和存储器的速度。

注意：DMA 传送过程中，CPU 不参与控制。

6.1.4 子任务4：比较各种传送方式

📢【任务说明】

比较各种数据传送方式。

✏【任务解析】

1. 三种传送方式的用途

(1) 查询方式：主要用于 CPU 不太忙且传送速度不高的情况。

(2) 中断方式：主要用于 CPU 的任务比较忙的情况下，尤其适合实时控制和紧急事件的处理。

(3) DMA 方式（直接存储器存取方式）：主要用于高速外设进行大批量数据传送的场合。DMA 方式是直接存储器存取，外部设备不通过 CPU 而直接与系统内存交换数据。

2. 三种传送方式的优劣比较

在微机系统中，DMA 传送方式传送大量数据时，能力高于中断方式，但在单片机系统中，由于没有太多的数据量传送，所有中断方式比较常用。

CPU 进入中断服务程序前，要保护断点、保护现场等操作，需要多条指令，每条指令要有取指和执行时间。为了充分利用 CPU 的高速性能和实时操作的要求，一般中断服务程序要求是尽量简短，所以当要实现大量数据交换的情况，如从磁盘调入程序或图形数据，如果采用中断传送方式，必然会引起频繁中断的情况，需要执行很多与数据传送无关的中断指令，所以会大大降低系统的执行效率，无法提高数据传送速率。对于一个高速 I/O 设备，以及批量交换数据的情况，只能采用 DMA 方式才能解决效率和速度问题。DMA 在外设与内存间直接进行数据交换，而不通过 CPU，这样数据传送的速度就取决于存储器和外设的工作速度。

查询传送的优点是电路简单，缺点是会增加 CPU 的负担，CPU 总在运行查询代码。举一个形象的例子：老师在教室收作业，老师相当于 CPU，教室里的 40 个学生相当外部设备。

(1) 查询方式：老师从第 1 个人到第 40 个人问一遍，写好吗？如果学生回答没写好，老师问下一个人，如果学生回答写好了，老师收作业。老师在不停地询问，什么事都不能做。

(2) 中断方式：老师在讲桌处备课或做其他事，学生谁写好了，老师停下手头的事收作业，回来继续备课。

(3) DMA 方式：老师把收作业的工作交给班长（即 DMA 控制器），班长收齐交给老师。

任务 6.2　查询方式实现闭合开关对应灯点亮

进一步理解查询传送方式的应用，完成以下子任务：

(1) 子任务 1：实现闭合开关 LED 灯亮。

(2) 子任务 2：查询方式。

6.2.1 子任务 1：实现闭合开关 LED 灯亮

📢【任务说明】

利用查询方式，实现闭合开关对应 LED 灯亮。

✍【任务解析】

1. 需求分析

任务要求利用查询方式，完成闭合开关对应 LED 灯亮的任务。首先，在 P1.0 位上接一个 LED 灯，由于 LED 灯一端接 VCC 电源，要让 LED 灯亮，必须使 P1.0 输出低电平。其次，可以选择 P0、P2、P3 口的任意一位连接开关，比如让 P3.0 位连接开关，当开关闭合时，P3.0 输入低电平。查询方式时，只需编程周而复始地查询 P3.0 位的状态，直到 P3.0 位输入的是低电平，就完成 LED 灯亮的任务。

理解设计思路后，完成连线图、完成程序代码、生产 hex 文件，最后，将其下载到实验板上查看效果。

2. 完成硬件连接图

可以利用 Proteus 完成硬件连接图，如图 6-3 所示。图中 P3.0 所接开关闭合（即给低电平）时，所接的发光二极管点亮（即 P1.0 位给出低电平）。

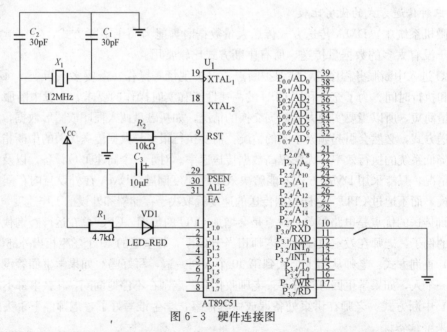

图 6-3　硬件连接图

3. 程序代码

程序代码如下：

```
ORG  0000H
MAIN:  MOV P3,#0FFH
LOOP:  MOV P1,P3
LJMP LOOP
END
```

4. 生成 hex 文件

在 Keil 中建立工程，编译上述程序代码，生成 hex 文件。

5. 下载 hex 文件

利用 STC_ISP.exe 下载 hex 文件到实验板，查看效果。

6. 效果查看

程序开始运行任何效果没有，此时 CPU 正在反复执行循环指令，反复查询 P3.0 的状态。直到 P3.0 对应的开关闭合后，P1.0 对应的 LED 灯才被点亮。

一般实验板都可以做 P1 口接 LED 灯方面的实验，如果用户所选实验板没有 P3 口接开关电路，可以这样解决：一般为了扩展实验板功能，实验板往往引出单片机的所有引脚，如图 6-4 所示，以便用户扩展其他实验连线。可以用一根杜邦线如图 6-5 所示，一端接单片机 P3.0 的外引线，一端接单片机 GND 的外引线，当接通两端后即相当于开关闭合，当断开两端后即相当于开关打开。

如果使用综合实验箱，可以直接用外引线连接产生相应电路。不管选用便捷实验板还是选用综合实验箱，用户都必须先了解板载资源原理图。

图 6-4　开发板的外引线

图 6-5　杜邦线

6.2.2 子任务 2：查询方式分析

📢【任务说明】

分析查询方式运行原理。

✏【任务解析】

对子任务 1 "实现闭合开关 LED 灯亮" 的程序流程图如图 6-6 所示。

图 6-6 中读 P3.0 位状态，可以理解为外部设备的状态，如果 P3.0 一直是 0，说明开关一直是断开的，相当于外设没有准备好；这时 CPU 重新查询 P3.0 的状态，直到 P3.0 是 0，相当于外设准备好了，接着就按要求点亮 LED 灯。

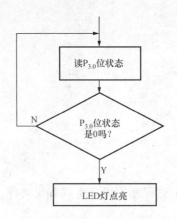

图 6 - 6　实现闭合开关 LED 灯亮

任务 6.3　中断方式实现闭合开关蜂鸣器响

中断方式在 MCS - 51 系统中的应用，完成以下子任务：

(1) 子任务 1：实现闭合开关蜂鸣器响。

(2) 子任务 2：了解 MCS - 51 系统的中断源。

(3) 子任务 3：了解 MCS - 51 中断系统。

(4) 子任务 4：了解中断处理过程。

6.3.1 子任务 1：实现闭合开关蜂鸣器响

🔊【任务说明】

利用中断方式完成闭合开关蜂鸣器响的任务，主程序实现引脚 $P_{1.0}$ 所接的灯闪烁，如果引脚接的开关闭合，则 $P_{2.3}$ 对应的蜂鸣器响。

✍【任务解析】

1. 需求分析

任务要求利用中断方式，完成闭合开关蜂鸣器响的任务。首先，选择外部中断 0 即 INT_0 作为中断请求输入端，INT_0 就是 $P_{3.2}$ 的第二功能；接着，要了解蜂鸣器的发声原理；接着，完成连线图，完成程序，生产 hex 文件；最后，将其下载到实验板上查看效果。

2. 选择外部中断 0

对应外部中断 0 的触发方式，选默认的电平触发，在 $P_{3.2}$ 上接一个开关，开关闭合，说明 $P_{3.2}$ 是低电平，触发中断，中断服务即起动蜂鸣器响，如图 6 - 7 所示。

3. 蜂鸣器的发声原理

在电路设计中选用电磁式蜂鸣器。电磁式蜂鸣器由振荡器、电磁线圈、磁铁、振动膜片及外壳等组成。接通电源后，振荡器产生的音频信号电流通过电磁线圈，使电磁线圈产生磁场。振动膜片在电磁线圈和磁铁的相互作用下周期性地振动发声。

蜂鸣器控制电路需要一个 PNP 型三极管作为蜂鸣器的开关，一旦 $P_{2.3}$ 所接的三极管集电极给出低电平，就会驱动蜂鸣器响，如图 6 - 7 所示。

4. 完成硬件连接图

可以利用 Proteus 完成硬件连接图，如图 6-7 所示。图中 $P_{1.0}$ 给低电平时，所接的发光二极管点亮，间隔给 $P_{1.0}$ 高低电平，灯具有闪烁效果；$P_{2.3}$ 接三极管集电极，给低电平时蜂鸣器响，给高电平时蜂鸣器不响。

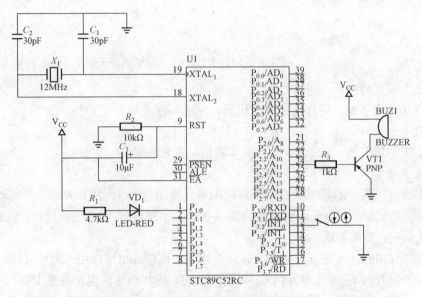

图 6-7　硬件连接图

5. 程序代码

程序代码分为主程序、中断服务子程序两部分。

```
;主程序功能:P1.0 所接灯闪烁,完成中断服务重回主程序时关闭蜂鸣器
;中断服务子程序功能:P2.3 清零,起动蜂鸣器响
ORG       0000H        ;上电复位,转主程序
AJMP      MAIN
ORG       0003H        ;外部中断 INT0 入口地址,此处开始中断服务子程序
CLR P2.3               ;P2.3 清零,起动蜂鸣器响
RETI                   ;中断服务子程序返回指令
ORG       0030H
MAIN:                  ;主程序开始地址
MOV       A,#0FFH      ;起初让灯全部熄灭
SETB      EX0          ;允许外部中断/INT0 中断
SETB      IT0          ;加上该行表示:设置外部中断INT0为边沿触发方式
                       ;不加该行表示:INT0默认为电平触发
SETB      EA           ;开总中断
LOOP:
SETB      P2.3         ;完成中断服务重回主程序时关闭蜂鸣器
MOV       P1,A
CPL       A            ;A取反,使灯的状态翻转,产生闪烁效果
LCALL     DELAY
```

```
        LJMP    LOOP
DELAY：                      ;延时子程序
D1：    MOV R7,♯250
D2：    MOV R6,♯250
D3：    DJNZ      R6,D3
        DJNZ      R7,D2
RET
END                         ;子程序要写在 END 里面,不然在调研子程序时提示 undefined semble
```

6. 生成 hex 文件

在 Keil 中建立工程,编译上述程序代码,生成 hex 文件。

7. 下载 hex 文件

利用 STC_ISP. exe 下载 hex 文件到实验板,查看效果。

8. 效果查看

程序开始运行 $P_{1.0}$ 对应的 LED 灯不停地闪烁,当闭合 $P_{3.2}$ 所接开关时,蜂鸣器响,因为是电平触发,所以 $P_{3.2}$ 保持低电平时蜂鸣器一直响,如果设置 INT_0 边沿触发方式,只是在开关闭合的瞬间,蜂鸣器响一声。

如同查询方式的任务完成,如果没有开关连线,该任务也可以用一根杜邦线,一端接单片机 P3.2 的外引线,一端接单片机 GND 的外引线,即相当于低电平触发 INT_0。

如果使用综合实验箱,可以直接用外引线连接产生相应电路。不管选用便捷实验板还是选用综合实验箱,用户都必须先了解板载资源原理图。

6.3.2 子任务 2：了解 MCS-51 系统的中断源

🔊【任务说明】

了解 MCS-51 系统的中断源,掌握各中断源的特点、中断服务子程序入口地址。

📝【任务解析】

能够向 CPU 发出中断请求的信号的来源称为中断源。

在 MCS-51 系列及兼容单片机中,单片机的型号不同,其中断源的个数和中断标志位的定义也有差别。以 8051 为例,有三类共五个中断源,它们是两个外部中断,两个定时器中断和一个串行口中断。

1. 外部中断源

8051 有两个外部中断源,即外部中断 0 和外部中断 1。它们的中断请求信号分别由引脚 INT_0 ($P_{3.2}$) 和 INT_1 ($P_{3.3}$) 引入。

外部中断请求有两种触发方式：电平触发方式和边沿触发方式。具体可通过对寄存器 TCON 的控制位 IT0、IT1 的设定进行选择。

(1) 电平触发方式是低电平有效。在这种方式下,只要单片机在中断请求输入端 (INT_0 和 INT_1) 上采样到有效的低电平信号,就激活外部中断。

(2) 边沿触发方式是脉冲的负跳变有效。在此方式下,CPU 在两个相邻机器周期对中断请求输入端 (INT_0 和 INT_1) 进行的采样中,如果前一次检测为高电平,后一次检测为低电平,即为有效的中断请求。

2. 定时器中断源

定时器中断是一种内部中断，是为满足定时或计数的需要而设置的。8051 内部有两个 16 位的定时/计数器，可以实现定时和计数功能。这两个定时/计数器在内部定时脉冲或从 T0/T1 引脚输入的计数脉冲作用下发生溢出（从全"1"变为全"0"）时，即向 CPU 提出溢出中断请求，以表明定时时间到或计数已满。定时器溢出中断常用于需要定时控制的场合。

3. 串行口中断源

串行口中断也是一种内部中断，它是为串行数据传送的需要而设置的。串行口中断分为串行口发送中断和串行口接收中断两种。每当串行口发送或接收完一帧串行数据时，就会自动向 CPU 发出串行口中断请求。

当某中断源的中断请求被 CPU 响应之后，CPU 将此中断源的入口地址装入程序计数器 PC 中，中断服务子程序即从此入口地址开始执行。此地址称为中断服务子程序入口地址，也称为中断向量。

MCS-51 类型单片机各中断源与中断入口的对应关系见表 6-2，98C51、98C52 等单片机芯片相似。

表 6-2   MCS-51 中断向量表

中断源	入口地址	中断源	入口地址
外部中断 0	0003H	定时器 T_1	001BH
定时器 T_0	000BH	串行口中断	0023H
外部中断 1	0013H		

6.3.3 子任务 3：了解 MCS-51 中断系统

◁)【任务说明】

了解 MCS-51 中断系统，重点了解中断系统的各寄存器含义。

【任务解析】

一、MCS-51 中断系统原理

MCS-51 中断系统原理图如图 6-8 所示。

MCS-51 单片机设置了一些控制寄存器提供给用户来使用和控制中断系统。与中断有关的寄存器共有 4 个，它们是定时器控制寄存器 TCON、中断允许控制寄存器 IE、中断优先级控制寄存器 IP 和串行口控制寄存器 SCON。这 4 个控制寄存器均属于特殊功能寄存器。

以外部中断 0 为例，了解 MCS-51 中断系统原理。

1. 中断请求

外部中断 0 的中断请求信号通过 8051 的 $P_{3.2}$（即 $\overline{INT_0}$）送入 8051 内部，两种触发中断的方式（低电平触发、下降沿触发）得到请求信号。对于 5 个中断源，如果有多个中断请求，在 5 个中断标志位中对应位置 1，也可以说是 6 个，因为串行请求有两个中断标志（发送中断请求、接收中断请求）。例如：外部中断 0、定时器中断 1 有中断请求，则 TCON 寄存器对应的 IE_0、TF_1 位置 1。

2. 中断允许

中断允许寄存器 IE 中 EA 位是总允许位，从图 6-8 可以看出，要让 8051 相应某个中

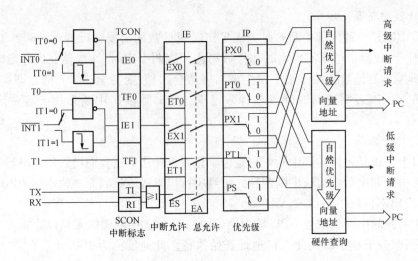

图 6-8 MCS-51 中断系统原理图

断，必须先开总中断允许，其次，要开放哪个中断源的中断请求就把对应位中断允许位置1。比如，要开放外中断 0 和定时器中断 0 的允许位，先打开 EA 总允许，再打开 EX0 和 ET0。

注释：为了便于理解，EX0 可以看成是 Enable External（外部）的缩写；ET0 可以看成是 Enable Time（时钟）的缩写；ES 可以看成是 Enable Serial（串行）缩写。

3. 中断优先级判断

MCS-51 系列单片机只有两个中断优先级：高、低优先级，可以利用 IP 寄存器决定哪个中断源的优先级是高或低。设置好两类优先级后，5 个中断源各自进入两个优先级判别队列，由硬件电路查询决定 CPU 相应哪个中断源，继而把该中断源的中断服务子程序入口地址加载到程序计数器 PC 中。

4. 中断服务

程序计数器 PC 指向中断源的中断服务子程序入口地址后，CPU 就转去执行中断服务子程序，暂时不执行主程序，当中断服务子程序完成后，再转入主程序允许。

二、定时器控制寄存器（TCON）

该寄存器单元地址为 88H，位地址为 88H~8FH，格式见表 6-3。

表 6-3　　　　　　　　　　　定时器控制寄存器（TCON）

控制对象	定时/计数器 T1		定时/计数器 T0		外部中断 1		外部中断 0	
位 序	D_7	D_6	D_5	D_4	D_3	D_2	D_1	D_0
位地址	8FH	8EH	8DH	8CH	8BH	8AH	89H	88H
位 名	TF1	TR1	TF0	TR0	IE1	ITI	IE0	IT0

该寄存器具有定时/计数器的控制功能和中断控制功能，其中与中断有关的控制位共有六位：

（1）TF1：定时/计数器 T1 溢出中断标志。

当定时器 T1 产生溢出中断时，该位由硬件自动置位（即 $TF_1=1$）；当定时器 T1 的溢出中断被 CPU 响应之后，该位由硬件自动复位（即 $TF_1=0$）。定时器溢出中断标志位的使用有两种情况：采用中断方式时，该位作为中断请求标志位来使用，响应中断后自动清零；采用查询方式时，该位作为查询状态位来使用，此时需要用软件清除标志位。

（2）TF0：定时/计数器 T0 溢出中断标志。其功能与 TF1 类似。

（3）IE1：外部中断 1 中断请求标志。

当 CPU 检测到 INT1 上中断请求有效时，IE1 由硬件自动置位；在 CPU 响应中断请求进入相应中断服务程序执行时，该位由硬件自动复位。

（4）IT1：外部中断 1 触发方式控制位。

若 IT1=1，则将外部中断 1 设置为边沿触发方式（负跳变有效）；IT1=0，则将外部中断 1 设置为电平触发方式（低电平有效）。该位可由软件置位或复位。

（5）IE0：外部中断 0 中断请求标志。其功能与 IE1 类似。

（6）IT0：外部中断 0 触发方式控制位。其功能与 IT1 类似。

三、串行口控制寄存器（SCON）

该寄存器单元地址为 98H，位地址为 98H～9FH，其内容及位地址见表 6 - 4。

表 6 - 4　　　　　　　　　　串行口控制寄存器（SCON）

位　序	D_7	D_6	D_5	D_4	D_3	D_2	D_1	D_0
位地址	9FH	9EH	9DH	9CH	9BH	9AH	99H	98H
位　名	SM0	SM1	SM2	REN	TB8	RB8	TI	RI

其中与中断有关的控制位共有两位。

1. TI：串行口发送中断标志

当串行口发送完一帧串行数据后，该位由硬件自动置位，但在 CPU 响应串行口中断转向中断服务程序执行时，该位是不能由硬件自动复位的，用户应在串行口中断服务程序中通过指令来使它复位。

2. RI：串行口接收中断标志

当串行口接收完一帧串行数据后，该位由硬件自动置位，同样该位不能由硬件自动复位，用户应在中断服务程序中通过指令使其复位。

四、中断允许寄存器（IE）

该寄存器单元地址为 A8H，位地址为 A8H～AFH，其内容及位地址见表 6 - 5。

表 6 - 5　　　　　　　　　　中断允许寄存器（IE）

位　序	D_7	D_6	D_5	D_4	D_3	D_2	D_1	D_0
位地址	AFH	AEH	ADH	ACH	ABH	AAH	A9H	A8H
位　名	EA	—	—	ES	ET1	EX1	ET0	EX0

（1）EA：CPU 中断总允许位。该位状态可由用户通过程序设置：EA=0，CPU 禁止所有中断源的中断请求，也称为关中断；EA=1，CPU 开放所有中断源的中断请求，但这些中断请求最终能否为 CPU 响应，还取决于 IE 中相应中断源的中断允许位的状态。

（2）ES：串行口中断允许位。

若 ES=0，禁止串行口中断；若 ES=1，允许串行口中断。

（3）ET1：定时/计数器 T1 中断允许位。

若 ET1=0，禁止定时/计数器 T1 中断；若 ET1=1，允许定时/计数器 T1 中断。

（4）EX1：外部中断 1 中断允许位。

若 EX1=0，禁止外部中断 1 中断；若 EX1=1，允许外部中断 1 中断。

（5）ET0：定时/计数器 T0 中断允许位。

若 ET0=0，禁止定时/计数器 T0 中断；若 ET0=1，允许定时/计数器 T0 中断。

（6）EX0：外部中断 0 中断允许位。

若 EX0=0，禁止外部中断 0 中断；若 EX0=1，允许外部中断 0 中断。

MCS-51 单片机复位以后，IE 寄存器中备中断允许位均被清"0"，禁止所有中断。

五、中断优先级控制寄存器（IP）

MCS-51 单片机的中断优先级控制比较简单，系统只定义了高、低两个优先级。用户可利用软件将每个中断源设置为高优先级中断或低优先级中断，并可实现两级中断嵌套。

高优先级中断源可以中断正在执行的低优先级中断服务程序，除非在执行低优先级中断服务程序时设置了 CPU 关中断或禁止某些高优先级中断源的中断。同级或低优先级中断源不能中断正在执行的中断服务程序。

IP 寄存器单元地址为 B8H，位地址为 B8H～BFH，其内容及位地址见表 6-6。

表 6-6　　　　　　　　　　　　　　IP 寄 存 器

位 序	D₇	D₆	D₅	D₄	D₃	D₂	D₁	D₀
位地址	BFH	BEH	BDH	BCH	BBH	BAH	B9H	B8H
位 名	—	—	—	PS	PT1	PX1	PT0	PX0

（1）PS：串行口中断优先级控制位。

若 PS=0，设定串行口中断为低优先级中断；若 PS=1，设定串行口中断为高优先级中断。

（2）PT1：定时/计数器 T1 中断优先级控制位。

若 PT1=0，设定定时/计数器 T1 为低优先级中断：若 PT1=1，设定定时/计数器 T1 为高优先级中断。

（3）PX1 外部中断 1 中断优先级控制位。

若 PX1=0，设定外部中断 1 为低优先级中断；若 PX1=1，设定外部中断 1 为高优先级中断。

（4）PT0：定时/计数器 T0 中断优先级控制位。

若 PT0=0，设定定时/计数器 T0 为低优先级中断：若 PT0=1，设定定时/计数器 T0 为高优先级中断。

（5）PX0：外部中断 0 中断优先级控制位。

若 PX0=0，设定外部中断 0 为低优先级中断；若 PX0=1，设定外部中断 0 为高优先级中断。

系统复位后，IP 寄存器中各优先级控制位均被清"0"，即将所有中断源设置为低级中断。

由于 MCS-51 单片机只有两个中断优先级，在工作过程中如果遇到几个同一优先级的中断源同时向 CPU 发出中断请求，CPU 将如何来响应中断呢？此时，CPU 将通过内部硬件查询逻辑按自然优先级顺序决定应该响应哪个中断请求，其自然优先级顺序由硬件电路形成，见表6-7。

表6-7　　　　　　　　　　MCS-51中断源自然查询顺序

中断源	自然查询顺序
外部中断0	高
定时器T0	
外部中断1	↓
定时器T1	
串行口中断	低

6.3.4 子任务4：了解中断处理过程

◁》【任务说明】

了解MCS-51中断处理过程。

☑【任务解析】

中断处理过程可分为中断采样、中断查询、中断响应及中断返回四个阶段。

一、中断采样

采样是中断处理的第一步，主要针对外部中断请求信号。因为这类中断发生在单片机的外部，要想知道是否有中断请求发生，采样是唯一可行的办法。

采样，就是在每个机器周期的第5个时钟周期对$\overline{INT_0}$和$\overline{INT_1}$引脚进行检测，根据检测结果，设置相应中断标志位IE0或IE1的状态。

对于电平触发方式的外部中断请求，若采样为高电平，则表明没有中断请求，对应的IE0或IE1保持为0状态；若为低电平，表明有中断请求，则使对应的IE0或IE1置位。由于采样是直接针对中断请求信号，因此对中断请求信号就有一定的要求，其有效电平的持续时间至少要保持一个机器周期才能被采样到。

对于脉冲触发方式的外部中断请求，若在两个相邻的机器周期采样到的先高后低的电平信号，则中断请求有效，将对应的标志位IE0或IE1置位；否则，IE0或IE1保持0状态。对于脉冲触发方式的外部中断请求，其高电平和低电平的持续时间都要保持至少1个机器周期才能被正确采样。

二、中断查询

MCS-51系列及兼容单片机，在每个机器周期的最后一个状态期间，都要按先后顺序对各个中断标志位进行查询，以确定是否有中断请求发生。若查询到某个中断标志位为1，将在接下来的机器周期的第一个时钟周期按优先级进行中断处理。中断系统通过硬件自动将相应的中断向量地址载入PC，以便进入相应的中断服务子程序。

中断查询由硬件自动完成，其查询顺序为IE0（外部中断0）→TF0（定时/计数器0）→IE1（外部中断1）→TF1（定时/计数器1）→RI和TI（串行口收发中断）。

三、中断响应

中断响应就是对中断源提出的中断请求的接受，当CPU查询到有效的中断请求时，紧接着就进行中断响应。

1. 中断响应的条件

CPU并非任何时刻都响应中断请求，而是在中断响应条件满足之后才会响应。CPU响

应中断的条件有

（1）有中断源发出中断请求。

（2）CPU 开总中断，即 EA＝1。

（3）申请中断的中断源中断允许，即相应的中断允许标志位为 1。

满足以上条件时，CPU 一般会响应中断。但如果有下列情况之一时，则中断响应被暂时搁置：

（1）CPU 正在执行一个同级或高优先级别的中断服务程序。

（2）当前的机器周期不是正在执行的指令的最后一个周期，即只有在当前指令执行完毕才能进行中断响应。

（3）当前正在执行的指令是返回指令（RET、RETI）或访问 IE、IP 的指令。按 MCS-51 单片机中断系统的特性规定，在执行完这些指令之后，还应再执行一条指令，然后才能响应中断。

若存在上述任何一种情况，中断查询结果即被取消，CPU 不响应中断请求而在下一机器周期继续查询，否则，CPU 在下一机器周期响应中断。

2．中断响应过程

中断响应过程包括保护断点和将程序转向中断服务程序的入口地址（通常称向量地址）。首先，中断系统通过硬件自动生成长调用指令（LCALL），该指令将自动把断点地址压入堆栈保护（不保护累加器 A、状态寄存器 PSW 和其他寄存器的内容），然后，将对应的中断入口地址装入程序计数器 PC（由硬件自动执行），使程序转向该中断入口地址，执行中断服务程序。MCS-51 系列单片机各中断源的入口地址由硬件事先设定，向量地址的分配见表6-2。例如：对于定时/计数器 T0 的中断响应，自动生成的长调用指令为

LCALL　000BH

由于每个中断源的中断区只有 8 个单元，一般难以安排一个完整的中断服务程序。因此通常是在各中断区入口地址处放置一条无条件转移指令，使程序转向在其他地址存放的中断服务程序。

3．中断处理

中断处理就是执行中断服务程序。中断服务程序从中断入口地址开始执行，到返回指令 RET1 为止，一般包括两部分内容：①保护现场，②完成中断源请求服务。通常主程序和中断服务程序都会用到累加器 A、状态寄存器 PSW 及其他一些寄存器，当 CPU 进入中断服务程序用到上述寄存器时，会破坏原来存储在寄存器中的内容，一旦中断返回，将会导致主程序混乱。因此，在进入中断服务程序后，一般要先保护现场，然后，执行中断处理程序，在中断返回之前再恢复现场。

编写中断服务程序时还需注意以下几点：

（1）各中断源的中断入口地址之间只相隔 8B，容纳不下普通的中断服务程序，因此，在中断入口地址单元通常存放一条无条件转移指令，可将中断服务程序转至存储器的其他任何空间。

（2）如果在执行当前中断程序时想禁止其他更高优先级的中断，需先用软件关闭 CPU 中断，或用软件禁止相应高优先级的中断，在中断返回前再开放中断。

（3）在保护和恢复现场时，为了不使现场数据遭到破坏或造成混乱，一般规定此时

CPU不再响应新的中断请求。因此，在编写中断服务程序时，要注意在保护现场前关中断，在保护现场后若允许高优先级中断，应开中断。同样，在恢复现场前也应先关中断，恢复之后再开中断。

中断处理过程如图6-9所示。

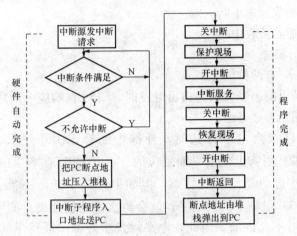

图6-9　中断处理流程

4. 中断的响应时间

中断响应时间是指从中断请求标志位置位，到CPU开始执行中断服务程序的第一条指令所持续的时间。CPU并非每时每刻对中断请求都予以响应，另外，不同的中断请求其响应时间也是不同的，因此，中断响应时间形成的过程较为复杂。以外部中断为例，CPU在每个机器周期的第5个时钟周期采样，其输入引脚$\overline{INT_0}$或$\overline{INT_1}$，如果中断请求有效，则置位中断请求标志位IE0或IE1，然后在下一个机器周期再对这些标志位进行查询。这就意味着中断请求信号的低电平至少应维持一个机器周期。

这时，如果满足中断响应条件，则CPU响应中断请求，在下一个机器周期执行一条硬件长调用指令LCALL，使程序转入中断向矢量入口。该调用指令执行时间是两个机器周期，因此，外部中断响应时间至少需要3个机器周期，这是最短的中断响应时间。

如果中断请求不能满足前面所述的三个条件而被搁浅，则中断响应时间将延长。例如：一个同级或更高级的中断正在进行，则附加的等待时间取决于正在进行的中断服务程序的长度。如果正在执行的一条指令还没有进行到最后一个机器周期，则附加的等待时间为1～3个机器周期（因为一条指令的最长执行时间为4个机器周期）。

5. 中断返回

中断返回是指中断服务完后，计算机返回原来断开的位置（即断点），继续执行原来的程序。中断返回由中断返回指令RET1来实现。该指令的功能是把断点地址从堆栈中弹出，送回到程序计数器PC。此外，还通知中断系统已完成中断处理，并同时清除优先级状态触发器。特别要注意不能用RET指令代替RET1指令。

四、中断请求的撤除

CPU响应某中断请求后，在中断返回前应该撤除该中断请求，否则将引起再次中断。

1. 定时/计数器中断请求的撤除

对于定时/计数器溢出中断，CPU在响应中断后由硬件电路自动撤除该中断请求，用户对此可不必考虑。

2. 串行口中断请求的撤除

对于串行口中断，CPU 在响应中断后不能由硬件电路自动撤除该中断，应由用户利用软件将该中断请求撤除，如

CLR   TI   ；撤除发送中断

CLR   RI   ；撤除接收中断

3. 外部中断请求的撤除

对于外部中断请求，有两种情况：

（1）当外部中断请求的触发方式为边沿触发时，CPU 在响应中断之后会由硬件电路自动撤除该中断请求，用户不必考虑。

（2）当外部中断请求为电平方式时，外部中断标志 IE0 或 IE1 是依靠检测 $\overline{INT_0}$（P3.2）或 $\overline{INT_1}$（P3.3）引脚上低电平而置位的。尽管 CPU 在响应中断时相应中断标志 IE0 或 IE1 也能被硬件自动复位为 0 状态，但如果外部中断源不能及时撤除它在 $\overline{INT_0}$（P3.2）或 $\overline{INT_1}$（P3.3）引脚上的低电平，就会再次使已经变成 0 的中断标志 IE0 或 IE1 置位为"1"，这是绝对不允许的。因此，电平触发型外部中断请求的撤除需要硬件、软件配合来实现。

任 务 总 结

主要完成的任务包括：认识 CPU 与外设数据传送的方式；查询方式实现闭合开关对应灯点亮；中断方式实现闭合开关蜂鸣器响。

思 考 与 练 习

1. 用一个按钮控制 8 个发光二极管，每按动一次按钮，使发光二极管按 L1→L2→…→L8→L1 的顺序循环移动点亮一位。用查询方式实现。

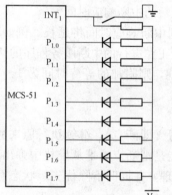

图 6-10   用按钮控制发光二极管

电路图说明：在 $P_{1.0}$～$P_{1.7}$ 外部对应连接 8 个发光二极管 L1～L8，当 $P_{1.x}$ 输出低电平时，对应的发光二极管被点亮；当 $P_{1.x}$ 输出为高电平时，对应的发光二极管熄灭。在 INT_1（P3.3）引脚上外接一个按钮。当按钮按下时，INT_1（P3.3）为低电平；释放按钮时，INT_1（P3.3）为高电平，如图 6-10 所示。

2. 用中断方式完成上述任务，要求用外部中断 1 实现中断。

3. 用外部中断实时显示外部故障状态。

电路说明：电路如图 6-11 所示。当系统无故障时，4 个故障输入端 X_1～X_4 全为低电平，显示灯全灭；当某个部分出现故障时，其对应输入由低电平变为高电平，从而引起外部中断，在中断服务程序中判定故障源，并用对应的发光二极管 LED1～LED4 进行显示。

4. 试编写一段中断系统初始化程序，要求允许外部中断 0（电平触发）、T0 中断、串行

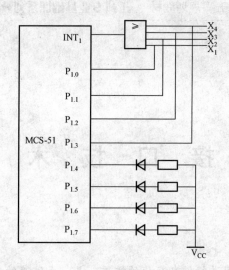

图 6-11　利用中断对多个故障进行显示

口中断，且使 T0 为高优先级中断。

学习情境七

接 口 技 术

【情境引入】

接口是 CPU 和外设之间进行信息交换的桥梁，是一个过渡的集成电路，可以和 CPU 集成在同一块芯片上，也可以单独制成芯片销售。在 MCS-51 系列单片机中就集成了若干接口芯片，比如定时器/计数器。在计算机系统中，CPU 与外设传递信息必须接对应的接口芯片，比如串口芯片 8251、并口芯片 8255、定时/计数器芯片 8253 等。在单片机系统中，小型应用系统不必外接接口芯片，但如果单片机自带接口不够用，也可以外接接口芯片完成 CPU 和外设的数据交换。本学习情境要求完成的任务包括：利用定时/计数器产生定时、单片机与 PC 机的串行通信、D/A（数字/模拟信号）转换、A/D（模拟/数字信号）转换。

任务 7.1　利用定时计数器产生定时

在单片机应用中，定时与计数的需求较多，为了方便使用，常将定时电路集成在芯片内，在 MCS-51 单片机内部就有两个 16 位的定时/计数器（简称定时器），即定时器 0（简写为 T0）和定时器 1（简写为 T1）。它们都有定时和事件计数功能，可用于定时控制、延时、对外部事件计数和检测等场合。

完成以下子任务：

（1）子任务 1：定时计数器产生 65ms 的定时（查询方式）。

（2）子任务 2：时间间隔 65ms 的 LED 灯亮灭（查询方式）。

（3）子任务 3：定时器的定时与计数功能。

（4）子任务 4：设置定时器工作方式。

（5）子任务 5：计算 4 种工作方式的初值。

（6）子任务 6：启动定时/计数器。

（7）子任务 7：定时计数器产生 65ms 的定时（中断方式）。

（8）子任务 8：利用定时计数器产生 1s 定时。

7.1.1 子任务 1：定时计数器产生 65ms 的定时（查询方式）

【任务说明】

利用定时计数器产生 65ms 的定时，开始时引脚 $P_{1.0}$ 对应的 LED 灯点亮，定时 65ms 时间到熄灭 LED 灯。

📝【任务解析】

一、需求分析

LED 灯一端接 +5V 电源，另一端接引脚 $P_{1.0}$，如果点亮 LED 灯就在 $P_{1.0}$ 输出低电平即 0 信号，如果熄灭 LED 灯就在 $P_{1.0}$ 输出高电平即 1 信号。在该任务中，首先给 $P_{1.0}$ 低电平点亮 LED 灯，65ms 定时到，再给 $P_{1.0}$ 高电平熄灭 LED 灯。定时任务是由定时计数器完成的，用户可以选择定时计数器 T0 或 T1。

设置 T0 为工作方式 1，假设机器周期 $T=1\mu s$，定时 65ms，定时器的初始值为 0218H。

二、程序流程图

程序流程图如图 7-1 所示。

三、程序代码

利用定时计数器产生 65ms 的定时程序代码如下：

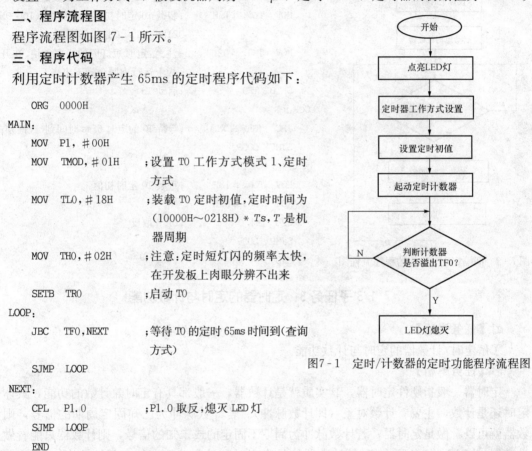

```
        ORG   0000H
MAIN:
        MOV   P1,#00H
        MOV   TMOD,#01H    ;设置 T0 工作方式模式 1、定时
                           方式
        MOV   TL0,#18H     ;装载 T0 定时初值,定时时间为
                           (10000H~0218H) * Ts,T 是机
                           器周期
        MOV   TH0,#02H     ;注意:定时短灯闪的频率太快,
                           在开发板上肉眼分辨不出来
        SETB  TR0          ;启动 T0
LOOP:
        JBC   TF0,NEXT     ;等待 T0 的定时 65ms 时间到(查询
                           方式)
        SJMP  LOOP
NEXT:
        CPL   P1.0         ;P1.0 取反,熄灭 LED 灯
        SJMP  LOOP
        END
```

图7-1 定时/计数器的定时功能程序流程图

7.1.2 子任务 2：时间间隔 65ms 的 LED 灯亮灭（查询方式）

🔊【任务说明】

利用定时计数器产生 65ms 的定时，完成引脚 $P_{1.0}$ 对应的 LED 灯闪烁的任务。

📝【任务解析】

一、需求分析

在学习情境五中 5.5.2 "子任务 2：设计无需传参子程序及调用程序"中定时是由延时子程序实现的，在该任务中实现同样的效果，用定时计数器实现。LED 灯亮 65ms，接着 LED 灯熄灭 65ms，这样周而复始。

假设机器周期 $T=1\mu s$，定时 65ms，定时器的初始值为 0218H。

二、程序流程图

间隔定时 65ms 的程序流程图如图 7 - 2 所示。

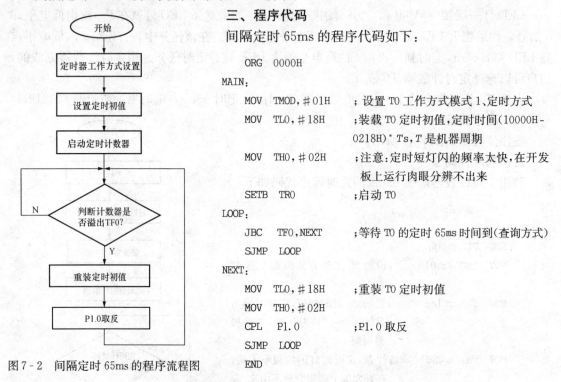

图 7 - 2 间隔定时 65ms 的程序流程图

三、程序代码

间隔定时 65ms 的程序代码如下：

```
         ORG  0000H
MAIN:
         MOV  TMOD,#01H     ;设置 T0 工作方式模式 1,定时方式
         MOV  TL0,#18H      ;装载 T0 定时初值,定时时间(10000-
                            0218H)* Ts,T 是机器周期
         MOV  TH0,#02H      ;注意:定时短灯闪的频率太快,在开发
                            板上运行肉眼分辨不出来
         SETB TR0           ;启动 T0
LOOP:
         JBC  TF0,NEXT      ;等待 T0 的定时 65ms 时间到(查询方式)
         SJMP LOOP
NEXT:
         MOV  TL0,#18H      ;重装 T0 定时初值
         MOV  TH0,#02H
         CPL  P1.0          ;P1.0 取反
         SJMP LOOP
         END
```

7.1.3 子任务 3：定时器的定时与计数功能

🔊【任务说明】

了解定时/计数器的定时与计数功能。

📝【任务解析】

定时器一般指硬件定时器，其实质就是计数器，一般都具有定时兼计数的功能，具体是定时还是计数，主要看计数对象（即计数脉冲）。若计数脉冲为已知固定周期的信号，则计数器就可以看做是定时器；若计数脉冲为周期不固定的或未知的信号，则计数器只能看做是计数器。MCS - 51 的两个定时/计数器均具有定时和计数功能，其内部的结构如图 7 - 3 所示。其中的 X 代表 0 或 1，用来表示定时器 0 和定时器 1。

单片机的两个定时器均由两个 8 位的寄存器（TLx、THx）组成 16 位可预置二进制加1计数器。其中，THx 为高 8 位二进制计数器，TLx 为低 8 位二进制计数器。当低 8 位计数器计满后，再来一个脉冲就会自动回零，同时向高 8 位计数器进位。当高 8 位计数器和低 8 位计数器都计满后，再来一个脉冲，则高 8 位计数器和低 8 位计数器同时回零，并向 TFx 进位，使 TFx 置 1。此时，称定时器溢出。当定时器溢出时，会自动向 CPU 发出中断请求，如果 CPU 是开中断的，并且该定时器也允许中断，CPU 在执行完当前指令后，就有可能响应定时器的中断请求。定时中断请求一旦被响应，就可以及时处理定时事件。

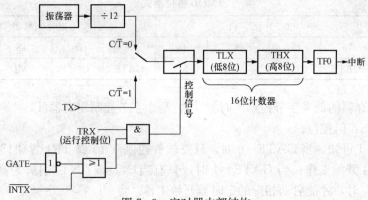

图 7 - 3 定时器内部结构

一、定时/计数器的计数功能

计数是指对单片机外部所发生的事件进行累计。外部事件的发生以脉冲的形式表示，因此计数功能的实质就是对外部脉冲进行计数。MCS - 51 有 T0 和 T1 两个计数脉冲输入引脚，分别对应定时器 0 和定时器 1。

当寄存器 TMOD 的位 $C/\overline{T}=1$ 时，图 7 - 3 右边的单刀双掷开关与 TX（X=0 或 1）引脚接通，此时定时器实现的就是计数功能。

在计数状态下，单片机在每个机器周期的第 5 个时钟周期期间对外部计数脉冲进行采样，如果前一个周期采样为高电平，后一个周期采样为低电平，即认为是一个有效的计数脉冲，并在下一个周期的第 3 个时钟周期计数器加 1。所以，检测一个 1 到 0 的跳变需要 2 个机器周期，故外部输入脉冲的最高频率为振荡频率的 1/24。虽然计数器对输入脉冲的占空比无特殊要求，但为了确保某个电平在变化之前被采样一次，要求电平的保持时间至少是一个完整的机器周期。

二、定时/计数器的定时功能

定时器的定时功能也是通过计数的方式来实现的，只是此时的计数脉冲来自单片机内部，由振荡器经 12 分频器后提供，即每个机器周期提供一个计数脉冲。所以在定时状态下，每个机器周期定时器自动加 1 直至计满溢出。

当寄存器 TMOD 的位 $C/\overline{T}=0$ 时，图 7 - 3 右边的单刀双掷开关与 12 分频器的输出接通，此时定时器实现的就是定时功能。当振荡频率为 12MHz 时，计数周期就是 $1\mu s$。

7.1.4 子任务 4：设置定时器工作方式

🔊【任务说明】

完成设置定时器工作方式的任务。

📝【任务解析】

设置 MCS - 51 的定时器工作方式需要用工作方式控制寄存器（TMOD），在了解 TMOD 寄存器后完成设置定时器工作方式的任务。

一、定时器工作方式控制寄存器（TMOD）

TMOD 寄存器是 T0、T1 的工作方式寄存器，其单元地址为 89H，注意该寄存器不能进行位寻址，只能使用字节传送指令设置其内容。其各位定义见表 7 - 1。

表 7 - 1　　　　　　　　　　　　　　**TMOD 各位格式**

控制对象	定时/计数器 T1				定时/计数器 T0			
位　序	D_7	D_6	D_5	D_4	D_3	D_2	D_1	D_0
位　名	GATE	C/$\overline{T}$	M1	M0	GATE	C/$\overline{T}$	M1	M0

TMOD 寄存器的低半字节控制定时器 T0，高半字节控制定时器 T1。

（1）GATE：门控位。

根据图 7 - 1 可知，当 GATE＝0 时，只要软件控制 TR0 或 TR1 置"1"即可启动定时器 0 或定时器 1 开始工作；当 GATE＝1 时，只有当$\overline{INT_0}$或/INT_1引脚为高电平，且 TR0 或 TR1 置"1"时，才能启动相应的定时器开始工作。

（2）C/$\overline{T}$：定时方式或计数方式选择位。

当 C/$\overline{T}$＝0，选择为定时工作方式；当 C/$\overline{T}$＝1，选择为计数工作方式。

（3）M1 和 M0：工作方式选择位。它对应 4 种工作方式（即 4 种电路结构），见表 7 - 2。

表 7 - 2　　　　　　　　　　　**M1、M0 控制的 4 种工作方式**

M1	M0	工作方式	功能说明
0	0	方式 0	13 位计数器
0	1	方式 1	16 位计数器
1	0	方式 2	自动重新装入初值的 8 位计数器
1	1	方式 3	T0：分成两个 8 位计数器；T1：停止计数

二、设置定时器 T0 工作在方式 1

T0 设置工作在定时方式和方式 1，T1 可设置任意值，具体工作方式字见表 7 - 3。

表 7 - 3　　　　　　　**定时器 T0 工作在方式 1 的方式字（＊表示任意值）**

控制对象	定时/计数器 T1				定时/计数器 T0			
位　序	D_7	D_6	D_5	D_4	D_3	D_2	D_1	D_0
位　名	GATE	C/$\overline{T}$	M1	M0	GATE	C/$\overline{T}$	M1	M0
T0 用定时方式和方式 1	＊	＊	＊	＊	0	0	0	1

从表 7 - 3 可以看到，T0 设置工作用定时方式和方式 1 的方式字为

＊　＊　＊　＊　0　0　0　1 B，即 00000001B，即 01H

把该方式控制字写入 TMOD 寄存器中，指令为 MOV　TMOD，♯01H

三、设置定时器 T1 工作在方式 2

T1 设置工作用计数方式和方式 2，T0 不设置选择任意值，具体工作方式字如下：

0　1　1　0　＊　＊　＊　＊ B，　即 01100000B，即 60H

把该方式控制字写入 TMOD 寄存器中，指令为 MOV　TMOD，♯60H

7.1.5 子任务 5：计算 4 种工作方式的初值

◁️【任务说明】

计算定时/计数器的 4 种工作方式的计数和定时初值。

📝【任务解析】

MCS - 51 的定时/计数器共有 4 种工作方式，现以 T0 为例进行介绍，T1 与 T0 完全

相同。

一、工作方式 0

方式 0 是一个 13 位的定时/计数器。如图 7-4 所示为定时/计数器在方式 0 时的逻辑电路结构。

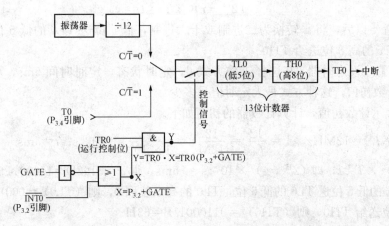

图 7-4 定时/计数器 T0 方式 0 的逻辑结构

在这种方式下，16 位寄存器（TH0 和 TL0）只用 13 位。其计数器由 TH0 全部 8 位和 TL0 的低 5 位构成，TL0 的高 3 位未用。当 TL0 的低 5 位溢出时向 TH0 进位，而 TH0 溢出时向中断标志 TF0 进位（称硬件置位 TF0），并申请中断。

当 $C/\overline{T} = 0$ 时，多路开关接通振荡脉冲的 12 分频器输出，T0 对机器周期计数，这就是定时工作方式。

当 $C/\overline{T} = 1$ 时，多路开关与引脚 T0（$P_{3.4}$）相连，外部计数脉冲由引脚 T0 输入。当计数脉冲发生负跳变时，计数器加 1，这就是计数工作方式。

在此说明门控位（GATE）的作用。当 GATE = 0 时，封锁"或"门，使引脚 $\overline{INT0}$ 输入信号无效。这时"或"门输出为"1"，打开"与"门，定时器 T0 的开启和关闭就只由 TR0 控制。若 TR0 = 1，则接通控制开关，启动定时器 T0，使 T0 在原计数初值的基础上作加法计数，直至溢出。溢出时，计数值为 0，TF0 置位，并申请中断，T0 从 0 开始计数。因此，如果希望计数器按原计数初值开始计数，则应在计数器溢出之后，给计数器重新赋初值。若 TR0 = 0，则关闭控制开关，定时器停止计数。

当 GATA = 1，同时又 TR0 = 1 时，"或"门、"与"门全部打开，计数脉冲的接通与断开由外部引脚信号 $\overline{INT0}$ 控制。当该信号为高电平时计数器工作，当该信号为低电平时计数器停止工作。这种情况可以用于测量外信号的脉冲宽度。

计数初值计算如下。

（1）最大计数量

$n_{max} = 2^{13} = 8192$，此时的计数初值为 0，直到计数器加 1，到 13 位溢出为止。

（2）已知要求的计数 N，则计数器的初值为

$$x = 2^{13} - N = 8192 - N$$

（3）最大定时时间：

$t_{max} = 2^{13} \times T = 8192 \times T$，其中 $T = \dfrac{12}{f_{osc}}$，f_{osc} 表示时钟频率，此时的计数初值为 0，直到定时计数器加 1～13 位溢出为止。

(4) 已知要求的定时时间 t，定时器初值 x，在下列方程中可以求出 x：

$$(2^{13} - x) \times T = t$$

求得初值 x 以后，将 x 转换为二进制或十六进制，低 5 位送 TL0 的低 5 位，TL0 的高 3 位取 0。取 x 的高 8 位送给 TH0。

【例 7-1】 设定时器 T0 选择工作方式 0，定时状态，定时时间 5ms，$f_{osc} = 12$MHz。试确定 T0 计数初值，这种方式最大定时值是多少？

解 x 表示计数初值，计算计数器的初值如下。

时钟频率 $f_{osc} = 12$MHz，$T = \dfrac{12}{f_{osc}} = \dfrac{12}{12M}$ s $= \dfrac{1}{1 \times 10^6}$ s $= 10^{-6}$ s；$t = 5$ms

$(2^{13} - x) \times T = t$，即 $(2^{13} - x) \times 10^{-6}$ s = 5ms，得 $x = 3192$D = 110001111000 B

取初值 x 的低 5 位送 TL0 的低 5 位，TL0 的高 3 位取 0，则 (TL0) = 00011000B = 18H。取 x 的高 8 位送给 TH0，则 (TH0) = 01100011B = 63H。

定时器 T0 选择工作方式 0，定时状态，最大定时值是 $2^{13} \times T = 8192 \times 10^{-6}$ s = 8.192ms

【例 7-2】 设单片机晶振频率为 $f_{osc} = 6$MHz，使用定时器 T1 以方式 0 产生周期为 2ms 的等宽连续方波，并由 P1.0 输出，请计算计数初值。

解 要产生周期为 2ms 的等宽连续方波，只需在 P1.0 端以 1ms 为周期交替输出高低电平即可，因此定时时间应为 1ms。

(1) 计算计数初值。

定时时间 $t = 1$ms，使用 $f_{osc} = 6$MHz 晶振，一个机器周期 $T = \dfrac{12}{f_{osc}} = \dfrac{12}{6M}$ s = 2μs。设待求计数初值为 x，则

$(2^{13} - x) \times T = t$，即 $(2^{13} - x) \times 2$μs = 1ms，则 $x = 7692$

将 x 表示为二进制形式：$x = 11110000\ 01100$ B，故 (TH1) = 0F0H，(TL1) = 0CH。

(2) TMOD 寄存器初始化。定时器 T1 为方式 0：M1M0 = 00；定时状态：C/T = 0；为实现定时器 T1 的运行控制，GATE = 0。定时器 T0 不用，将有关 T0 的位设定为任意值，这里可设置为 0。因此 TMOD 寄存器应初始化为 00H。

二、工作方式 1

方式 1 是 16 位的定时/计数器，其结构和操作方式几乎与方式 0 完全相同，计数器由 THx 全部 8 位和 TLx 全部 8 位构成。如图 7-5 所示为定时/计数器在方式 1 时的逻辑电路结构。

计数初值计算如下。

(1) 最大计数量：

$n_{max} = 2^{16} = 65\,536$，此时的计数初值为 0，直到计数器加 1，到 16 位溢出为止。

(2) 已知要求的计数 N，则计数器的初值为

$$x = 2^{16} - N = 65\,536 - N$$

(3) 最大定时时间：

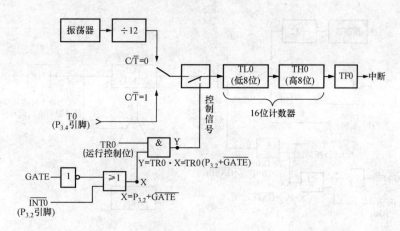

图 7-5 定时/计数器 T0 方式 1 的逻辑结构

$t_{max}=2^{16} \times T=65\ 536 \times T$，其中 $T=\dfrac{12}{f_{osc}}$，f_{osc} 表示时钟频率，此时的计数初值为 0，直到定时计数器加 1，到 16 位溢出为止。

（4）已知要求的定时时间 t，定时器初值 x，在下列方程中可以求出 x：

$$(2^{16}-x) \times T=t$$

求得初值 x 以后，将 x 转换为二进制或十六进制，低 8 位分配到寄存器 TL0，高 8 位分配到寄存器 TH0 中。

【例 7-3】 设定时器 T0 选择工作方式 1，定时状态，定时时间 5ms，$f_{osc}=12MHz$。试确定 T0 计数初值，这种方式最大定时值是多少？

解 x 表示计数初值，计算计数器的初值如下。

时钟频率 $f_{osc}=12MHz$，$T=\dfrac{12}{f_{osc}}=\dfrac{12}{12M}$ s$=\dfrac{1}{1 \times 10^6}$ s$=10^{-6}$s；$t=5ms$；

$(2^{16}-x) \times T=t$，即 $(2^{16}-x) \times 10^{-6}s=5ms$，得 $x=60\ 536D=EC78\ B$

取初值 x 的低 8 位送 TL0，则（TL0）$=78H$。取 x 的高 8 位送给 TH0，则（TH0）$=0ECH$。定时器 T0 选择工作方式 1，定时状态，最大定时值是 $2^{16} \times T=65\ 536 \times 10^{-6}s=65.536ms$

三、工作方式 2

方式 0 和方式 1 若用于循环重复定时/计数时，每次计满溢出后，计数器全部为 0，第二次计数还得重新装入计数初值。如此反复，不仅影响定时精度，也给程序设计带来不便。方式 2 则可以解决此问题，它具有自动重装载功能（自动重新装入计数初值）。定时/计数器 T0 方式 2 的逻辑结构如图 7-6 所示，16 位的计数器被拆成两部分，TL0 用作 8 位计数器，TH0 用作计数初值预置寄存器。在程序初始化时，TL0 和 TH0 由软件赋予相同的计数初值，当 TL0 计数溢出时，则置位 TF0，并将 TH0 中的初值自动重新装入 TL0。

这种工作方式有利于提高定时精度，比较适合用作精确的脉冲信号发生器，或者用作串行口波特率发生器。但该方式是 8 位计数结构，计数值有限，最大只能到 255。

计数初值计算如下。

（1）最大计数量：

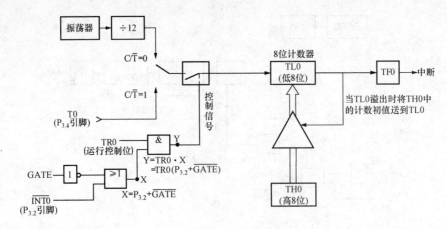

图 7-6　定时计数器 T0 方式 2 逻辑结构

$n_{max} = 2^8 = 256$，此时的计数初值为 0，直到计数器加 1，到 8 位溢出，重装初值继续计数。

（2）已知要求的计数 N，则计数器的初值为

$$x = 2^8 - N = 256 - N$$

（3）最大定时时间：

$t_{max} = 2^8 \times T = 256 \times T$，其中 $T = \dfrac{12}{f_{osc}}$，f_{osc} 表示时钟频率，此时的计数初值为 0，直到定时计数器加 1，到 8 位溢出为止。

（4）已知要求的定时时间 t，定时器初值 x，在下列方程中可以求出 x：

$$(2^8 - x) \times T = t$$

求得初值 x 以后，将 x 分配到寄存器 TL0、TH0 中，TL0、TH0 数相同。

【例 7-4】　用定时器 T0 以工作方式 2 计数，每计 100 次进行累加器加 1 操作，假设 $f_{osc} = 12MHz$。试确定 T0 计数初值，利用查询方式设计程序。

解

（1）计算计数初值：

计数次数 $N = 100$，则 $x = 2^8 - N = 256 - N = 256 - 100 = 156D = 9CH$

取初值 x 送 TL0，则（TL0）= 9CH；取 x 送给 TH0，则（TH0）= 9CH。

（2）TMOD 寄存器初始化：

M1M0 = 10，C/T = 1，GATE = 0，根据表 7-1 的 TMOD 格式说明，所以（TMOD）= 06H。

（3）程序代码如下：

```
        ORG    0000H
        AJMP   START        ;转主程序
        ORG    0100H
START:  MOV    IE, #00H      ;(主程序开始)关中断
        MOV    TMOD, #06H    ;设置定时器 T0 方式 2 计数
        MOV    TH0, #9CH     ;设置计数初值
```

```
            MOV     TL0,#9CH
            SETB    TR0             ;启动计数
LOOP:       JBC     TF0,LOOP1       ;查询计数是否计满溢出
            SJMP    LOOP
LOOP1:      INC     A               ;累加器加1
            SJMP    LOOP
            END
```

（4）程序分析。T0 工作在计数方式时，要采样引脚 T0（P3.4）的脉冲，当采样够 100 个脉冲时，转到标号 LOOP1 所指代码（即累加器 A 加 1），MCS - 51 运行该程序查询计数溢出标志 TF0，如果 TF0 为 0（没有溢出），继续查询，如果 TF0 为 1（计数溢出），则转去执行累加器 A 加 1 的代码。

四、工作方式 3

前三种工作方式下，对两个定时器的设置和使用是完全相同的。但在方式 3 下，两个定时器的设置和使用是不同的。

方式 3 只适用于定时器 T0。定时器 T0 在方式 3 下被拆成两个独立的 8 位计数器 TL0 和 TH0，如图 7-7 所示。其中 T0 既可以计数使用，又可以定时使用。TL0 使用原 T0 的各种控制位和引脚信号，其功能和操作与方式 0 或方式 1 基本相同。

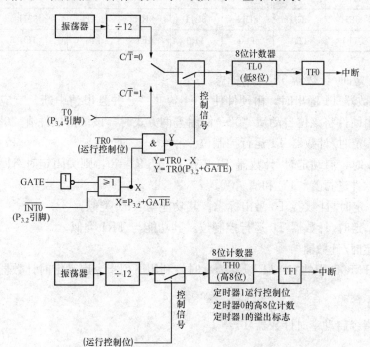

图 7-7　定时/计数器 T0 方式 3 的逻辑结构

从图 7-7 中可以看出，此时 TH0 只可以用作简单的内部定时功能，它占用原定时器 1 的控制位 TR1 和 TF1，同时占用 T1 的中断源，其起动和关闭只受 TR1 的控制。定时器 T0 可以设置工作方式 3，但定时器 T1 只能设置为方式 0、方式 1 或方式 2。

如图 7-7 所示，由于 TR1、TF1 和 T1 的中断源已被定时器 T0 占用，此时只有控制位 C/T 切换控制定时和计数工作方式，且计数溢出时，只能将输出送入串行口。在这种情况下，一般是将定时器 T1 作为串行口的波特率发生器使用，以确定串行通信的速率。

7.1.6 子任务 6：启动定时/计数器

◁┇【任务说明】

在完成工作方式设置后，完成启动定时/计数器的任务。

☑【任务解析】

启动定时计数器必须利用定时器控制寄存器（TCON）来实现。

一、定时器控制寄存器（TCON）

TCON 寄存器既参与中断控制，又参与定时器控制，有关中断的控制前面已有介绍，在此只介绍与定时控制有关的位。该寄存器单元地址为 88H，位地址为 88H~8FH，格式见表 7-4。

表 7-4 　　　　　　　　　　　　　　TCON 各位格式

控制对象	定时/计数器 T1		定时/计数器 T0		外部中断 1		外部中断 0	
位 序	D7	D6	D5	D4	D3	D2	D1	D0
位地址	8FH	8EH	8DH	8CH	8BH	8AH	89H	88H
位 名	TF1	TR1	TF0	TR0	1E1	1T1	1E0	IT0

（1）TF1：定时/计数器 T1 溢出标志。

当定时/计数器 T1 溢出时，由硬件使 TF1 置"1"，并且申请中断。响应中断进入中断服务程序后，由硬件将该位自动清"0"。使用查询方式时，该位由软件清"0"。

（2）TR1：定时/计数器 T1 运行控制位。

当 TR1=1 时，启动定时/计数器 T1 工作；当 TR1=0，则关闭定时/计数器 T1。根据需要，该位由软件进行置"1"和清"0"。

（3）TF0：定时/计数器 T0 溢出标志。其功能与 TF1 类似。

（4）TR0：定时/计数器 T0 运行控制位。其功能与 TR1 类似。

二、启动定时/计数器

当寄存器 TMOD 中的 GATE 设置为 0 时，利用下列指令启动定时计数器 T0：

```
SETB  TR0
```

利用下列指令启动定时计数器 T1：

```
SETB  TR1
```

7.1.7 子任务 7：定时计数器产生 65ms 的定时（中断方式）

◁┇【任务说明】

利用定时计数器产生 65ms 的定时，使引脚 P1.0 对应的 LED 灯亮 65ms，再使 LED 灯熄灭 65ms。

☑【任务解析】

一、需求分析

主程序设置好 T0 的工作方式为定时模式、工作方式 1、装载好先前计算好的定时初值、启动定时器，然后主程序执行自身指令，不再过问定时器是否工作。直到定时时间到（即 TCON 的 T0 溢出中断标志位 TF0 由硬件自动置位，T0 的溢出中断被 CPU 响应），CPU 转去执行中断服务子程序。

中断服务子程序重装 T0 的定时初值，把 P1.0 取反，即 P1.0 所接的 LED 灯的状态取反，达到亮灭闪烁的效果。

设置 T0 为工作方式 1，假设机器周期 $T=1\mu s$，定时 65ms，定时器的初始值为 0218H。

二、程序流程图

定时器中断方式程序流程图如图 7-8 所示。

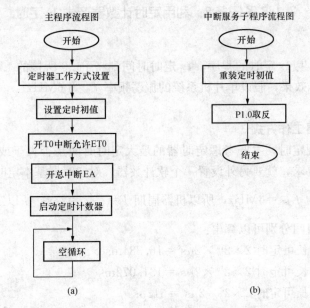

图 7-8 定时器中断方式程序流程图
(a) 主程序流程图；　　　　　　　　　(b) 中断服务子程序流程图

三、程序代码

定时器中断方式程序代码如下：

```
     ORG  0000H
     AJMP  MAIN
     ORG  000BH              ;000BH 是定时器 0 的中断服务子程序的入口地址
     AJMP INT
     ORG  0100H
MAIN: MOV  SP,#60H           ;设置栈指针
     MOV  TMOD,#01H          ;设置 T0 定时模式、工作方式 1
     MOV  TL0,#18H           ;65ms 定时初值 0218H
     MOV  TH0,#02H
     SETB ET0               ;T0 中断允许
```

```
        SETB EA                    ;总中断允许
        SETB TR0                   ;启动 T0 定时
LOOP：SJMP    LOOP                 ;等待 T0 的 65ms 定时时间到
                                   ;中断服务子程序
        ORG   0300H                ;65ms 定时时间到 CPU 转去执行中断服务子程序
INT：
        MOV   TL0,＃18H            ;重装 T0 定时初值
        MOV   TH0,＃02H
        CPL   P1.0                 ;P1.0 取反
        RETI                       ;中断返回
        END
```

7.1.8 子任务 8：利用定时计数器产生 1s 定时

📢【任务说明】

编写利用 T0 产生 1s 定时的程序，1s 定时时间到将 P1.0 所接的 LED 灯状态取反，产生亮 1s 灭 1s 的闪烁效果，假设单片机系统的振荡频率 f_{osc} 为 6MHz。

📝【任务解析】

一、确定定时器工作方式

用定时器来实现定时，主要考虑定时器的最大定时时间是否大于或等于要求的定时时间。如果不能满足要求，就要另外设置一个软计数器，对定时器基本定时的次数进行累计。

因为振荡频率为 $f_{osc}=6MHz$，所以机器周期 $T=\dfrac{12}{f_{osc}}=2\mu s$，所以定时器 0 在各种工作方式下的最大定时时间分别可以算出：

工作方式 0：最长可定时 $2\times2^{13}\times2\mu s=16.384ms$

工作方式 1：最长可定时 $2\times2^{16}\times2\mu s=131.072ms$

工作方式 2：最长可定时 $2\times2^8\times2\mu s=512\mu s$

因定时时间较长，采用哪一种工作模式合适呢？

可见三种工作方式下的最大定时时间都小于要求的定时时间，在这种状况下，为了减少中断或定时到的次数，避免响应误差或中间重置误差，使定时更精确，常选用定时时间最长的一种方式，即方式 1。任务中要求定时 1s，选方式 1，每隔 100ms 中断一次，中断 10 次为 1s。

二、确定基本定时时间

确定基本定时时间的原则：基本定时时间尽量长且必须与要求的定时时间成整数倍关系。据此可选择定时器的基本定时时间为 100ms，控制软计数器的累计次数为 10 次，即可实现 1s 定时要求。

三、计算初值

计算定时初值 X 的公式为

$$(2^{16}-X)\times\frac{12}{f_{osc}}=100ms,$$

即 $(2^{16}-X)\times\dfrac{12}{6MHz}=100ms$ $(2^{16}-X)\times\dfrac{12}{6\times10^6}=100\times10^{-3}s$

所以 $X=15\,536=3CB0H$

因此，（TL0）＝0B0H，（TH0）＝3CH。

四、程序设计

程序采用中断方式实现。程序代码如下：

```
        ORG   0000H
        LJMP  MAIN
        ORG   000BH
        LJMP  SERVE
        ORG   0010H
MAIN:
        MOV   SP,#60H      ;设置栈顶指针
        MOV   B,#0AH       ;10 次计数
        MOV   TMOD,#01H    ;设置 T0 模式 1,定时
        MOV   TL0,#0B0H    ;100ms 定时初值
        MOV   TH0,#3CH
        SETB  TR0          ;启动 T0
        SETB  ET0          ;允许 T0 中断。
        SETB  EA           ;总中断允许。
        SJMP  $
SERVE:
        MOV   TL0,#0B0H    ;重装定时初值。
        MOV   TH0,#3CH
        DJNZ  B,LOOP       ;10 次计数到吗? 未到 10 次转 LOOP。
        CPL   P1.0         ;P1.0 状态取反
        MOV   B,#0AH       ;重置 10 次计数初值。
        LOOP: RETI
        END
```

任务 7.2　单片机与 PC 机的串行通信

完成以下子任务：

（1）子任务 1：区分并行通信与串行通信。

（2）子任务 2：区分异步通信与同步通信。

（3）子任务 3：了解串行通信接口标准 RS-232。

（4）子任务 4：理解 80C51 单片机串行口的结构。

（5）子任务 5：选择 MCS-51 串行口的工作方式及波特率。

（6）子任务 6：实现 MCS-51 单片机向 PC 机连续送数。

（7）子任务 7：实现 MCS-51 单片机接收来自 PC 机的数。

7.2.1 子任务 1：区分并行通信与串行通信

【任务说明】

了解微机的通信方式，区分并行通信和串行通信的特点。

【任务解析】

一、通信方式

随着多微机系统的广泛应用和计算机网络技术的普及，计算机的通信功能越来越显得重要。计算机通信是指计算机与外部设备或计算机与计算机之间的信息交换。

通信方式有并行通信（见图 7-9）和串行通信（见图 7-10）两种。并行通信的并行就是一起的意思，也就是说数据以字或字节的形式同时发送出去或者同时接收，这种方式的传输速度比较快。串行通信就是数据一位一位地发出去或者是接收，这种方式传输的速度比较慢。

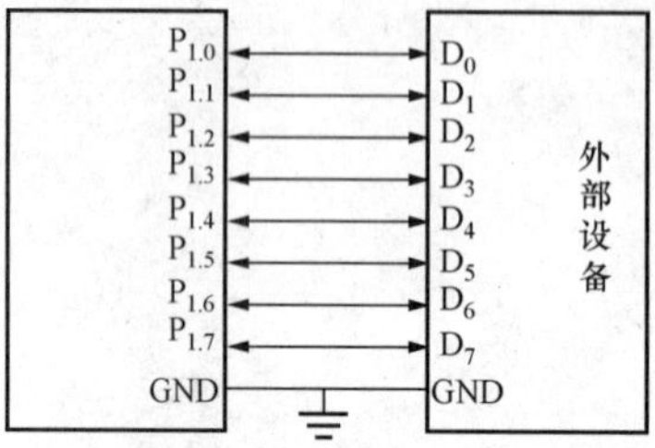

图 7-9 并行通信

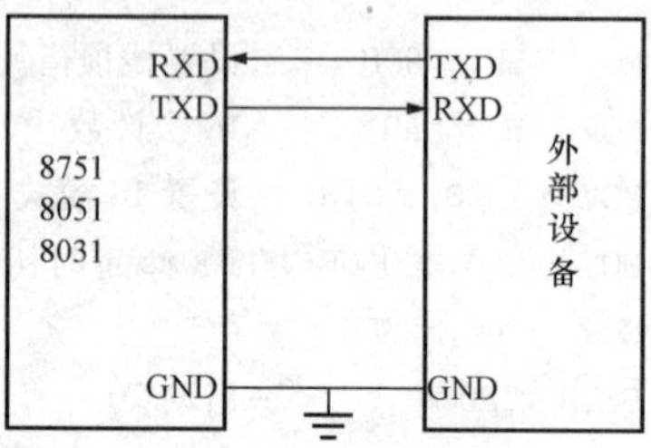

图 7-10 串行通信

二、并行通信和串行通信的特点

并行通信的特点：控制简单、传输速率快；由于传输线较多，长距离传送时成本高且接收方的各位同时接收存在困难，一般用在短距离传输的场合。

串行通信的特点：传输线少，长距离传送时成本低，且可以利用电话网等现成的设备，但数据的传送控制比并行通信复杂，一般用在远距离传输的场合。

7.2.2 子任务 2：区分异步通信与同步通信

【任务说明】

区分异步通信与同步通信方式的数据传输格式和传输特点。

【任务解析】

对于串行通信，数据信息和控制信息都要在一条线上实现。为了对数据和控制信息进行区分，收发双方要事先约定共同遵守的通信协议。通信协议约定内容包括：同步方式、数据格式、传输速率、校验方式。

根据发送与接收时钟的配置方式，串行通信可以分为异步通信和同步通信。

一、异步通信

异步通信是指通信的发送与接收设备使用各自的时钟控制数据发送和接收过程。为使双方收发协调，要求发送和接收设备的时钟尽可能一致。

异步通信是以帧为单位进行传输，帧与帧之间的间隙（时间间隔）是任意的，但每个帧中的各位是以固定的时间传送的，即帧之间是异步的，但同一帧内的各位是同步的。

异步通信要求发送设备与接收设备传送数据同步，采用的办法是使传送的每一个字符都以起始位 0 开始，以停止位 1 结束。这样，传送的每一帧都用起始位来进行收发双方的有效信息确认。停止位和间隙作为时钟频率偏差的缓冲，即使收发双方时钟频率略有偏差，积累的误差也仅限制在本帧之内。异步通信的帧格式如图 7-11 所示。

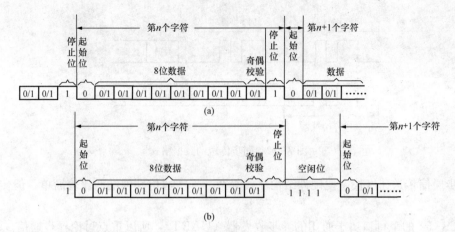

图 7 - 11 异步通信的帧格式
(a) 无空闲位；(b) 有空闲位

在异步通信中，每个数据都是以特定的帧形式传送的，数据在通信线上一位一位地串行传送每帧按先后顺序由以下四部分组成：

（1）起始位：表示传送一个数据的开始，用低电平表示，占 1 位。

（2）数据位：要传送数据的具体内容，可以是 5 位（$D_0 \sim D_4$）、6 位、7 位或 8 位，数据从低位开始传送。

（3）奇偶校验位：为了保证数据传输的正确性，在数据位之后紧跟一位奇偶校验位，用于有限差错检测。当数据不需进行奇偶校验时，此位可省略。

（4）停止位：表示发送一个数据的结束，用高电平表示，占 1 位、1.5 位或 2 位。

在图 7 - 11 中给出的是 1 位起始位、8 位数据位、1 位校验位和 1 位停止位，共 11 位组成一个数据帧。数据传送时低位先传送，高位后传送。字符之间允许有不定长度的空闲位。起始位 0 作为传输开始的联络信号，它告诉接收方传送的开始，接下来就是数据位和奇偶校验位，停止位 1 表示一个帧的结束。

接收设备在接收状态时不断地检测传输数据线，看是否有起始位到来。当收到一系列的 1（空闲位和停止位）之后，检测一个 0，说明起始位出现，就开始接收所规定的数据位和奇偶校验位以及停止位。串行接口电路将停止位去掉后把数据位拼成一个并行字节，再经校验无误才算正确地接收到一个字符。一个字符接收完毕，接收设备又继续测试传输线路，监视 0 电平的到来（下一个字符开始），直到全部数据接收完毕。

异步通信的特点是不要求收发双方时钟严格一致，实现容易，设备开销较小，但每个字符要附加 2～3 位用于起止位和停止位，各帧之间还有间隔，因此传输效率不高。

二、同步通信

同步通信时要建立发送方时钟对接收方时钟的直接控制，使双方达到完全同步。同步通信传输效率高。

在异步通信中，每一个数据都包含起始位和停止位，占用了传送时间，当数据量较大时，这一问题更突出，因此在大量数据传输时，常采用同步通信方式来实现。在同步通信中，发送端首先发送 1～2 个同步字符（SYN），紧接着连续传送数据（称为数据块），并由同步时钟来保证发送端与接收端的同步。同步通信数据传送格式如图 7 - 12 所示。

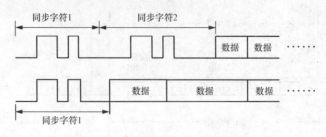

图 7 - 12　同步传送的数据格式

同步通信传送速度快，但硬件结构比较复杂。异步通信硬件结构比较简单，但传送速度较慢。

MCS - 51 的串行口属于通用的异步收发器（UART），所以重点讨论异步通信。

三、串行通信的传输方向

串行通信依数据传输方向及时间关系，可分为单工、半双工和全双工，如图 7 - 13 所示。

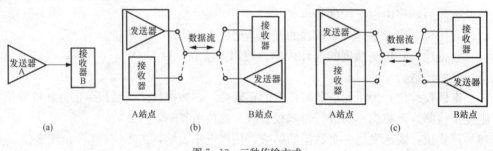

图 7 - 13　三种传输方式
(a) 单工；(b) 半双工；(c) 全双工

单工是指数据传输仅能沿一个方向，不能实现反向传输，如图 7 - 13（a）所示。半双工通信 数据可以双向传送，但任一时刻只能向一个方向传送，即分时双向传送数据，如图 7 - 13（b）所示。全双工是指数据可以同时进行双向传输，全双工通信效率最高，如图 7 - 13（c）所示。

四、串行通信的错误校验

（1）奇偶校验。在发送数据时，数据位尾随的 1 位为奇偶校验位（1 或 0）。奇校验时，数据中"1"的个数与校验位"1"的个数之和应为奇数；偶校验时，数据中"1"的个数与校验位"1"的个数之和应为偶数。接收字符时，对"1"的个数进行校验，若发现不一致，则说明传输数据过程中出现了差错。

（2）代码和校验。代码和校验是发送方将所发数据块求和（或各字节异或），产生一个字节的校验字符（校验和）附加到数据块末尾。接收方接收数据同时对数据块（除校验字节外）求和（或各字节异或），将所得的结果与发送方的"校验和"进行比较，相符则无差错，否则即认为传送过程中出现了差错。

（3）循环冗余校验。这种校验是通过某种数学运算实现有效信息与校验位之间的循环校验，常用于对磁盘信息的传输、存储区的完整性校验等。这种校验方法纠错能力强，广泛应用于同步通信中。

五、传输速率与传输距离

（1）传输速率。波特率是每秒钟传输二进制代码的位数，单位是位/秒（bit/s）。如每秒钟传送 240 个字符，而每个字符格式包含 10 位（1 个起始位、1 个停止位、8 个数据位），这时的波特率为 10 位/个×240 个/s＝2400bit/s

（2）传输距离与传输速率的关系。串行接口或终端直接传送串行信息位流的最大距离与传输速率及传输线的电气特性有关。当传输线使用每 0.3m 有 50pF 电容的非平衡屏蔽双绞线时，传输距离随传输速率的增加而减小。当比特率超过 1000bit/s 时，最大传输距离迅速下降，如 9600bit/s 时最大距离下降到只有 76m。

7.2.3 子任务 3：了解串行通信接口标准 RS-232

📢【任务说明】

了解串行通信接口标准 RS-232 的各种特性。

📝【任务解析】

RS-232 是 EIA（美国电子工业协会）于 1962 年制定的标准。1969 年修订为 RS-232C，后来又多次修订。由于内容修改得不多，所以人们习惯于早期的名字 RS-232C。RS-232C 定义了数据终端设备（DTE）与数据通信设备（DCE）之间的物理接口标准。它规定了接口的机械特性、功能特性和电气特性等方面的内容：

一、机械特性

RS-232C 接口规定使用 25 针连接器，连接器的尺寸及每个插针的排列位置都有明确的定义。一般的应用中并不一定用到 RS-232C 定义的全部信号，这时常采用 9 针连接器替代 25 针的连接器。公头定义如图 7-14 所示，DB-9 连接器实物如图 7-15 和图 7-16 所示。

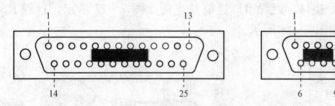

图 7-14　25 针和 9 针公头连接器针脚顺序

图 7-15　DB-9（公头）连接器

图 7-16　DB-9（母头）连接器

二、功能特性

RS-232C 标准接口主要引脚定义见表 7-5。

表 7 - 5　　　　　　　　　　　　　RS - 232C 标准接口主要引脚定义

插针序号	信号名称	功能	信号方向
1	PGND	保护接地	
2 (3)	TXD	发送数据（串行输出）	DTE→DCE
3 (2)	RXD	接收数据（串行输入）	DTE←DCE
4 (7)	RTS	请求发送	DTE→DCE
5 (8)	CTS	允许发送	DTE←DCE
6 (6)	DSR	DCE 就绪（数据建立就绪）	DTE←DCE
7 (5)	SGND	信号接地	
8 (1)	DCD	载波检测	DTE←DCE
20 (4)	DTR	DTE 就绪（数据终端准备就绪）	DTE→DCE
22 (9)	RI	振铃指示	DTE←DCE

　　注　DTE 表示数据终端设备；DCE 表示数据通信设备；"插针序号"栏中，小括号内为 9 针非标准连接器的引脚号。

三、电气特性

　　RS-232C 采用负逻辑电平，规定－3～～25V 为逻辑"1"，＋3～＋25V 为逻辑"0"。－3～＋3V 是未定义的过渡区。TTL 电平，规定＋2～＋5V 为逻辑"1"，0～＋0.8V 为逻辑"0"。

　　由于 RS-232C 逻辑电平与通常的 TTL 电平不兼容，为了实现与 TTL 电路的连线，需要外加电平转换电路（如 MAX232）。

四、过程特性

　　过程特性规定了信号之间的时序关系，以便正确地接收和发送数据。如果通信双方均具备 RS-232C 接口（如 PC 机），它们可以直接连接，不必考虑电平转换问题。

　　单片机与普通 PC 通过 RS-232C 连接就必须考虑电平转换问题，因为 80C51 单片机串行口不是标准的 RS-232C 接口。近程串口通信其连接如图 7 - 17 所示，远程 RS-232C 通信需要调制解调器，连接如图 7 - 18 所示。

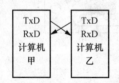

图 7 - 17　近程 RS-232C 通信连接

图 7 - 18　远程 RS-232C 通信连接

7.2.4 子任务 4：理解 80C51 单片机串行口的结构

📢【任务说明】

　　理解 80C51 单片机串行口的结构及工作原理。

✍【任务解析】

一、MCS - 51 串行口的内部结构

　　80C51 串行口的内部简化结构如图 7 - 19 所示。图 7 - 19 中有两个物理上独立的接收、发送缓冲器 SBUF，它们占用同一个地址，可同时发送、接收数据（全双工）。发送缓冲器只能写入，不能读出；接收缓冲器只能读出，不能写入。定时器 T1，作为串行通信的波特

率发生器，T1 溢出率先经过 2 分频（也可以不分频）再经过 16 分频作为串行发送或接收的移位脉冲。

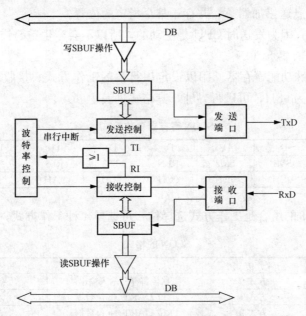

图 7-19　80C51 串行口的内部简化结构

接收缓冲器是双缓冲结构，由于在前一个字节从接收缓冲器 SBUF 读走之前，已经开始接收第二个字节（串行移入至移位寄存器），若在第二个字节接收完毕而前一个字节仍未读走时，就会丢失前一个字节的内容。

MCS-51 通过 RXD 端（$P_{3.0}$，串行数据接收端）和 TXD 端（$P_{3.1}$，串行数据发送端）与外设进行数据通信串行发送与接收的速率与移位时钟同步。80C51 用时器 T1 作为串行通信的波特率发生器，T1 溢出率 2 分频（或不分频）后又经 16 分频作为串行发送或接收的移位脉冲。移位脉冲的速率即是波特率。

二、MCS-51 串行口内部寄存器

MCS-51 串行口的内部包括以下寄存器。

（1）一个发送数据缓冲器和一个接收数据缓冲器，简称串行口数据缓冲器（SBUF），共用一个地址 99H。

（2）一个串行口控制寄存器 SCON 用来选择串行口的工作方式，控制数据的接收和发送，并反映串行口的工作状态等。

（3）一个电源控制寄存器 PCON 用来控制串行口的波特率。

接收缓冲器是双缓冲结构，由于在前一个字节从接收缓冲器 SBUF 读走之前，已经开始接收第二个字节（串行移入至移位寄存器），若在第二个字节接收完毕而前一个字节仍未读走时，就会丢失前一个字节的内容。

串行口的发送和接收都是以 SBUF 的名称进行读或写的，当向 SBUF 发出"写"指令（如 MOV SBUF，A）时，即是向发送缓冲器 SBUF 装载并开始由 TXD 引脚向外串行地发送一帧数据，发送完后便使发送中断标志 TI=1；当串行口接收中断标志位 RI=0 时，置允许位 REN＝1 就会启动接收过程，一帧数据进入输入移位寄存器，并将其装载到接收 SBUF 中，同时使 RI＝1。执行读 SBUF 指令（如 MOV A，SBUF 指令）时，可以由接收缓冲器 SBUF 取出信息送累加器 A，并存于某个指定的位置。

对于发送缓冲器，因为发送时 CPU 是主动的，所以不会产生重叠错误。

1. 串行口控制寄存器 SCON

SCON 是一个特殊功能寄存器，用以设定串行口的工作方式、接收/发送控制以及设置状态标志。字节地址为 98H，可进行寻址，其格式见表 7-6。

表 7-6 SCON 寄存器各位格式

SCON	D_7	D_6	D_5	D_4	D_3	D_2	D_1	D_0
位名称	SM0	SM1	SM2	REN	TB8	RB8	TI	RI
位地址	9FH	9EH	9DH	9CH	9BH	9AH	99H	98H

（1）SM0 和 SM1 的组合是工作方式选择位，可选择 4 种工作方式，见表 7-7。

表 7-7 SCON 的格式

SM0	SM1	工作方式	功能	波特率
0	0	方式 0	移位寄存器输入输出	$f_{osc}/12$
0	1	方式 1	10 位 UART（8 位数据）	由定时器控制，可变
1	0	方式 2	11 位 UART（9 位数据）	$f_{osc}/32$ 或 $f_{osc}/64$
1	1	方式 3	11 位 UART（9 位数据）	由定时器控制，可变

（2）SM2：多机通信控制位，主要用于方式 2 和方式 3。当接收机的 SM2＝1 时可以利用收到的 RB8 来控制是否激活 RI（RB8＝0 时不激活 RI，收到的信息丢弃；RB8＝1 时收到的数据进入 SBUF，并激活 RI，进而在中断服务中将数据从 SBUF 读走）。当 SM2＝0 时，不论收到的 RB8 为 0 或 1，均可以使收到的数据进入 SBUF，并激活 RI（即此时 RB8 不具有控制 RI 激活的功能）。通过控制 SM2，可以实现多机通信。

在方式 0 时，SM2 必须是 0。在方式 1 时，若 SM2＝1，则只有接收到有效停止位时，RI 才置 1。

（3）REN：允许串行接收位。由软件置 REN＝1，则启动串行口接收数据；若软件置 REN＝0，则禁止接收。

（4）TB8：在方式 2 或方式 3 中，是发送数据的第 9 位，可以用软件规定其作用。可以用做数据的奇偶校验位，或在多机通信中，作为地址帧/数据帧的标志位。在方式 0 和方式 1 中，该位未用。

（5）RB8：在方式 2 或方式 3 中，是接收到数据的第 9 位，作为奇偶校验位或地址帧/数据帧的标志位。在方式 1 时，若 SM2＝0，则 RB8 是接收到的停止位。

（6）TI：发送中断标志位。在方式 0 时，当串行发送第 8 位数据结束，或在其他方式，串行发送停止位的开始时，由内部硬件使 T1 置 1，向 CPU 发中断申请。在中断服务程序中，必须用软件将其清 0，取消此中断申请。

（7）RI：接收中断标志位。在方式 0 时，当串行接收第 8 位数据结束，或在其他方式，串行接收停止位的中间时，由内部硬件使 RI 置 1，向 CPU 发中断申请。也必须在中断服务程序中用软件将其清 0，取消此中断申请。

2. 电源控制寄存器 PCON（97H）

在电源控制寄存器 PCON 中只有一位 SMOD 与串行口有关，PCON 最高位见表 7 - 8。

表 7 - 8 PCON 寄存器最高位

PCON	D_7	D_6	D_5	D_4	D_3	D_2	D_1	D_0
位名称	SMOD	—	—	—	—	—	—	—

SMOD：波特率倍增位。在串行口方式 1、方式 2、方式 3 时，波特率与 SMOD 有关，当 SMOD ＝1 时，波特率提高 1 倍。复位时，SMOD ＝0。

7.2.5 子任务 5：选择 MCS - 51 串行口的工作方式及波特率

【任务说明】

完成选择 MCS - 51 串行口的工作方式及波特率的任务。

【任务解析】

一、MCS - 51 串行口的工作方式

MCS - 51 串行接口可设置为 4 种工作方式，由串行控制寄存器 SCON 中的 SM0、SM1 决定。

1. 方式 0

串行口设置为方式 0 时，串行口为同步移位寄存器的输入/输出方式。主要用于扩展并行输入或输出口。数据由 RxD（$P_{3.0}$）引脚输入或输出，同步移位脉冲由 TxD（$P_{3.1}$）引脚输出。发送和接收均为 8 位数据，低位在先，高位在后。波特率固定为 $f_{osc}/12$。

2. 方式 1

串行口定义为方式 1 时，是 10 位帧格式，TxD 为数据发送引脚，RxD 为数据接收引脚。包括 1 位起始位，8 位数据位，1 位停止位。

（1）串行发送。方式 1 的发送时序如图 7 - 20 所示。当执行一条写 SBUF 的指令时，就启动了串行口发送过程。在发送移位时钟（由波特率决定）的同步下，从 TxD 引脚先送出起始位，然后是 8 位数据位，最后是停止位。一帧 10 位数据发送完后，中断标志位 TI 置 1。

（2）串行接收。方式 1 的接收时序如图 7 - 20 所示。在 RI＝0 的条件下，用软件置 REN 为 1 时，接收器以所选择波特率的 16 倍速率采样 RxD 引脚电平，检测到 RxD 引脚输入电平发生负跳变时，说明起始位有效，将其移入输入移位寄存器，并开始接收这一帧信息的其余位。接收过程中，数据从输入移位寄存器右边移入，起始位移至输入移位寄存器最左边时，控制电路进行最后一次移位。当 RI＝0，且 SM2 ＝0（或接收到的停止位为 1）时，将接收到的 9 位数据的前 8 位数据装入接收 SBUF，第 9 位（停止位）进入 RB8，并置 RI ＝1，向 CPU 请求中断。

3. 方式 2 和方式 3

串行口工作于方式 2 或方式 3 时，为 11 位的帧格式。TxD 为数据发送引脚，RxD 为数据接收引脚。

（1）方式 2 和方式 3 发送。方式 2 和方式 3 发送数据时，应先根据通信协议设置 TB8，以确定 TB8 是奇偶校验位还是做多机通信的地址/数据标志位，然后将要发送的数据写入

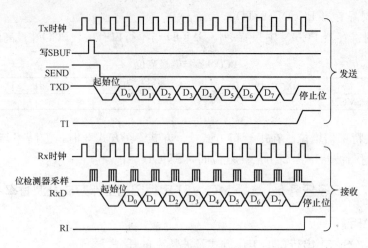

图 7 - 20　方式 1 的时序

SBUF，启动发送过程。串行口自动把 TB8 取出，并装入第 9 位数据的位置，再逐一发送出去。数据发送完毕，置发送中断标志 TI＝1，向 CPU 申请中断。

（2）方式 2 和方式 3 的接收。方式 2 和方式 3 接收数据时，应先置 SCON 中的 REN＝1，允许接收。当检测到起始位时，开始接收第 9 位数据。当满足 RI＝0 且 SM2＝0 或接收到的第 9 位为 1 时，前 8 位数据装入 SBUF，第 9 位数据装入 SCON 中的 RB8，并置 RI＝1，向 CPU 申请中断。

二、MCS - 51 波特率确定与初始化步骤

在串行通信中，收发双方对发送或接收数据的速率要有约定。通过软件可对单片机串行口编程为 4 种工作方式，其中方式 0 和方式 2 的波特率是固定的，而方式 1 和方式 3 的波特率是可变的，由定时器 T1 的溢出率来决定。

串行口的 4 种工作方式对应三种波特率。由于输入的移位时钟的来源不同，所以，各种方式的波特率计算公式也不相同。

（1）方式 0 的波特率＝$f_{osc}/12$

（2）方式 2 的波特率＝$(2^{SMOD}/64) \times f_{osc}$

（3）方式 1 的波特率＝$(2^{SMOD}/32) \times$（T1 溢出率）

（4）方式 3 的波特率＝$(2^{SMOD}/32) \times$（T1 溢出率）

当 T1 作为波特率发生器时，最典型的用法是使 T1 工作在自动再装入的 8 位定时器方式（即方式 2，且 TCON 的 TR1＝1，以启动定时器）。这时溢出率取决于 TH1 中的计数值。

T1 溢出率＝$f_{osc}/[12 \times (256 - TH1)]$

在单片机的应用中，常用的晶振频率为 12MHz 和 11.0592MHz。所以，选用的波特率也相对固定。常用的串行口波特率及各参数的关系见表 7 - 9。

串行口工作之前，应对其进行初始化，主要是设置产生波特率的定时器 1、串行口控制和中断控制。具体步骤如下：

（1）确定 T1 的工作方式（编程 TMOD 寄存器）。

（2）计算 T1 的初值，装载 TH1、TL1。

（3）启动 T1（编程 TCON 中的 TR1 位）。

（4）确定串行口控制（编程 SCON 寄存器）。

注意：串行口在中断方式工作时，要进行中断设置（编程 IE、IP 寄存器）。

表 7-9 常用的串行口波特率及各参数的关系

串行口工作方式	波特率（bit/s）	f_{osc}（MHz）	SMON	定时器 T1		
				C/T	工作方式	初值
方式 1 方式 3	62 500	12	1	0	2	FFH
	19 200	11.0592	1	0	2	FDH
	9600	11.0592	0	0	2	FDH
	4800	11.0592	0	0	2	FAH
	2400	11.0592	0	0	2	F4H
	1200	11.0592	0	0	2	E8H

下面以设置单机通信波特率 9600bit/s 为例，总结串口初始化步骤：

（1）设置定时器 1 工作方式 2：MOV TMOD,♯20H

（2）设置定时器 1 的初始值：MOV TL1,♯0fdH

MOV TH1,♯0fdH

（3）启动定时器 1 工作（TCON）：SETB TR1

（4）设置串行口工作方式：MOV SCON,♯50H

（5）设置波特率加倍位 SMOD：MOV PCON,♯80H；如果不设置 SMOD 可以省略步骤（5）

（6）开中断开关 IE：

SETB ES

SETB EA ；如果串口不工作在中断方式则可以省略步骤（6）

7.2.6 子任务 6：实现 MCS-51 单片机向 PC 机连续送数

🔊**【任务说明】**

完成 MCS-51 单片机向 PC 机连续送数的任务。

✍**【任务解析】**

一、单片机端和 PC 机端

该任务要求 MCS-51 单片机是串口数据发送端，PC 机是串口数据接收端，实现单片机和 PC 机的异步通信，设计单片机端的发送程序连续送出一个数，PC 机端利用串口通信软件（例如"串口调试助手.exe"）接收数据。

二、上位机与单片机硬件连接

不仅单片机之间可以互相通信，单片机和 PC 机同样也可以进行通信，但是需要注意的是由于 PC 机中的高电平是－12V，低电平是＋12V；而单片机中高电平是＋5V，低电平是 0V，因此必须进行电平转换，否则单片机和上位机（PC 机）彼此不能理解对方高低电平所代表的信息的含义，是无法通信的。MAX232 芯片在此就起到翻译的作用，它负责电平转换任务，从而使上位机和单片机双方能够互相理解收发的电平信息，电平转换原理图如图 7-21 所示。将左侧 9 芯的接口接到上位机的 COM1 串口上，电平转换后，MCS-51 单片机和 PC 机就可以通信了。

说明，现在许多笔记本电脑已经没有串行 COM1 口了，不过可以买到用 USB 转串口的转接线。

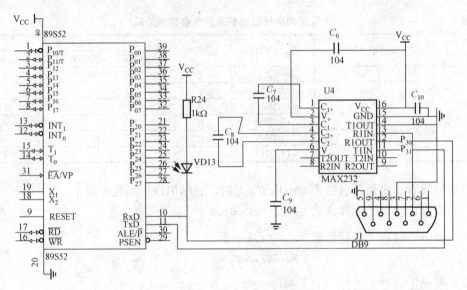

图 7-21　电平转换原理

注意：单片机、MAX232、PC 机的发送、接收引脚要对应。如果单片机的发送引脚 TxD 接 MAX232 的 T1IN 引脚，则 PC 机 RS-232C 接收端 RxD 一定要对应接 T_{1OUT} 引脚。同时，单片机 RxD 引脚接 MAX232 的 R1OUT，PC 机的 RS-232C 的发送端 TxD 对应接 R_{1IN} 引脚。其接口电路如图 7-22 所示。

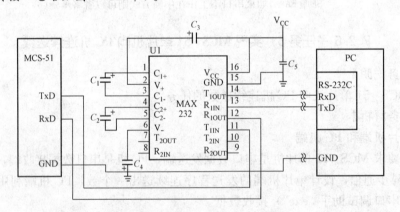

图 7-22　发送、接收引脚对应连接

◁⁞【知识拓展】

上位机是指可以直接发出操控命令的计算机，一般是 PC，屏幕上显示各种信号变化（液压、水位、温度等）。下位机是直接控制设备获取设备状况的计算机，一般是 PLC/单片机之类的。上位机发出的命令首先给下位机，下位机再根据此命令解释成相应时序信号直接控制相应设备。下位机不时读取设备状态数据（一般为模拟量），转换成数字信号反馈给上位机。

三、选择波特率

开发板 TX - 1C 的时钟频率 $f_{osc} = 11.0592MHz$，根据表 7 - 9 所示，如果选择波特率为 19 200bit/s，则 SMOD=1，将定时器 T1 设置工作方式 2，将初值 TH1 和 TL1 同时设置为 FDH。

四、程序代码

PC 机端的串行数据接收软件，选择免费版"串口调试助手.exe"，接收来时单片机的数据。MCS - 51 单片机端的串行数据发送程序的代码如下：

```
        ORG     0000H
START：
        MOV     TMOD,#00100000B         ;定时器 1 工作于方式 2
        MOV     PCON,#00000000B
        MOV     TH1,#0FDH              ;定时初值 TH1 和 TL1 同时设置为 0FDH
        MOV     TL1,#0FDH
        ORL     PCON,#10000000B        ;SMOD＝1
        SETB    TR1                    ;定时器 1 开始运行。
        MOV     SCON,#01000000B        ;串口工作方式 1
        MOV     A,#53H                 ;待送的数据
LOOP：
        MOV     SBUF,A
NEXT：
        JNB     TI,NEXT               ;是否送完？
        CLR     TI
        AJMP    LOOP
        END
```

五、生成 hex 文件

在 Keil 中建立工程，编译上述程序代码，生成 hex 文件。

六、下载 hex 文件

利用 STC _ ISP.exe 下载 hex 文件到实验板，查看效果。

七、查看运行效果

（1）设备连接。大多数开发板都具有 MAX232 电平转换功能，把开发板的串口和 PC 机的串口用 RS-232 接口连接，假设连接的是 PC 机的串口 COM2。

（2）软件运行。MCS - 51 单片机上的发送程序在不停地发送十六进制数 53H，PC 机运行"串口调试助手.exe"接收单片机发来的数据，如图 7 - 23 所示。

在"串口调试助手.exe"的窗口中串口选择 COM2，波特率选择 19 200bit/s，选择"十六进制显示"。可以看到在"串口调试助手.exe"显示窗口出现了 53H，这说明单片机运行的数据发送程序把数据送出去了，如图 7 - 23 所示。

注意：当将 hex 文件下载到开发板时，会占用一个串口，如果"串口调试助手.exe"打开的串口和下载程序时的串口相同，在运行"串口调试助手.exe"时，下载 hex 文件，STC - ISP 会提示串口也被占用。

Keil 的仿真运行：在 Keil 的 Debug 调试时，打开 View→Serial Window ♯1，单击 Run，可以看到单片机运行的串口发送数据程序不断地发出 53H 数据，如图 7 - 24 所示。

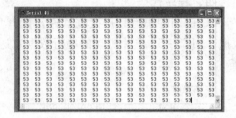

图 7-23　串口调试助手.exe 显示从单片机接收来的数据　图 7-24　Serial Window#1 显示单片机发送出的数据

7.2.7 子任务 7：实现 MCS-51 单片机接收来自 PC 机的数

◁ː【任务说明】

MCS-51 单片机接收来自 PC 机的数据，根据数据，点亮 P1 口对应的 LED 灯。

☑【任务解析】

该任务要求设计单片机端的数据接收应用程序，PC 机端运行"串口调试助手.exe"发送数据，单片机接收数据。单片机和 PC 机的硬件连接与子任务 6 相同。

接收端和发送端的波特率相同，这里波特率选择为 19 200bit/s。在单片机运行的程序按照该波特率设计，PC 机运行的"串口调试助手.exe"窗口中选择波特率 19 200bit/s。

一、单片机接收程序代码

单片机接收程序代码如下：

```
        ORG     0000H
        LJMP    START
        ORG     30H
START:
        MOV     SP,#5FH          ;初始化堆栈
        MOV     TMOD,#00100000B  ;定时器1工作于方式2
        CLR     RI
        MOV     TH1,#0FDH        ;定时初值
        MOV     TL1,#0FDH
        ORL     PCON,#10000000B  ;SMOD=1
        SETB    TR1              ;定时器1开始运行
        MOV     SCON,#01010000B  ;串行口工作于模式1
        SETB    REN              ;允许接收
LOOP:
        JBC     RI,REC
        JMP     LOOP
REC:
        MOV     A,SBUF
        MOV     P1,A
```

```
JMP      LOOP
END
```

二、查看运行效果

连接好单片机和PC机后，PC机运行"串口调试助手.exe"，窗口各项设置如图7-25所示。波特率选择19 200bit/s，在"发送的字符/数据"栏中填写"88"，在左侧的"十六进制发送"中单击"手动发送"后，单片机的P1口接的8个LED灯对应0值的点亮。

图7-25 PC机"串口调试助手.exe"各项设置

当P1口对应位是0时，点亮对应的灯。例如：单片机接收到的数是54H，则灯D8、D6、D4、D2、D1点亮，灯亮的情况见表7-10。

表7-10　　　　　　　　　　　　　　　　灯亮的情况

P1口各位		P1.7	P1.6	P1.5	P1.4	P1.3	P1.2	P1.1	P1.0
对应的灯		D8	D7	D6	D5	D4	D3	D2	D1
单片机接收到的数	88H	1	0	0	0	1	0	0	0
	54H	0	1	0	1	0	1	0	0

任务7.3 D/A 转 换

完成以下子任务：

(1) 子任务1：理解D/A转换器工作原理。

(2) 子任务2：了解D/A转换芯片DAC0832。

(3) 子任务3：了解DAC0832和MCS-51的接口连接方式。

(4) 子任务4：产生锯齿波电压信号。

(5) 子任务5：产生方波电压信号。

(6) 子任务6：产生三角波电压信号。

7.3.1 子任务1：理解D/A转换器工作原理

◁【任务说明】

理解D/A转换器工作原理。

📝【任务解析】

在计算机应用领域，特别是在实时控制和智能仪表等系统中，常常需要把一些连续变化的物理量（如温度、压力、流量、速度）变成数字量，以便送入计算机进行加工、处理；也需要将计算机输出的数字量转为连续变化的模拟量，用以驱动相应的执行机构，实现对被控对象的控制。这种将模拟量变为数字量的过程称为模/数转换（A/D），将数字量转为模拟量的过程称为数/模转换（D/A），用以实现这类转换的设备或器件分别称为模/数转换器（ADC）和数/模转换器（DAC）。

D/A 转换器的基本功能是将一个用二进制形式表示的数字量转换成相应的模拟量，为单片机在模拟环境中的应用提供了一种数据转换接口。

在选择 D/A 转换器时，通常要考虑数字量的输入方式、是否有锁存器、数字量的位数、模拟量的输出形式、参考电源、转换速率等因素。

一、D/A 转换器的输入方式

D/A 转换器数字量的输入方式通常有两种形式：串行方式和并行方式。

串行方式的 D/A 转换器通常用在要求转换速度不高的系统中，占用接口资源少，方便连接。

并行方式的 D/A 转换器通常用在转换数据量较大，且要求转换速度较高的应用系统中。

二、D/A 转换器的输出形式

D/A 转换器有两种输出形式：电压输出和电流输出。

电压输出就是指输出的模拟量为电压信号。电压输出又有单极性（如 $0 \sim 5V$、$0 \sim 12V$ 等）和双极性（如 $\pm 5V$、$\pm 12V$ 等）之分，可根据需要选择。

电流输出就是指输出的模拟量为电流信号。在实际应用中如需要模拟电压，对于电流输出的 D/A 转换器，可在其输出端加运算放大器，通过运算放大器构成电流—电压转换电路，将转换器的电流输出变为电压输出。

三、D/A 转换器的锁存器

由于 D/A 转换总是需要一定的时间，在这段时间内待转换的数字量应保持稳定，因此 D/A 转换器对输入端是否具有锁存功能也是必须考虑的因素之一，它直接关系到 D/A 转换器与单片机的接口设计。

对于内部无锁存功能的 D/A 转换器，可直接与具有锁存功能的 I/O 接口（如单片机的 P_1、P_2 口）相连。但是，与不具备锁存器的 I/O 接口连接时，必须在转换器与接口之间增加锁存器。这类 D/A 转换器有 DAC800、AD7520 等。

对于内部有锁存器的 D/A 转换器，一般内部都附加有地址译码器，有的还具有双重或多重数据缓冲电路，可以非常方便地与单片机相连。这类 D/A 转换器有 DAC0832、AD7542 等。

四、D/A 转换器的基本原理

T 型电阻网络 D/A 转换器如图 7 - 26 所示。

输出电流的大小与数字量具有对应关系，如果 $D_0 \sim D_7$ 输入全 1，输出电流最大，如果 $D_0 \sim D_7$ 输入全 0，输出电流最小为 0，电流经放大器转变为电压。

五、D/A 转换器的主要技术指标

1. 分辨率

分辨率反映了输出模拟电压的最小变化量，通常用数字的位数表示。对于 n 位的 D/A

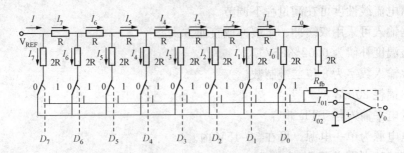

图 7-26 T 型电阻网络 D/A 转换器原理图

转换器，其分辨率为满刻度的 2^{-n}。如 $n=8$，表示它可以对满量程的 $2^{-8}=1/256$ 的增量作出反应。

2．精度

精度分绝对精度与相对精度，是由于非线性、零点刻度、满量程刻度等因素引起的误差。精度表示 D/A 转换器实际输出与其理论值的误差。转换器中任何数码所对应的实际模拟电压与其理想的电压值之差，并非是一个常数，这个差值的最大值就是绝对精度。相对精度是将最大偏差表示为满刻度模拟电压的百分比，或者用二进制分数来表示相对应的数字量。

3．建立时间

建立时间也称稳定时间或转换时间。是指 D/A 中输入代码有满刻度值的变化时，其输出模拟信号达到满刻度值±LSB/2（或与满刻度值差百分之多少）所需的时间。一般从几毫微秒到几个微秒。它是 D/A 转换器的一个重要参数。

4．线性度

线性度也称非线性度。指转换器实际的转换特性曲线与理想直线的最大偏差。通常，由满量程的百分率或最低位（LSB）的分数来表示，如±LSB/2。一般为 0.01～0.03％。

5．转换速率

转换速率指能够重复转换数据的速度，即每秒转换的次数。而完成一次转换所需要的时间，则是转换速率的倒数。

7.3.2 子任务 2：了解 D/A 转换芯片 DAC0832

【任务说明】

了解 D/A 转换芯片 DAC0832 的主要特征、内部结构与引脚定义。

【任务解析】

DAC0832 是有双缓冲器的 8 位 D/A 转换芯片，具有价廉，接口简单和转换控制方便等优点，是目前国内应用较普遍的 D/A 转换器。

一、DAC0832 主要特性

DAC0832 是采用 CMOS/Si-Cr 工艺制成的双列直插式单片 D/A 转换器。它可直接与 Z80、8085、8080 等 CPU 相连，也可同 MCS-51 单片机相连，以电流形式输出；当需要转换为电压输出时，可外接运算放大器。其主要特性如下：

（1）转换时间为 1μs。

（2）输出电流线性度可在满量程下调节。

（3）数据输入可采用双缓冲、单缓冲或直通方式。

（4）增溢温度补偿为 0.02%FS/℃。

（5）每次输入数字为 8 位二进制数。

（6）功率损耗 20mW。

（7）逻辑电平输入与 TTL 兼容。

（8）供电电源为单一电源，可在 5～15V 内。

二、DAC0832 的结构及引脚

DAC0832 的内部结构如图 7-27 所示。由一个数据寄存器、DAC 寄存器和 D/A 转换器三大部分组成。

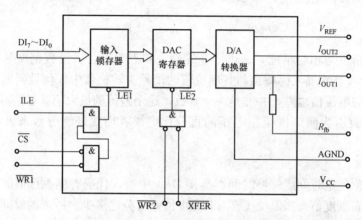

图 7-27   DAC0832 内部结构及引脚功能

DAC0832 内部采用 R-2R 梯形电阻网络。两个寄存器（输入数据寄存器和 DAC 寄存器）用以实现两次缓冲，故在输出的同时即可采集一个数字，这就提高了转换速度。当多芯片同时工作时，可用同步信号实现各模拟量同时输出。

DAC0832 为 20 脚双列直插式封装，图 7-27 给出了 DAC0832 的外部引脚。各引脚含义如下：

（1）CS：片选信号，低电平有效。与 ILE 相配合，可对写信号 WR1 是否有效起到控制作用。

（2）ILE：输入锁存使能信号，高电平有效。输入寄存器的锁存信号里面由 ILE、CS、WR1 的逻辑组合产生，当 ILE 为高电平，CS 为低电平，WR1 输入负脉冲时，在 LE1 产生正脉冲，输入锁存器状态随数据输入线状态变化。当 LE1＝0，则锁存输入数据。

（3）WR1：写信号 1，低电平有效。当 WR1、CS、ILE 均有效时，可将数据写入 8 位输入寄存器。

（4）WR2：写信号 2，低电平有效。当 WR2 有效时，在 XFER 传送控制信号作用下，可将锁存在输入寄存器的 8 位数据送到 DAC 寄存器。

（5）XFER：数据传送信号，低电平有效。当 WR2、XFER 均有效时，在 LE2 产生正脉冲；LE2 为高电平时，DAC 寄存器的输出和输入寄存器的状态一致，LE2 的负跳变，输入寄存器的内容打入 DAC 寄存器。

（6）V_{REF}：基准电源输入端，它与 DAC 内的 R-2R 梯形网络相接，V_{REF} 可在 ±10V 范围内调节。

（7）$DI_0 \sim DI_7$：8 位数字量输入端，DI_7 为最高位，DI_0 为最低位。

（8）I_{OUT1}：DAC 的电流输出 1，当 DAC 寄存器各位为 1 时，输出电流为最大。当 DAC 寄存器各位为 0 时，输出电流为 0。

（9）I_{OUT2}：DAC 的电流输出 2，I_{OUT1} 与 I_{OUT2} 之和为一个常数。一般在单极性输出时 I_{OUT2} 接地，在双极性输出时接运算放大器。

（10）R_{fb}：反馈电阻。在 DAC0832 芯片内有一个反馈电阻，可用作外部运算放大器的分路反馈电阻。

（11）V_{CC}：电源输入线（+5V～+15V）。

（12）DGND：数字地。

（13）AGND：模拟信号地。

7.3.3 子任务 3：了解 DAC0832 和 MCS-51 的接口连接方式

◁┊【任务说明】

了解 DAC0832 和 MCS-51 的接口连接方式，根据需要选择适当的连接方式。

☑【任务解析】

根据数据在芯片内部传送的过程不同，DAC0832 具有直通式、单缓冲和双缓冲三种工作方式。

（1）直通工作方式是将 ILE、CS、WR1、WR2 和 XFER 控制信号预先置为有效，使两个寄存器都处于开放状态，无需控制信号。DAC0832 的输出随时跟输入数字的变化而变化，处于直通工作方式，8 位数字量一旦输入，就直接进入 DAC 寄存器进行 D/A 转换。

（2）单缓冲工作方式是指两级缓冲器之一受 CPU 送来的控制信号控制，另一个寄存器为直通状态。如将 WR2 和 XFER 控制信号直接接地，或者将两个寄存器的控制信号连接在一起，并作一个寄存器使用。这种方式适用于只有一路模拟量输出（如波形发生器）或几路模拟量不需要同步输出的系统。

（3）双缓冲工作方式指的是片内的两个寄存器分别进行控制。使用时，首先通过 ILE、CS 和 WR1 信号同时有效，把数据锁存到输入寄存器，然后通过 WR2 和 XFER 信号有效，再把数据打入 DAC 寄存器，并进入 D/A 转换器进行 D/A 转换，这种方式适用于几路模拟量需要同步输出的系统。

在单片机应用系统中，DAC0832 与单片机的连接既可以是单缓冲方式，也可以是双缓冲方式。

7.3.4 子任务 4：产生锯齿波电压信号

◁┊【任务说明】

利用 DAC0832 和单片机的单缓冲方式接口，完成产生一个锯齿波电压信号的任务。

☑【任务解析】

一、需求分析

要产生锯齿波，可以按增量规律反复给 D/A 转换器送数字信号，要改变信号的频率，只需改变数字信号送出后的延时时间即可。要产生电压信号，必须外接运算放大器。

二、硬件连接

单缓冲方式硬件连接电路如图 7-28 所示。单缓冲方式只适合于要求单路输出模拟量的应用场合。图中 ILE 接 +5V，I_{OUT2} 接地，I_{OUT1} 输出电流经运算放大器 μA741 变换后输出一单极性电压，范围为 0～+5V。片选信号 CS 和传送控制信号 XFER 都接到 MCS-51 的 $P_{3.2}$ 引脚，因此，单片机在 $P_{3.2}$ 给出低电平，即可选通 DAC0832。WR1、WR2 都与 MCS-51 的写信号线 WR（$P_{3.6}$）连接，因此，单片机在 $P_{3.6}$ 给出低电平，即可实现对 DAC0832 的写操作。CPU 对 DAC0832 执行一次写操作，将一个数据直接写入 DAC 寄存器，DAC0832 的输出模拟量随之变化。比如，CPU 在 P_0 口给出数据 11111111B，DAC0832 的输出电流最大，CPU 在 P_0 口给出数据 11111110B，DAC0832 的输出电流稍小于最大电流。

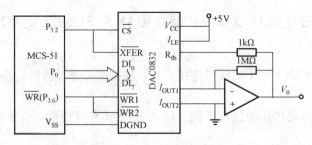

图 7-28　单缓冲方式硬件连接电路

三、程序代码

程序代码如下：

```
; DAC0832 的输出电压从最大逐渐变小到 0，又重新从最大电压开始变小到 0
ORG    0000H
CLR P3.2              ;给出片选信号
CLR P3.6              ;给出 WR1 写信号
NETX:
MOV A,#0FFH
LOOP:
MOV P0,A             ;给 P0 全 1，即 0FFH 时，DAC0832 的输出电压最大
LCALL DELAY
DEC A                ;给 A 的值依次减 1 后给 P0，DAC0832 的输出电压逐渐变小
JNZ  LOOP
SJMP NETX
                     ;以下是延时子程序
                     ;改变 R5、R6、R7 的值即可改变延迟时间
DELAY: MOV R5,#1
D1:    MOV R7,#250
D2:    MOV R6,#250
D3:    DJNZ   R6,D3
```

```
        DJNZ    R7,D2
        DJNZ    R5,D1
        RET
    END
```

四、运行情况

在图 7-28 的 V_0 端接示波器可以观察到锯齿形信号波，改变延时时间，锯齿波的频率改变。如果 DAC0832 的 I_{OUT1} 不接运算放大器，而是接一个发光二极管，运行程序时，可以观察到该 LED 灯从最亮逐渐变暗到灭，再从最亮逐渐变暗到灭，周期变化。

7.3.5 子任务 5：产生方波电压信号

◁≣【任务说明】

用 DAC0832 单缓冲方式产生方波电压信号。

▨【任务解析】

一、需求分析

要产生方波信号，只需交替给 D/A 转换器送 00H 和 FFH 即可，改变数字信号送出后的延时时间可改变方波信号的频率。硬件电路如图 7-28 所示。

二、程序代码

程序代码如下：

```
        ;DAC产生方波
        ORG   0000H
        CLR P3.2
        CLR P3.6
    NEXT:
        MOV A,#0FFH
        MOV P0,A
        ACALL  DELAY
        MOV A,#00H
        MOV P0,A
        ACALL  DELAY
        SJMP  NEXT
    DELAY:
        MOV R7,#250
    D2:   MOV R6,#250
    D3:   DJNZ    R6,D3
        DJNZ    R7,D2
        RET
    END
```

三、运行情况

在图 7-28 的 V_0 端接示波器可以观察到方波，改变延时时间，方波的频率改变。如果 DAC0832 的 I_{OUT1} 不接运算放大器，而是接一个发光二极管，运行程序时，可以观察到该

LED 灯亮灭闪烁，周期变化。

7.3.6 子任务 6：产生三角波电压信号

【任务说明】

用 DAC0832 单缓冲方式产生三角波电压信号。

【任务解析】

一、需求分析

要产生三角波信号，可先给 D/A 转换器送递增的数字信号，当数字信号增加到要求的数值后，再开始给 D/A 转换器送递减的数字信号，然后再送递增的数字信号，如此反复即可。硬件电路如图 7-28 所示。

二、程序代码

程序代码如下：

```
        ;灯由亮到灭再到亮
        ORG   0000H
        CLR P3.2
        CLR P3.6
NEXT：  MOV A,#0FFH
LOOP1： MOV P0,A
        ACALL DELAY
        DEC A
        JNZ   LOOP1
        CLR A
LOOP2： MOV P0,A
        ACALL  DELAY
        INC A
        CJNE   A,#0FFH,LOOP2
        SJMP NEXT
DELAY：
        MOV R7,#250
D2：    MOV R6,#250
D3：    DJNZ    R6,D3
        DJNZ    R7,D2
        RET
END
```

任务 7.4 A/D 转　换

完成以下子任务：

(1) 子任务 1：理解 A/D 转换接口技术。

（2）子任务 2：典型逐次逼近式 A/D 转换芯片 ADC0809。

（3）子任务 3：ADC0809 和 MCS-51 的连接。

（4）子任务 4：以定时方式实现 A/D 转换。

7.4.1 子任务 1：理解 A/D 转换接口技术

◁ 【任务说明】

理解逐次逼近式 A/D 转换器的基本原理、主要技术指标。

☑ 【任务解析】

A/D 转换器能把输入的模拟信号转换成数字形式。常用的 A/D 转换器有计数式、双积分式、逐次逼近式和并行式。双积分式的转换精度高，抗干扰性好，价格低，但转换速度低。计数式硬件结构简单，转换速度慢。并行式转换速度最快，但价格也高。

逐次逼近式的性能兼顾了转换精度和转换速度，在精度、速度、价格上都适中，是目前在计算机应用系统中应用最广泛的 A/D 转换器。这里重点了解逐次逼近式 ADC 转换原理。

一、逐次逼近式 A/D 转换器的基本原理

逐次逼近式 A/D 转换器是一种速度较快、精度较高的 A/D 转换器，其转换原理是"逐位比较"，比较过程类似于用砝码在天平上称物体的质量。一个 N 位的逐次逼近法 A/D 转换器的原理如图 7-29 所示。

这种 A/D 转换器是以 D/A 转换为基础，加上比较器、N 位逐次逼近寄存器、置数控制逻辑电路以及时钟等组成。

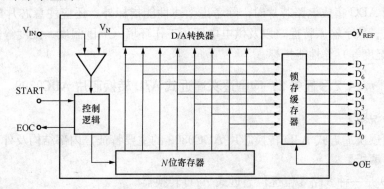

图 7-29 逐次逼近式 A/D 转换器原理图

在启动信号控制下，置数控制逻辑电路置 N 位寄存器最高位（D_{N-1}）为 1，其余位清 0，N 位寄存器的内容经 D/A 转换后得到整个量程一半的模拟电压 U_N，与输入电压 U_X 比较，若 $U_X \geqslant U_N$ 时，则保留 $D_{N-1}=1$；若 $U_X < U_N$ 时，则 D_{N-1} 位清 0。然后，控制逻辑使寄存器下一位（D_{N-2}）置 1，与上次的结果一起经 D/A 转换后与 U_X 比较，重复上述过程，直至判别出 D_0 位取 1 还是 0 为止，此时 EOC 信号有效，表示转换结束。这样，经过 N 次比较后，N 位寄存器的状态就是转换后的数字量数据，经输出缓冲器读出。整个转换过程就是逐次比较逼近的过程。其转换速度由时钟频率决定，一般在几微秒到上百微秒之间。

例如 ADC0809，当时钟频率为 640kHz 时，转换时间为 $64\mu s$。

二、A/D 转换器的主要技术指标

1. 分辨率

表示输出数字量变化一个相邻数码所需的输入模拟电压的变化量。通常用数字量的位数表示，如 8、10、12、16 位分辨率等。若分辨率为 10 位，表示它可以对全量程的 2^{-10} ＝1/1024的增量做出反应。分辨率越高，转换时对输入量的微小变化的反应越灵敏。

2. 量程

量程即所能转换的电压范围，如 5、10V 等。

3. 精度

有绝对精度和相对精度两种表示方法，常用数字量的位数作为度量绝对精度的单位，如精度为±1/2LSB，而用百分比来表示满量程时的相对误差，如±0.05％。精度和分辨率是不同的概念，精度指的是转换后所得结果相对于实际值的准确度，而分辨率指的是能对转换结果发生影响的最小输入量。分辨率很高者可能由于温度漂移、线性不良等原因而并不具有很高的精度。

4. 转换时间

对于计数或双积分型的转换器而言，不同的输入幅度可能会引起转换时间的差异，在厂家给出的转换时间的指标中，它应当是最长转换时间的典型值。不同型式、不同分辨率的器件，其转换时间的长短相差很大，可为几微秒至几百毫秒。

5. 转换速度

转换速度表示每秒转换数据的次数。

选择使用 ADC 集成电路芯片时，除考虑上述性能指标外，还应注意芯片的输入电压范围、输入阻抗、数字输入特性，以及供电电压、工作环境（周围温度、湿度等）和保存环境（保存温度、湿度等）等性能指标。

7.4.2 子任务 2：典型逐次逼近式 A/D 转换芯片 ADC0809

◁:【任务说明】

了解典型逐次逼近式 A/D 转换芯片 ADC0809 的主要特征、内部结构及外部引脚。

☑【任务解析】

ADC0809 是一种 8 路 8 位逐位逼近式 A/D 转换器。

一、ADC0809 的主要特征

（1）分辨率为 8 位。

（2）转换电压为 $-5\sim+5V$。

（3）转换路数为八路模拟量。

（4）转换时间为 $100\mu s$（时钟为 640kHz 时）、$130\mu s$（时钟为 500kHz 时）。

（5）转换绝对误差小于±1LSB。

（6）功能损耗仅为 15mW。

（7）接单电源＋5V。

二、ADC0809 内部结构及外部引脚

ADC0809 内部结构如图 7-30（a）所示，包括具有锁存控制功能的 8 通道模拟开关，能对 8 路模拟电压信号进行转换；一个 8 位三态输出锁存器；一个地址锁存与译码器；8 位开关树型 A/D 转换器。

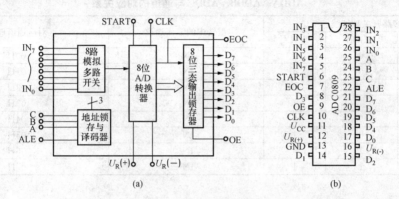

图 7 - 30 ADC0809 内部结构及引脚功能

（a）内部结构框图；（b）引脚图

8 个输入模拟量受多路开关控制，当选中某路时，该路模拟信号 U_x 进入比较器与 D/A 输出的 U_R 比较，直至 U_R 与 U_X 相等或达到允许误差为止，然后将对应的 U_X 的数码寄存器值送入三态锁存器。当 OE 有效时，便可输出对应 U_X 的 8 位数码。

ADC0809 的引脚如图 7 - 30 （b）所示，它采用 28 线双列直插式封装。各引脚功能如下：

（1）$IN_0 \sim IN_7$：8 路模拟量输入端，ADC0809 允许有 8 路模拟量输入，但同时只能接通一路进行转换。

（2）ALE：地址锁存允许信号。ALE 是由低电平到高电平的上升沿有效，该信号有效期间锁存地址线的状态并启动译码电路，从 8 路模拟量输入中选中 1 路。

（3）CLK：外部时钟输入端。时钟频率典型值为 640kHz，对应的转换时间是 $100\mu s$，允许频率范围为 10～1280kHz。时钟频率降低时，A/D 转换速度也降低。

（4）START：启动转换信号，正脉冲有效。START 的上升沿用于清除 ADC 内部寄存器，下降沿启动 A/D 转换器开始转换。

（5）EOC：转换结束信号。该信号平时输出为高电平，在 START 信号上升沿之后的 0～8 个时钟周期内，EOC 变为低电平。当 A/D 转换结束后，EOC 即变为高电平。该信号可作为 A/D 转换结束的查询或中断请求信号。

（6）OE：输出使能信号。

（7）$D_0 \sim D_7$：8 位数字量输出端。D_0 为最低有效位（LSB），D_7 为最高有效位（MSB）。

（8）$U_{R(+)}$、$U_{R(-)}$：正负基准电压输入端。通常 $U_{R(+)}$ 接 +5V 电源，$U_{R(-)}$ 接地。它们也可以不与本机电源和地相连，但 $U_{R(-)}$ 不得为负值，$U_{R(+)}$ 不得高于 U_{cc}，且 $(U_{R(+)} + U_{R(-)})/2$ 与 $U_{cc}/2$ 之差不得大于 0.1V。

（9）ADDA、ADDB、ADDC：多路开关地址选择输入端。这三根地址线经译码后，选择 8 路模拟量中的一路进行 A/D 转换。这三位地址码 ADDC 为最高位，ADDA 是最低位。其取值与通道的对应关系见表 7 - 11。

（10）U_{cc}：＋5V 电源。

（11）GND：电源地。

表 7 - 11　　　　　　　　ADDA、ADDB、ADDC 与通道的对应关系

多路开关地址线			被选中的输入通道	对应通道地址
ADDA	ADDB	ADDC		
0	0	0	IN_0	00H
0	0	1	IN_1	01H
0	1	0	IN_2	02H
0	1	1	IN_3	03H
1	0	0	IN_4	04H
1	0	1	IN_5	05H
1	1	0	IN_6	06H
1	1	1	IN_7	07H

7.4.3 子任务 3：ADC0809 和 MCS - 51 的连接

◁🔊【任务说明】

完成 ADC0809 和 MCS - 51 硬件连接的任务。

📝【任务解析】

电路连接主要涉及两个问题：8 路模拟通道的选择；A/D 转换完成后，转换结果以什么样的方式传送到单片机。

一、8 路模拟通道选择

8 路模拟通道选择连接电路如图 7 - 31 所示。其中，模拟通道由 MOVX @DPTR,A 指令中的 DPTR 指定，当执行该指令时，在单片机 ALE 的上升沿将模拟通道地址选择信号锁存在 74LS373 中，在 WR 有效时即可根据地址选择信号选中响应的模拟通道。

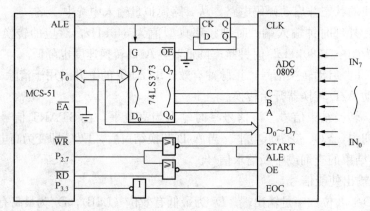

图 7 - 31　ADDA～ADDC 通过锁存器与 $P_{0.0}$～$P_{0.2}$ 相连

二、转换数据的传送

转换数据传送的关键问题是如何确认 A/D 转换的完成，因为只有确认转换完成后，才能进行数据传送，而传送数据却非常简单，只要执行 MOVX A,@DPTR 指令即可。

判断转换完成的方法有以下 3 种。

1. 定时方式

对于指定的 A/D 转换器，当转换时钟确定以后，其转换时间是固定的，例如 ADC0809 当转换时钟为 640kHz 时，转换时间为 $100\mu s$。可根据转换时间设计一个延时程序，当延时到 A/D 转换完成，因此可定时读取 A/D 转换的结果。

2. 查询方式

A/D 转换器有一个转换结束信号（EOC），因此可以用查询方式确定转换是否完成。按图 7-31 所示的电路，可以使用"JB P3.3，$"这样的指令来查询。

3. 中断方式

如果将转换结束信号（EOC）引入到单片机的外部中断入口，当转换结束时即可触发外部中断，在中断子程序中完成数据的传送。图 7-31 中由于 EOC 为高电平有效，外部中断为低电平或下降沿有效，为使电平匹配，所以在 EOC 与 INT_1 之间使用反相器进行电平转换。

7.4.4 子任务 4：以定时方式实现 A/D 转换

📢【任务说明】

对 8 路模拟信号轮流采样一次，并依次把转换结果存储到片内 RAM 以 DATA 为起始地址的连续单元中。分别用查询方式和中断方式完成任务。

✒【任务解析】

一、查询方式完成

代码如下：

```
MAIN: MOV  R1,＃DATA        ;置数据区首地址
      MOV  DPTR,＃7FF8H      ;指向 0 通道
      MOV  R7,＃08H          ;置通道数
LOOP: MOVX @DPTR,A           ;启动 A/D 转换
HER:  JB   P3.3,HER          ;查询 A/D 转换结束
      MOVX A,@DPTR           ;读取 A/D 转换结果
      MOV  @R1,A             ;存储数据
      INC  DPTR              ;指向下一个通道
      INC  R1                ;修改数据区指针
      DJNZ R7,LOOP           ;8 个通道转换完否？
END
```

二、中断方式

读取 IN_0 通道的模拟量转换结果，并将其送至片内 RAM 以 DATA 为首地址的连续单元中。代码如下：

```
      ORG  0013H             ;中断服务程序入口
      AJMP PINT1
      ORG  2000H
MAIN: MOV  R1, ＃DATA        ;置数据区首地址
      SETB IT1               ;为边沿触发方式
      SETB EA                ;开中断
```

```
    SETB   EX1                  ;允许中断
        MOV   DPTR,#7FF8H       ;指向 IN0 通道
        MOVX  @DPTR,A           ;启动 A/D 转换
LOOP:NOP                        ;等待中断
        AJMP   LOOP
        ORG    2100H            ;中断服务程序入口
PINT1:PUSH   PSW                ;保护现场
        PUSH   ACC
        PUSH   DPL
        PUSH   DPH
        MOV   DPTR,#7FF8H
        MOVX  A,@DPTR           ;读取转换后数据
        MOV   @R1,A             ;数据存入以 DATA 为首地址的 RAM 中
        INC    R1                ;修改数据区指针
        MOVX  @DPTR,A           ;再次启动 A/D 转换
        POP   DPH               ;恢复现场
        POP   DPL
        POP   ACC
        POP   PSW
        RETI                    ;中断返回
        END
```

任务总结

主要完成的任务包括：利用定时计数器产生定时、单片机与 PC 机的串行通信、D/A 转换、A/D 转换。

思考与练习

（1）利用定时计数器产生 50ms 的定时，引脚 P_1 口对应的 LED 灯每隔 50ms 依次点亮，形成流水灯效果，用查询方式实现。

（2）利用定时计数器产生 20ms 的定时，引脚 P_1 口对应的 LED 灯每隔 50ms 依次点亮，形成流水灯效果，用中断方式实现。

（3）编写利用 T_0 产生 2s 定时的程序，2s 定时时间到时将 $P_{1.0}$ 所接的 LED 灯状态取反，产生亮 2s 灭 2s 的闪烁效果（假设单片机系统的振荡频率 f_{osc} 为 12MHz）。

（4）两个单片机串口传数据。

发送端：反复交替发送 55H 和 AAH 数据，间隔一定时间；

接收端：接收来的数据体现在 P_1 口所接的 LED 灯上。

学习情境八

常 用 外 设

【情境引入】

本学习情境主要介绍常用外设的编程方法，希望读者以本学习情境为基础能够进一步掌握汇编程序设计思想。

人机接口是单片机不可缺少的组成部分，是指人与计算机系统进行信息交互的接口，包括信息的输入与输出。控制信息和原始数据需要通过输入设备输入到计算机中，计算机的处理结果需要通过输出设备实现显示或打印。这里的输入设备与输出设备构成了人—机界面。人—机界面中的输入设备主要是键盘，常用的键盘设备包括独立式键盘，矩阵式键盘等；常用的输出设备包括发光二极管、七段数码管、液晶显示器等。本章将重点介绍键盘、显示器接口工作原理和编程方法。

任务 8.1　设计独立式键盘及接口

键盘用于实现单片机应用系统中的数据和控制命令的输入，常用的键盘大多数由若干开关组成，常见的有按键开关、BCD 拨码盘、按键阵列等。根据输入信息的特点，不同的键盘有不同的应用场合。键盘接口就是将这些按键开关连接到单片机上的电路。

实现键盘及接口的设计要完成以下子任务：

(1) 子任务 1：按键与去抖动。

(2) 子任务 2：键盘接口。

(3) 子任务 3：键盘设计程序举例。

8.1.1 子任务 1：按键与去抖动

【任务说明】

通过对按键电路以及按键抖动概念的了解，理解按键工作原理，认识到抖动的危害和去抖动重要意义。

【任务解析】

一、按键的分类

键盘输入是单片机应用系统中使用最广泛的一种输入方式。键盘输入的主要对象是各种按键或开关。这些按键或开关可以独立使用，也可以组合成键阵使用。在单片机应用系统中，使用较多的按键或开关有带自锁和非自锁的、动合或动断的以及微动开关、DIP 开关等。

二、按键电路及按键抖动处理

对于图 8-1 (a) 所示的按键电路来说，按下和释放按键 K 的过程中，输出的电压 Y 波形如图 8-1 (b) 所示。图中的"前沿抖动"和"后沿抖动"分别为键的闭合和断开过程中的抖动期（分别称为前沿抖动和后沿抖动），抖动时间的长短与开关的机械特性有关，一般为 10～20ms；为了保证 CPU 对键闭合的正确确定，必须去除抖动，在键的稳定闭合和断开期间读取键的状态。

可以采用硬件和软件两种方法去除抖动。硬件去除方法就是在按键输入通道上加硬件去抖动电路，从根本上去除抖动的产生。比如：将按键输入信号经过单稳态触发器然后再送给单片机，就可以保证按一次键就发出一个脉冲等。软件方法则采用时间延迟躲过抖动，待电压稳定之后，在进行状态输入。由于人的按键速度与单片机的运算速度相比要慢很多，所以，软件延迟的方法从技术上完全可行，而且经济上更加实惠，所以应用越来越广。

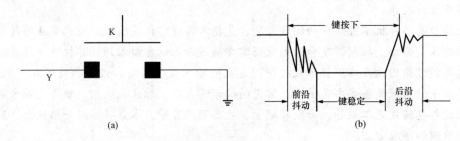

图 8-1　按键及抖动

8.1.2 子任务 2：键盘接口

🔊【任务说明】

键盘接口的主要功能是对键盘上按下的键进行识别，使用专用的硬件进行识别的键盘成为编码键盘，使用软件进行识别的键盘称为非编码键盘。这里主要研究非编码键盘的工作原理、接口技术和接口设计，按键识别常用键盘扫描法。

📝【任务解析】

一、键盘分类

单片机中常用的按键式键盘可以分为独立连接式和矩阵式两类。

1. 独立连接式键盘

独立连接式键盘是一种最简单的键盘，每个键独立地接入一根输入线，如图 8-1 所示。可以根据需要使用几个这样的电路。

提示：这种形式的键盘不适合在键数要求较多的系统中使用。

2. 矩阵式键盘

矩阵式键盘是指由若干个按键组成的开关矩阵。4 行 4 列矩阵式键盘如图 8-2 所示。

这种键盘适合采取动态扫描的方式进行识别，其优点是使用较少的 I/O 口线可以实现对较多键的控制。例如，如果把十六个键排列成 4×4 的矩阵形式，则使用一个八位 I/O 口（行、列各用 4 位）即可完成控制；如果把 64 个键排列成 8×8 的矩阵形式，则使用 2 个 8

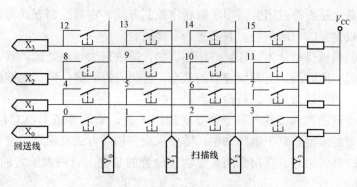

图 8-2 4 行 4 列矩阵式键盘

位 I/O（行、列各用 1 个 8 位 I/O 口）即可完成控制。

提示：矩阵式键盘节省端口，但是编程麻烦。

二、键盘接口的工作原理

以图 8-2 所示的 4 行 4 列矩阵式键盘为例，图中键盘的行线 $X_0 \sim X_3$ 通过电阻接＋5V，当键盘上没用键闭合时，所有的扫描线和回送线都断开，无论扫描线处于何种状态，回送线都呈高电平。当键盘上某一键闭合时，则该线所对应的扫描线和回送线被短路。例如：仅六号键被按下时，由于 $Y_0 \sim Y_3$ 四条扫描线上逐一扫描，当扫描到 Y_2 线时，回送线的 4 位数据均为高电平，当扫描到 Y_2 线（仅 Y_2 为低）时，由于 6 号键处于闭合状态，回送线 X_1 也将变为低电平，因此可知扫描线 Y_2 与回送线 X_1 相交处的键闭合了。可见，如果 $X_0 \sim X_3$ 均为高电平，说明无键闭合；回送线变为低电平，则说明该回送线上有键闭合。与此键相连的扫描键也一定处于低电平（正在扫描）。因此，可以确定扫描线与回送线的编号，这样闭合按键的位置就可确定了。

8.1.3 子任务 3：键盘设计程序举例

📢**【任务说明】**

通过对键盘设计程序的举例分析，全面剖析程序设计中相关的注意事项、设计方法等，建立科学的程序设计思路并养成规范的书写格式。

✍**【任务解析】**

一、CPU 对键盘的扫描方式

（1）程序控制的随机方式。CPU 空闲时扫描键盘。

（2）定时控制方式。每隔一段时间，CPU 对键盘扫描一次，CPU 可以定时响应键输入请求。

（3）中断方式。当键盘上有键闭合时，向 CPU 请求中断，CPU 响应键盘输入中断，对键盘扫描以识别哪一个键处于闭合状态，并对键输入的信息进行处理。

CPU 对键盘上闭合键键号的确定，可根据扫描线和回送线的状态计算求得，也可以根据行线和列线的状态查表求得。

二、键盘扫描程序处理过程

对于非编码键盘而言，仅有键盘的接口电路是不够的，还需要编入相应的键输入程序，实现对键盘输入内容的识别。键输入程序的功能包括以下五部分。

（1）判断键盘上是否有键闭合。即采取程序控制方式、定时控制方式对键盘进行扫描或采取中断方式接收键盘的中断信号，判断是否有键闭合。

（2）去除键的机械抖动。为保证键的正确识别，需进行去抖动处理。其方法是得知键盘上有键闭合后延迟一段时间，再判别键盘的状态，若仍有键闭合，则认为键盘上有一个键处于稳定的闭合期，否则认为是键的抖动或者是干扰。

（3）确定闭合键的物理位置。对于独立式按键来说，采取逐条 I/O 口线查询的方式实现对按键物理位置的确定；对于键阵来说，需要采取扫描的方式来确定被按键的物理位置。

（4）得到闭合键的编号。在得到闭合键物理位置的基础上，根据给定的按键编号规律，计算得出闭合键的编号。

（5）确保 CPU 对键的一次闭合仅作一次处理。为实现这一功能，可以采取等待闭合键释放以后再处理的方法。

提示：以上各功能部分可以在一个程序中完成，也可以通过子程序或中断子程序的方式由多个程序完成。

三、按键编程举例

【例 8-1】 利用 MCS-51 单片机设计一个含 6 个按键的独立式键盘。

含 6 个按键的独立式键盘的线路连接如图 8-3 所示，6 个按键经上拉电阻拉高后分别接到 MCS-51 的 PI 口 6 条 I/O 线上（$P_{1.0} \sim P_{1.5}$）。在无键按下的情况下，$P_{1.0} \sim P_{1.5}$ 线上输入均为高电平。当有键按下时，与被按键相连的 I/O 线将得到低电平输入，其他为按键的输入线上仍维持高电平输入。

由图 8-3 可知，P_1 口的 6 条 I/O 线经一片 74LS11 和一片 74LS08 实现逻辑相与后，将所得信号传至 MCS-51 的 $\overline{INT_0}$ 引脚上。这样，每当有键按下时，$\overline{INT_0}$ 引脚上将有一个下降沿产生，申请中断。在中断服务程序中，首先延时 20ms 左右，等待按键抖动后再对各键进行查询，找到所按的键，并转到相应的处理程序中去。

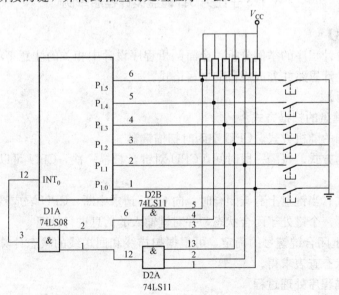

图 8-3   含 6 个按键独立式键盘的线路连接

此线路图所对应的主程序清单如下：

```
                    ;初始化程序
    ORG  0000H
    LJMP  MAIN
    ORG  0003H              ;外部中断 0 中断服务入口地址
    LJMP  INTI             ;转中断服务
MAIN: SETB  EA             ;开总中断允许
    SETB  EX0              ;开外部中断 0
    SETB  IT0              ;下降沿有效
    … … …
                    ;中断服务程序清单如下：
INTI:  LCALL  D20          ;延时去抖动,调用延时程序 D20
    MOV  P1,#0FFH          ;P1 口送全 1 值
    MOV  A,P1              ;读 P1 口各引脚
    ANL  A,#3FH            ;屏蔽高位
    CJNE  A,#3FH,NEXT      ;验证是否确实有键闭合
    AJMP  INT0             ;无键按下
NEXT: JNB  ACC.5,FUNC5     ;查询 5 号键
    JNB  ACC.4,FUNC4       ;查询 4 号键
    JNB  ACC.3,FUNC3       ;查询 3 号键
    JNB  ACC.2,FUNC2       ;查询 2 号键
    JNB  ACC.1,FUNC1       ;查询 1 号键
    JNB  ACC.0,FUNC0       ;查询 0 号键
INT0: RETI
    … …
FUNC5:                    ;5 号键处理程序
FUNC51:  MOV  A,P1        ;再读 P1 口各引脚
JNB  ACC.5,FUNC51         ;确认键是否释放
    RETI
    FUNC4: … …            ;其他键处理程序(略)
```

按键产生中断的好处是，没有按键时，CPU 不用响应按键，一旦有按键操作，CPU 才扫描按键，这样可以提高 CPU 的效率。图 8-3 中去掉中断部分，电路将更加简单，如果CPU 不是特别忙，使用查询方式也可以。这样节省硬件成本。

如果采用定时器来延时，而不是调用延时子程序，那么这 20ms 就可以节省下来，能做许多事。

【例 8-2】 利用 MCS-51 单片机设计一个含 6 个按键的矩阵式键盘。

用 8155 实现 4 行 8 列键盘的接口线路连接，如图 8-4 所示。8155 的 PA 设定为输出口，称其为扫描线。PC$_3$～PC$_0$ 设定为输入口，称其为回送线。即 PA 端口地址为 7F01H，PC 口的端口地址为 7F03H。

当然，如果没有其他用途，8155 也可以不用，直接将键盘的外列线接到单片机的 I/O口上也是可以的，这样会省去 8155 的硬件成本。图 8-4 中的 2 个 LED 数码管是自带译码器

的模块，作用是显示扫描得到的键号。

键值编码形式如下：

（1）回送线 PC_0 上的 8 个键从左到右依次为 00H～07H。

（2）回送线 PC_1 上的 8 个键从左到右依次为 08H～0FH。

（3）回送线 PC_2 上的 8 个键从左到右依次为 10H～17H。

（4）回送线 PC_3 上的 8 个键从左到右依次为 18H～1FH。

如果 PC_0 上有按键闭合，其键值为 00H＋（00H～07H）；如果 PC_1 上有按键闭合，其键值为 08H＋（00H～07H）；如果 PC_2 上有按键闭合，其键值为 10＋（00H～07H）；如果 PC_3 上有按键闭合，其键值为 18H（00H～07H）。其中的 00H～07H 由扫描线决定，在程序中用 R4 存放。其流程如图 8-5 所示。

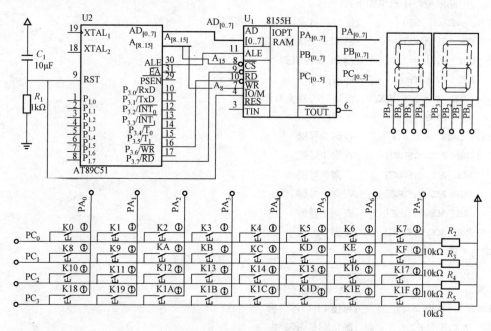

图 8-4　用 8155 实现 4 行 8 列键盘的接口线路连接

下面的 KS1 子程序用于判断键盘上是否有键闭合。

程序清单如下：

```
KS1: MOV    DPTR,#7F01H     ;将 PA 口地址送 DPTR,PA 口作为扫描线
     MOV    A,#00H          ;A 所有扫描线均为低电平
     MOVX   @DPTR,A         ;PA 口向列线输出 00H
     INC    DPTR
     INC    DPTR            ;指向 PC 口
     MOVX   A,@DPTR         ;去回送线状态
     CPL    A               ;行线状态取反
     ANL    A,#0FH          ;屏蔽 A 的高半字节,低半字节有按键信息
     RET                    ;返回
```

返回之后，判断 A 的值是 00H 则无键按下，如果 A 的值不是 0，说明有键按下，需要

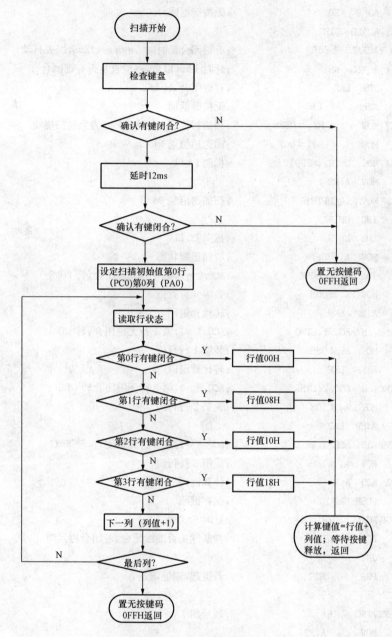

图 8-5 动态扫描法流程图

进行按键识别。

    下面的 KEY 子程序用于扫描键盘，识别按键的键码。该程序应该在按键抖动消除之后执行。如果有键按下，则在累加器 A 中返回键码，如果没有键按下，则累加器 A 中返回0FFH。程序中的 DIR 子程序是一个延时子程序。

    程序清单如下：

```
KEY:ACALL KSI              ;检查是否有按键闭合
    JNZ LKI                ;A非0,说明有键按下
```

```
          AJMP    KND              ;无按键返回
LK1:ACALL DIR
          ACALL   DIR              ;有键闭合延时时 2*6ms＝12ms,以去抖动
          ACALL   KS1              ;延时 12ms 以后,再检查是否有键闭合
          JNZ   LK2                ;有键闭合,转 LK2
          AJMP    KND              ;无按键返回
LK2:MOV     R2,＃0FEH             ;扫描初值送 R2,设定 PA0 为当前扫描线
          MOV     R4,＃00H          ;回送初值送 R4
LK4:MOV   DPTR,＃7F01H            ;指向 PA 口
          MOV   A,R2
          MOVX  @DPTR,A            ;扫描初值送 PA 口
          INC   DPTR
          INC   DPTR              ;指向 PC 口
          MOV   A,@DPTR           ;取回送线状态
          JB  ACC.0,LONE          ;ACC.0＝1,第 0 行无键闭合,转 LONE
          MOV   A,＃00H            ;装第 0 行行值
          AJMP  LKP               ;转计算键码
LONE:JB  ACC.1,LTWO               ;ACC.1＝1,第 1 行无键闭合,转 LTWO
          MOV   A,＃08H            ;装第 1 行行值
          AJMP  LKP               ;转计算键码
LTWO:JB  ACC.2,LTHR               ;ACC.2＝1,第 2 行无键闭合转 LTHR
          MOV   A,＃10H            ;装第 2 行行值
          AJMP  LKP
LTHR:JB  ACC.3,NEXT               ;ACC.3＝1,第 3 行无键闭合,转 NEXT
          MOV   A,＃18H            ;装第 3 行行值
LKP:ADD   A,R4                    ;计算键码
          PUSH  ACC               ;保存键码
LK3:ACALL DIR                     ;延时 6ms
          ACALL   KS1             ;判断键是否继续闭合,若闭合再延时
          JNZ     LK3
          POP     ACC             ;若键起,则键码送 A
RET
NEXT:INC    R4                    ;列号加 1
          MOV     A,R2
          JNB     ACC.7,KND       ;第 7 位为 0,已扫描到最高列,转 KND
          RL      A               ;循环左移一位
          MOV     R2,A
          AJMP    LK4             ;进行下一列扫描
KND:MOV   A,＃0FFH                ;无按键返回码
          RET                     ;返回
          DIR:. . . . . . . . . . ;延时子程序
```

  键盘扫描程序的运行结果是把被按键的键码放在累加器 A 中,再根据键码进行相应的处理。

```
TEST: MOV  DPTR,#7F00H      ;数据指针指向 8155 控制字寄存器
      MOV  A,#03H           ;设定 A、B 口输出方式,C 口输入
      MOVX @DPTR,A          ;写入命令
LP1: LCALL  KEY             ;调用键盘扫描程序
      CPL  A                ;返回的键值在 A 中,取反是为了判断
      JZ  LP1               ;没有按键就继续扫描
      CPL  A                ;有按键就恢复键值
      MOV      DPTR,#07F02H ;数据指针指向 PB 口地址
      MOVX @DPTR,A          ;从 PB 输入键值数据,驱动 LED 数码管
      SJMP  LP1             ;循环
```

键盘与单片机的连接也可以通过串行口扩展并行口来实现。这还需用到串—并转换器件,如使用串行输入、并行输出的 74LS164 芯片等。

键盘扫描还可以和数码管显示扫描结合进行。有关内容将在后续章节中介绍。

提示:这种 CPU 主动扫描方式需要经常调用键盘扫描程序,适用于 CPU 其他任务不多的情况。

任务 8.2 LED 显示接口

显示接口用于实现单片机应用系统中的数据输出和状态反馈,常用的有 LED、LED 数码管、LCD 液晶显示接口等。

了解 LED 显示接口,首先要完成以下子任务:

(1) 子任务 1:LED 显示与驱动。
(2) 子任务 2:LED 数码管静态显示。
(3) 子任务 3:LED 数码管动态显示编程举例。
(4) 子任务 4:LCD 液晶显示器简介。
(5) 子任务 5:常见 LCD 显示模块 FM1602 介绍。
(6) 子任务 6:LCD1602 编程举例。

8.2.1 子任务 1:LED 显示与驱动

◁◯【任务说明】

通过本次任务,了解 LED 显示和其驱动电路,认识 LED 模块,熟识 LED 的功能和应用,掌握 LED 的应用。

☑【任务解析】

发光二极管(Light Emitting Diode,LED)。由 LED 组成的显示器是单片机系统中常用的输出设备。LED 显示器件的种类很多,但都是由单个的 LED 发光二极管组成。从颜色来划分,可以有红、橙红、黄、绿蓝等颜色的 LED 显示器;从 LED 的发光强度来划分,可分为普通亮度、高亮度、超高亮度等;从 LED 器件的外观来划分,可分为"8"字形的七段数码管、米字形数码管、点阵块、矩形平面显示器、数字笔画显示器等。其中,数码管又可从结构上分为单、双、三、四位字;从尺寸上又可分为 0.3 英寸(1 英寸=2.54cm)、0.36 英寸、0.4 英寸、……、5.0 英寸等类型。常用的 LED 数码管尺寸为 0.5 英寸。将若干

LED 按不同的规则进行排列，可以构成不同的 LED 显示器，常见的有 LED 数码管显示器和 LED 点阵模块显示器等。

一、LED 数码管显示器

如果要显示十进制或十六进制数字及某些简单字符，可选用数码管显示器。这种显示器能显示的字符较少，形状有些失真，但控制简单，使用方便。

二、LED 点阵模块显示器

LED 点阵模块显示器是指由发光二极管排成一个 $n \times m$ 的点阵，每个发光二极管构成点阵中的一个点。这种显示器显示的字形逼真，能显示的字符比较多，但控制比较复杂。

常用的点阵模块显示器有 7 行 5 列、8 行 5 列、8 行 8 列等类型。单个 LED 点阵显示器可以显示各种字母、数字和常用的符号。图 8-6 为由 7 行 5 列共 35 个 LED 构成的显示器显示字母 A 的情况。用多个点阵式 LED 模块显示器可以组成更大的 LED 显示器，用于显示汉字、图形和表格，甚至显示动态图像、视频。

三、LED 的驱动接口

单个 LED 实际上是一个电压为 1.2～1.5V 的发光二极管（某些型号的 LED 电压可达 3V），相同型号的 LED 显示管的电压基本相同，通过 LED 的电流决定了其发光强度，图 8-7 为单个 LED 的驱动接口电路。

提示：适当减小限流电阻可以增加 LED 的工作电流，使 LED 的显示效果更好。但工作电流不宜过大，一方面，工作电流继续增大不会增加显示亮度；另一方面，过大的工作电流会对驱动器件造成损害。

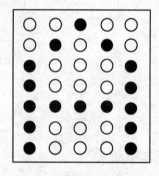

图 8-6　电压 LED 点阵模块显示字母 A 的情况　　　　　图 8-7　单个 LED 的驱动接口电路

当前 LED 照明使用的驱动往往是专用的芯片。

8.2.2 子任务 2：LED 数码管静态显示

🔊【任务说明】

通过对 LED 数码管静态显示的了解学习，明白静态显示的原理，掌握静态显示的实现方法。

📝【任务解析】

LED 数码管显示器常用的工作方式有静态显示方式和动态显示方式两种。

一、静态显示方式概述

静态显示是指当显示器显示某一字符时，LED 数码管的位选恒定地选中。例如：

显示字符"0"时，显示器的 A、B、C、D、E、F 导通，G、DP 截止。在这种显示方式下，每一个 LED 数码管显示器都需要一个 8 位的输出口进行控制。由于单片机本身提供的 I/O 口有限，在实际使用中通常通过扩展 I/O 口的形式解决输出口数量不足的问题。

二、编程举例

【例 8 - 3】 通过在串行口上扩展多片串行输入并行输出的移位寄存器 74LS164 作为静态显示器接口的方法，设计 3 位静态显示器接口，并写出显示更新子程序，实现将 7FH～7DH 三个单元的数值分别在 LED2～LED0 上显示出来。

接口方式如图 8-8 所示。三个共阳极数码管的公共端均接 U_{CC}。段码通过串行口，采用串—并转换原理，分别送出三个数码管的段码。图 8-8 中，先送出的段码字节在 LED2 数码管上显示。

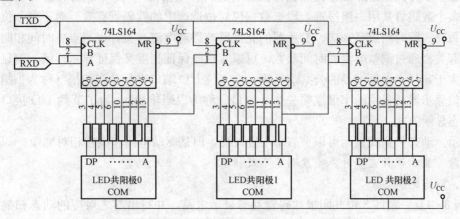

图 8-8 使用串行口扩展的静态 LED 显示接口

下面的子程序用于实现显示器的更新（使用共阳极字形码）。程序清单如下：

```
DISP: MOV   R5,#03H          ;显示 3 个字符
      MOV   R1,#7FH          ;7FH～7DH 存放要显示的数据
DLO:  MOV   A,@R1            ;取出要显示的数据
      MOV   DPIR,#STAB       ;指向段数据表
      MOVC  A,@A+DPIR        ;查表取字形数据
      MOV   SBUF,A           ;送出数据,进行显示
      JNB   T1,$             ;全部输出否
      CLR   T1               ;全部输出,清中断标志
      DEC   R1               ;再取下一个数据
      DJNZ  R5,DLO           ;循环 3 次
      RET                    ;返回
      STAB  DB  0C0H,0F9H,0A4H,0B0H,99H
                             ;段数据表
```

…………

静态显示的优点：显示稳定；在发光二极管导通电流一定的情况下显示器的亮度大；系统运行过程中，在需要更新显示内容时，CPU 才去执行显示更新子程序，这样节约了 CPU

的时间，提高了 CPU 的工作效率。

注意：每个 LED 数码管需要独占 8 条输出线。随着显示器位数的增加，需要的 I/O 接口线也将增加。

8.2.3 子任务3：LED 数码管动态显示编程举例

📢【任务说明】

通过对 LED 数码管动态显示的了解学习，掌握动态显示的原理和显示的实现方法，熟练应用动态显示的编程方法。

☑【任务解析】

一、动态显示方式概述

动态显示方式是指逐位轮流点亮每位显示器（称为扫描），即每个数码管的位选被轮流选中，多个数码管共用一组段选，段选数据仅对位选选中的数码管有效。对于每一位显示器来说，每隔一段时间点亮一次。显示器的亮度既与导通电流有关，也与点亮时间和间隔时间的比例有关。通过调整电流和时间参数，可以实现既保证亮度又保证显示连续。若显示器的位数不大于 8 位，则显示器的公共端只需一个 8 位 I/O 端口进行动态扫描（称为扫描端口），控制每位显示器所显示的字形也需一个 8 位口（称为段码输出）。为了节约 I/O 接口线，常采用动态显示方式。

提示：动态扫描式显示可以节省 I/O 接口线，但是驱动电路和编程相对麻烦。

注意：显示位数太多时，亮度明显不足。

二、编程举例

【例 8-4】 设计 8 位共阴极数码管动态显示电路，并写出与之对应的动态扫描显示子程序。要求在这 8 只显示器上显示片内 RAM70H～RAM77H 单元的内容（均为分离的BCD 码）。

8 位动态显示器接口逻辑如图 8-9（a）所示。

在此系统中，使用了单片机的 P₁ 口和 P₂ 口，其中 P₂ 口作为扫描口，P₁ 口作为段码输出口。在进行扫描时，P₂ 口的 8 位依次置 1，经过 ULN2803 反相后，依次选中了从左至右的显示器。

图 8-9 使用了 ULN2803 驱动器，低电平驱动能力很强，每一个引脚灌电流可达 50mA以上，只需一片即可驱动 8 位数码管。ULN2803 的内部机构和引脚如图 8-9（b）所示，但由于它是反相驱动，单片机输出的位选信号是高电平。段码输出驱动采用了 74HCT245，它是 8 位同向驱动器。

动态扫描子程序清单如下：

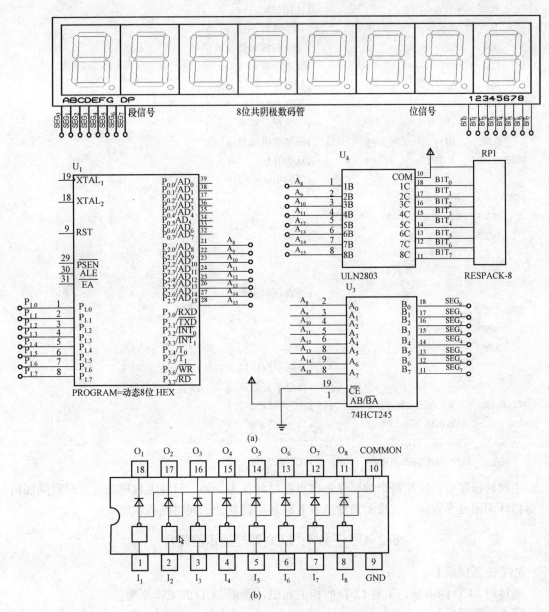

图 8 - 9　位动态显示器接口逻辑图及 ULN2803

(a) 8 位动态扫描式显示电路　(b) ULN280 引脚和内部结构

```
;此程序之前应该将要显示的内容装入显示缓冲区 70H~77H,内容为分离 BCD 码
DISP1:MOV   R0,♯70H          ;指向缓冲区末地址
      MOV   R2,♯01H          ;开始选择最低位所接数码管
DISP2:MOV   A,@R0            ;取要显示的数据
      LCALL SEG7             ;查表取得字形码,即段码
MOV   P1,A                   ;输出段码
MOV   P2,R2                  ;输出位选信号
LCALL D1MS                   ;延时 1ms
```

```
        MOV     P2,#0            ;关闭显示
        INC     R0               ;调整指针
        MOV     A,R2             ;读回扫描字即位选信号
        CLR     C                ;清进位标志
        RLC     A                ;扫描字右移选择下一位
        MOV     R2,A             ;保存扫描字
        JC      PASS             ;一次显示结束
        AJMP    DISP2            ;没结束继续显示
PASS:   AJMP    DISP1            ;从头开始
                                 ;延时1ms子程序
DIMS:   MOV     R7,#02H
DMS:    MOV     R6,#0FFH
        DJNZ    R6,$
        DJNZ    R7,DMS
        RET
                                 ;查表获取字形码
SEG7:   INC     A
        MOVC    A,@A+PC
        RET
                                 ;显示子程序用的字形表
                                 ;高电平有效,字形笔画a连接最低位
TABLE:  DB      3HH,06H,5BH,4FH  ;"0","1","2","3"
        DB      66H,6DH,7DH,07H  ;"4","5","6","7"
        DB      7FH,6FH,77H,7CH  ;"8","9","A","B"
        DB      39H,5EH,79H,71H  ;"C","D","E","F"
```

上面的程序中，虽然每个数码管每次点亮时间仅为1ms，只要主程序在指定时间间隔内往返循环调用显示程序，从视觉角度来看8只显示器就处于同时点亮状态。

8.2.4 子任务4：LCD液晶显示器简介

◁**【任务说明】**

通过对LCD的讲解，了解LCD的相关知识，熟识LCD的工作原理。

✎**【任务解析】**

液晶显示器（Liquid Crystal Display，LCD）。这类显示器具有体积小，质量小，功率损耗极低，显示内容丰富等特点，在单片机应用系统中有着日益广泛的应用。

一、LCD的结构和工作原理

液晶显示器的结构如图8-10所示。

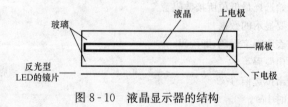

图8-10 液晶显示器的结构

LCD是通过在上、下玻璃电极之间封入液晶材料，利用晶体分子排列和光学上的偏振原理产生显示效果的。同时，上、下电极的电平状态将决定LCD的显示内容，根据需要，将电极做成各种文字、数

字、图形后，就可以获得各种显示。通常情况下，图中的上电极又称为段电极，下电极又称为背电极。

二、LCD 的分类和特点

LCD 显示器有段式和点阵式两种，点阵式又可分为字符型和图像型。

段式 LCD 显示器类似于 LED 数码管显示器。每个显示器的段电极包括 a、b、c、d、e、f 和 g 七个笔画（笔段）和一个小数点 dp。可以显示数字和简单的字符，每个数字和字符与其字形码（段码）对应。

点阵式 LCD 显示器的段电极与背电极呈正交带状分布（见图 8 - 11），液晶位于正交的带状电极间。点阵式 LCD 的控制一般采用行扫描方式，如图 8 - 12 所示为显示字符"A"的情况。通过两个移位寄存器控制所扫描的点。图中的移位寄存器 1 控制扫描的行位置，同一时刻只有一个数据位为"1"，相对应的行处于被扫描状态，这时，移位寄存器 2 可以将相应的列数据送入点阵中，这样逐行循环扫描，可以得到显示的结果为字符"A"。

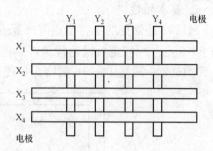

图 8 - 11　点阵式 LCD 显示器的正交带状分布

由于液晶显示器比较复杂，需要的接口比较多，除了特别简单的段码数字式之外，一般不用单片机直接驱动，而使用专用的驱动芯片电路。

三、LCD 显示模块

LCD 显示模块（Liquid Crystal Display Module，LCM）是指 LCD 显示屏、背景光源、线路板和驱动集成电路等部件构造成一个整体作为一个独立部件使用，其内部结构如图 8 - 13所示。LCD 显示模块只留一个接口与外部通信。显示模块通过这个接口接收显示的命令和数据，并按指令和数据的要求进行显示；外部电路通过这个接口读出显示模块的工作状态和显示数据。LCD 显示模块一般带有内部显示 RAM 和字符发生器，只要输入 ASCII 码就可以进行显示。

LCD 显示模块可分为：LCD 段式显示模块、LCD 字符型显示模块、LCD 图形显示模块三类。每类显示模块都有多种不同的产品可供选用。

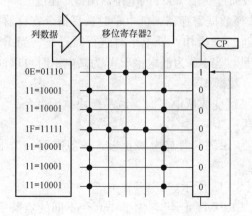

图 8 - 12　点阵式 LCD 显示"A"的情况

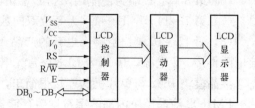

图 8 - 13　LCD 显示模块的内部结构

8.2.5 子任务 5：常见 LCD 显示模块 FM1602 介绍

📢【任务说明】

FM1602 是常见的 LCD 显示模块，了解和熟知其相关知识是学习单片机技术必不可少的阶段，对 FM1602 应熟悉其管脚以及接线方式，并熟练掌握其使用方法。

📝【任务解析】

一、基本特性

FM1602 是常见的字符型点阵液晶显示器模块，可以显示 2 行，每行 16 个字符，每个字符 8×5 点。一般是黄绿色背景，黑色字符。字符尺寸为 3mm×5mm。

FM1602 一般是 14～16 引脚，如图 8 - 14 所示。

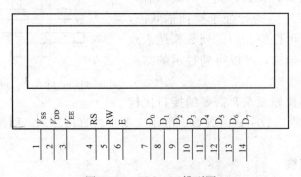

图 8 - 14　FM1602 排列图

LCD 显示模块可分为 LCD 段式显示模块、LCD 字符型显示模块、LCD 图形显示模块三类。每类显示模块都有多种不同的产品可供选用。

FM1602 采用标准的 16 脚接口，各引脚功能如下：

(1) 第 1 脚：V_{ss} 为电源地。

(2) 第 2 脚：V_{dd} 接 5V 正电源。

(3) 第 3 脚：V_{ee} 为液晶显示器对比度调整端，接正电源时对比度最弱，接地电源时对比度最高，对比度过高时会产生"鬼影"，使用时可以通过一个 10kΩ 的电位器调整对比度。

(4) 第 4 脚：RS 为寄存器选择，高电平时选择数据寄存器，低电平时选择指令寄存器。

(5) 第 5 脚：RW 为读写信号线，高电平时进行读操作，低电平时进行写操作。当 RS 和 RW 共同为低电平时可以写入指令或者显示地址，当 RS 为低电平 RW 为高电平时可以读忙信号，当 RS 为高电平 RW 为低电平时可以写入数据。

(6) 第 6 脚：E 端为使能端，当 E 端由高电平跳变成低电平时，液晶模块执行命令。

(7) 第 7～14 脚：D_0～D_7 为 8 位双向数据线。

(8) 第 15～16 脚：空脚，也有的产品 15 脚为 BLA，背光电源正极，一般需要一个限流电阻再接 5V 电源；16 脚为 BLK，背光电源地。

液晶模块 1602 与单片机的连接很简单，如图 8 - 15 所示。

FM1602 液晶模块内部的字符发生存储器（CGROM）已经存储了 160 个不同的点阵字符图形，称为字符库，这些字符有：阿拉伯数字、大小写英文字母、常用的符号和日文假名

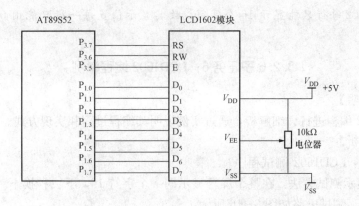

图 8-15 单片机与 LCD1602 接口电路

等，每一个字符都有一个固定的代码，如大写的英文字母 A 的代码是 01000001B（41H），显示时模块根据地址代码 41H 把存储的点阵字符图形显示出来，就能看到字母 A。

二、控制命令

FM1602 液晶模块内部的控制器共有 11 条控制命令。

（1）符号。

DDRAM：显示数据 RAM。

CGRAM：字符发生器 RAM。

ACG：CGRAM 地址。

ADD：DDRAM 地址及光标地址。

AC：地址计数器，用于 DDRAM 和 CGRAM。

（2）控制位。

I/D=1：增量方式；I/D=0：减量方式。

S=1：移位。

S/C=1：显示移位；S/C=0：光标移位。

R/L=1：右移；R/L=0：左移。

DL=1：8 位；DL=0：4 位。

N=1：2 行；N=0：1 行。

F=1：5，10 字体；F=0：5，7 字体。

BF=1：执行内部操作；BF=0 可接收指令。

其读写操作、屏幕和光标的操作都是通过指令编程来实现的（说明：1 为高电平、0 为低电平）。

液晶显示模块是一个慢显示器件，所以在执行每条指令之前一定要确认模块的忙标志。若为低电平，表示不忙，否则此指令失效。要显示字符时要先输入显示字符地址，也就是告诉模块在哪里显示字符。

比如第二行第一个字符的地址是 40H，那么是否直接写入 40H 就可以将光标定位在第二行第一个字符的位置呢？这样不行，因为写入显示地址时要求最高位 D7 恒定为高电平 1，所以实际写入的数据应该是 01000000B（40H）＋10000000B（80H）＝11000000B（C0H）。

注意：FM1602 每行只能显示 16 个字符，故其显示位置每一行只能用 0～15 而不能用到 40。

8.2.6 子任务 6：LCD1602 编程举例

📢【任务说明】

对 LCD1602 编程进行详细解析，通过实例说明其编程过程和实现方式。

✍【任务解析】

【例 8-5】　LCD1602 测试程序。

LCD 液晶显示测试方法：在整个屏幕显示同一个字符 1s，下一秒换下一个字符。测试所有可显示字符，测试电路如图 8-16 所示。

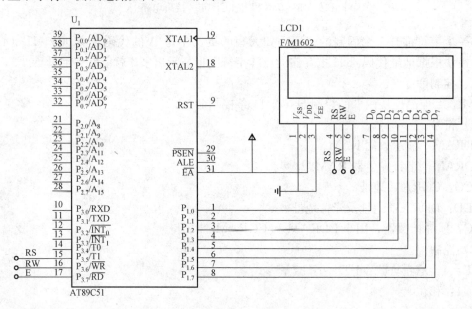

图 8-16　LCD1602 与 AT89C51 的接线

任 务 总 结

任务主要完成了对单片机系统的几种常用输入/输出设备的学习：独立按键式键盘、矩阵式键盘以及两种常用显示器（LED 显示器、LCD 液晶显示器）和各自的接口。

矩阵式键盘的接口需要编制相应的识别程序来进行按键识别，在识别时可选用扫描法等。矩阵式键盘接口可以使用单片机的 I/O 接口，由于需要占用较多的 I/O 接口线，因此，在多数应用系统中，使用扩展芯片（如 8155）或者使用单片机的串口实现矩阵式键盘接口。

LED 数码管显示器的工作方式有静态显示方式和动态显示方式两种。静态显示方式的显示效果稳定，占用 CPU 时间较少，但需要占用较多的 I/O 接口线。因此，在应用中多使用串口扩展串—并转换芯片的方法。动态显示方式可以节约 I/O 接口线，但需要编程实现对每位显示器的循环扫描，有占用 CPU 时间较多的问题。

LCD 的使用越来越多，一般产品都是做成显示和驱动电路集成在一起的液晶显示模块，简称 LCD 模块。有字符型的，也有点阵型的。点阵型的功能较强，可以显示数字、字符和图形，但是使用麻烦一些，价格也高。本章主要介绍了字符型的一种，常见的 LCD 是 FM1602，并详细地介绍了它的使用方法和编程。

其实，单片机的人机接口远不止以上这些，比如常用的微型打印机、BCD 编码拨码盘等，在需要的时候可以查看有关资料。

学习要点点拨：独立式键盘及其编程；矩阵式键盘及其编程；单个 LED 的驱动；LED 数码管的驱动和编程（包括静态和动态）。

思 考 与 练 习

一、填空题

1. 输入/输出设备是计算机与外部世界交换信息的_____。

2. 独立连接式键盘就是每一个按键占用一个_____。

3. 矩阵式键盘的优点是节省_____。

4. 静态 LED 显示的优点是_____。

5. 动态 LED 显示的优点是_____。

6. 单个 LED 的工作电压一般在_____之间。

7. 人机接口是指人与计算机系统进行_____。

二、单项选择题

1. 不属于人机接口的是（　　　）。
　　A. 独立式按键　　　　B. LED 显示器　　　　C. 可编程接口电路　　　　D. 打印机

2. 不属于输入接口的是（　　　）。
　　A. 可编程接口电路　　B. LED 显示器　　　　C. 矩阵式键盘　　　　D. BCD 编码拨码盘

3. 不属于输出接口的是（　　　）。
　　A. 可编程接口电路　　B. 打印机接口　　　　C. LED 显示器　　　　D. BCD 编码拨码盘

4. 不属于显示器的是（　　　）。
　　A. LCD 显示器　　　　　　　　　　　B. LED 数码管
　　C. 高亮度发光二极管　　　　　　　　D. 高灵敏光敏三极管

5. 一般不用作单片机输入设备的是（　　　）。
　　A. 自锁按键　　　　　B. 微动开关　　　　　C. 电磁开关　　　　D. 电磁阀

6. 一般不用作单片机输出设备的是（　　　）。
　　A. 微型打印机　　　　B. 接近开关　　　　　C. 电磁开关　　　　D. 电磁阀

三、判断对错（下列命题正确的在括号内打"√"，错误的打"×"，并说明理由）

1. 单个 LED 的工作电流都在 1mA 之下。　　　　　　　　　　　　　　　（　　）

2. 一般读 BCD 拨码盘时不需要消除抖动的延时。　　　　　　　　　　　（　　）

3. LED 数码管显示器的工作方式有静态显示方式和动态显示方式两种。　（　　）

4. LED 数码管显示器的译码方式有硬件译码方式和软件译码方式两种。　（　　）

5. LED 数码管显示器只能显示 0～9 这十个数字。　　　　　　　　　　（　　）

6. LCD 显示比 LED 显示省电。　　　　　　　　　　　　　　　　　　（　　）

7. 矩阵式键盘在识别时可选用扫描法。　　　　　　　　　　　　　　（　　）

8. 独立式按键的电路简单但是识别按键的程序复杂。　　　　　　　　（　　）

四、简答题

1. 说明利用延时方法消除按键抖动的原理。

2. 说明动态扫描显示能看到稳定字符的原因和实现的要点。

3. 说明 LED 数码管动态扫描显示的驱动电路中，对位驱动器和段驱动器的驱动能力要求。

五、编程与设计题（仿真）

1. 使用 MCS-51 的 P₁ 口设计一个由 16 个键组成的键阵接口电路，并编写出与之对应的扫描法键盘识别程序。

2. 按照图 8-15 的电路接法编写程序，使 LCD1602 满屏显示同一个字符，延时 1s 换下一个字符。字符从大写字母 A 开始，到 Z 结束，然后从头再来。

技 能 拓 展 训 练

技能训练 8-1　8 路抢答器

参考仿真文件：抢答器.DSN。在此基础上增加主持人旁边显示按键编号，也就是选手号码。按照现有条件具体情况实施。

技能训练 8-2　独立式按键和一位数码显示

一、实训目的

1. 练习按键编程。

2. 练习数码显示编程。

二、实训任务

（提示：可以根据实际条件改做类似按键和显示的实验）

1. 8 个按键，分别对应一个子程序，按 1 号键，执行第一个程序，按 2 号键，执行第二个子程序，依次类推。

2. 每个子程序对应的功能是，在其中一位数码管上显示键号。

三、实训准备

1. 分析电路，准备材料，按图连接电路。

2. 分析任务，编写程序，并仿真调试。

3. 要求用散转指令实现多分支。

四、程序

自行编写。

学习情境九

综 合 课 题

【情境引入】

本学习情境主要介绍三个综合实例设计的方法，希望读者以本学习情境为基础能够进一步掌握汇编程序设计思想和具体硬件连接与应用。

综合利用所学知识，完成以下任务：

(1) 任务1：校园作息时间设计。

(2) 任务2：交通灯的设计。

(3) 任务3：温度控制。

任务9.1　校园作息时间设计

9.1.1　设计要求

1. 作息时间要求实现对上下课打铃、教学楼照明、学生宿舍灯、校园路灯四个开关量的精确控制。月时间累计误差不大于1min。

2. 能实时显示时间，并方便定期地进行时间校准。

9.1.2　设计指导

校园作息时间控制系统主要用于学校对一些以24h为周期的开关量进行自动控制。如上下课打铃、教学楼照明的定时开与关、学生宿舍灯及校园路灯的定时开关、水泵的定时启动以及自来水供水时间控制等。用单片机来实现对上述开关量的控制，可体现系统简单，工作稳定、可靠、价廉，控制时间精确及系统体积小等优点。根据设计要求画出系统框图，如图9-1所示。控制系统可分为如下三个部分。

系统部分：包括单片机（AT89C51）、时钟芯片（DS12887）、译码器（74LS138）、单片机外部时钟电路（6MHz晶振）、复位电路和电源（+5V）。

显示部分：包括显示驱动（CD4511）、七段数码显示管（6个，用以显示时、分、秒）。

输出控制部分：包括输出控制信号锁存（74LS373）、线驱动（74LS244）、输出控制电路（光电三极管、继电器）。

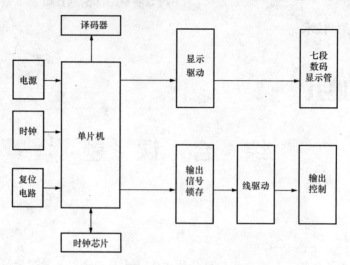

图 9-1 系统框图

根据实际情况对上下课打铃、教学楼照明、学生宿舍灯及校园路灯四个开关量在一天内的控制时间列表见表 9-1。

表 9-1   作 息 时 间 控 制 表

时间	事件	动作
6：30	学生宿舍送电	U9 闭合
7：00	路灯关闭	U8 断开
7：30	教学楼灯开	U10 闭合
7：50	第一节课预备铃	U7 闭合 15s 后断开
8：00	第一节上课铃、学生宿舍灯关闭	U7 闭合 15s 后断开、U9 断开
8：50	第一节下课铃	U7 闭合 15s 后断开
9：00	第二节上课铃	U7 闭合 15s 后断开
9：50	第二节下课铃	U7 闭合 15s 后断开
10：10	第三节上课铃	U7 闭合 15s 后断开
11：00	第三节下课铃	U7 闭合 15s 后断开
11：10	第四节上课铃	U7 闭合 15s 后断开
12：00	第四节下课铃、教学楼灯关	U7 闭合 15s 后断开、U10 断开
13：50	第五节课预备、教学楼灯开	U7 闭合 15s 后断开、U10 闭合
14：00	第五节课上课铃	U7 闭合 15s 后断开
14：50	第五节下课铃	U7 闭合 15s 后断开

续表

时间	事件	动作
15：00	第六节课上课铃	U7 闭合 15s 后断开
16：50	第六节课下课铃、学生宿舍灯开	U7 闭合 15s 后断开、U9 闭合
19：30	晚自习铃、路灯开	U7 闭合 15s 后断开、U8 闭合
21：30	下晚自习铃、教学楼灯关	U7 闭合 15s 后断开、U10 断开
22：30	学生宿舍灯关	U9 断开

9.1.3 硬件设计

按系统框图分三个部分设计如下。

一、系统部分

单片机采用片内带有 4KB E^2PROM 的 AT89C51，这样就不需要再扩展片外程序存储器，可以简化线路；用一片 74LS138 译码器提供 8 个外部地址（CS_0、CS_1、CS_2、CS_3、CS_4、CS_5、CS_6、CS_7），分别对应于 6 个七段数码显示管，1 个控制信号锁存地址和 1 个时钟芯片地址；采用一片时钟芯片 DS12887 为系统提供准确时间。该芯片内部自带锂电池，计时精确，不受系统电源影响；AT89C51 的 T_0 与 T_1 相连，利用单片机内部的定时/计数器完成 15s 打铃计时控制，如图 9 - 2 所示。

二、显示部分

选用 6 个七段数码显示管分别显示时、分、秒，数码管的驱动选用具有译码、锁存、驱动功能的 CD4511 芯片，显示数据来自 DS12887 的时单元、分单元、秒单元，经 P_1 口的低 4 位（BCD 码）送到 CD4511 芯片，译码后再送到显示器显示，如图 9 - 3 所示。

三、输出控制部分

输出控制信号由 P_1 口送到锁存器锁存，经 74LS244 芯片和光电三极管驱动相应的继电器动作。例如：要开路灯执行指令 MOV P1，♯02H 即可，而若执行指令 MOV P1，♯E0H，则是路灯、宿舍灯和教室灯全部打开。P_1 口各位所控制的对象见表 9 - 2，输出部分原理图如图 9 - 4 所示。

表 9 - 2　　　　　　　　　　　　　位 控 表

$P_{1.7}$	$P_{1.6}$	$P_{1.5}$	$P_{1.4}$	$P_{1.3}$	$P_{1.2}$	$P_{1.1}$	$P_{1.0}$
X	X	X	X	教室灯	宿舍灯	路灯	电铃

注 P_1 口的位控制，"0"控制继电器触点断开、"1"控制继电器触点闭合、"X"为无效位。

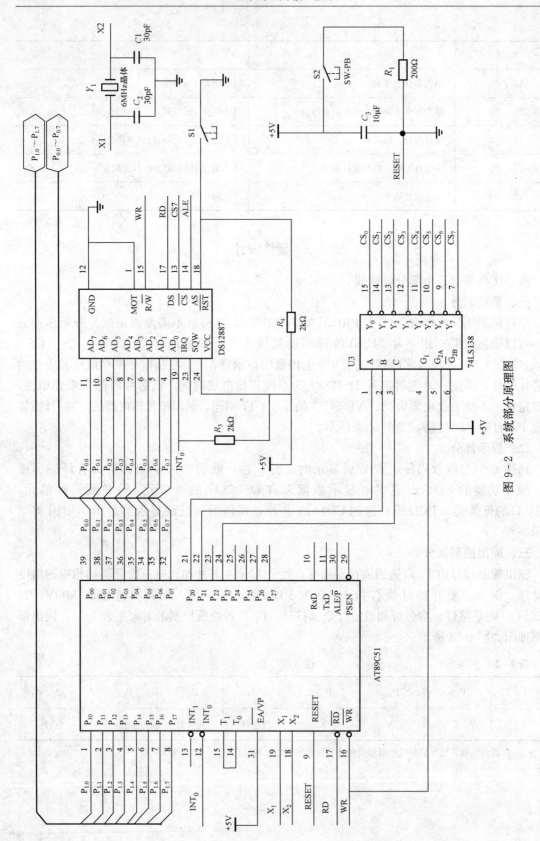

图 9 - 2 系统部分原理图

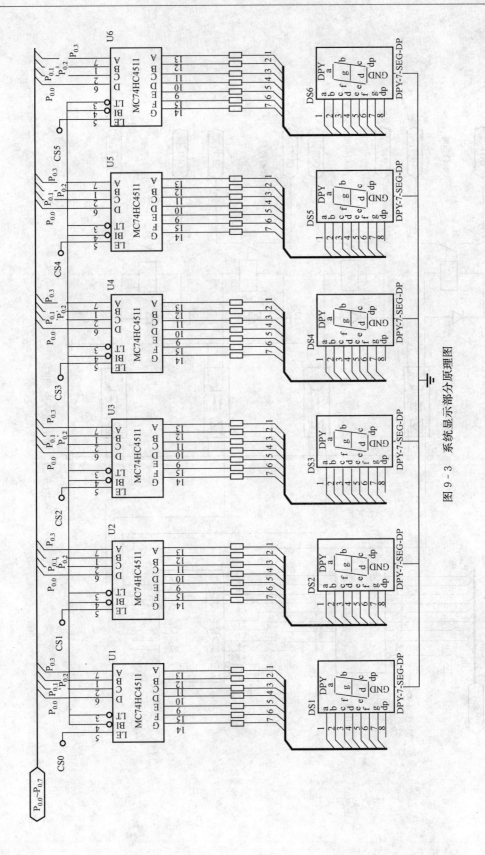

图 9 - 3　系统显示部分原理图

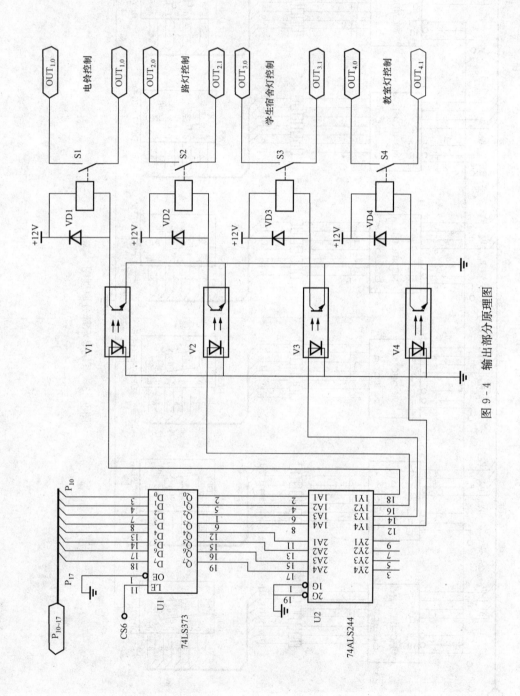

图 9 - 4　输出部分原理图

9.1.4 软件设计

利用 DS12887 的中断功能，使其 1s 中断一次。在中断服务程序中完成时单元、分单元、秒单元参数送显示器显示及查询作息时间表，当时和分单元的数与作息时间表的某个时间相同时，对应输出相应的控制信号。流程图如图 9-5 所示。

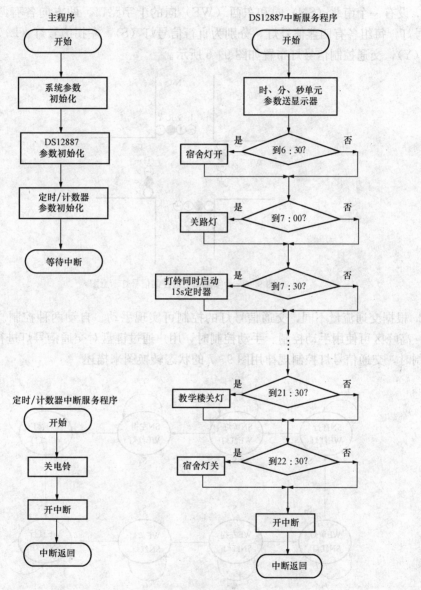

图 9-5 程序流程图

程序清单（略）。

任务 9.2　交 通 灯 设 计

9.2.1　设计要求

1. 设有一个南北（SN）向和东西（WE）向的十字路口，两方向各有两组相同交通控制信号灯，每组各有四盏信号灯，分别为直行信号灯（S）、左拐信号灯（L）、红灯（R）和黄灯（Y），交通控制信号灯布置如图 9-6 所示。

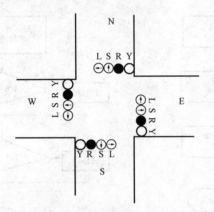

图 9-6　十字路口交通控制信号灯示意图

2. 根据交通流量不同，交通信号灯的控制可实现手动、自动两种控制。平时使用自动控制，高峰区可使用手动控制。手动控制时，用户通过键盘对交通信号灯进行人工控制；自动控制时，交通信号灯控制规律用图 9-7 的状态转换图来描述。

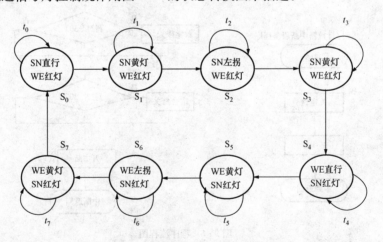

图 9-7　交通控制信号灯控制规律示意图

9.2.2　设计指导

交通控制信号灯的控制可分为 S0、S1、S2、S3、S4、S5、S6、S7 共 8 个状态，每个状态都有自己的灯状态和定时时间。实现控制的方法之一，是使用每个状态的灯控命令和定时参数构成一个状态数据（即一个表项），若干个状态数据就构成一张状态表。整个控制过程实际就是实现在定时器的控制下完成状态间的自动转换。因此，交通控制信号灯的控制实际上就是一个定时实现状态转换的控制过程。使用以 MCS-51 单片机为核心的定时控制系统完成此项工作。

9.2.3 硬件设计

该系统使用 ATMEL 公司的 AT89C51 单片机，AT89C51 单片机引脚和指令系统与 MCS-51 完全兼容，片内带 4KB 的 E^2PROM，使用很方便。图 9-8 是交通信号灯控制系统的整体结构框图。

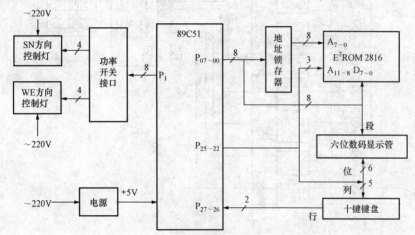

图 9-8　交通信号灯控制系统结构框图

系统中使用 E^2ROM 2816 外扩 4KB 数据存储器用于保存系统的某些运行参数，如交通灯延时时间等。CPU 和存储器部分电路如图 9-9 所示。

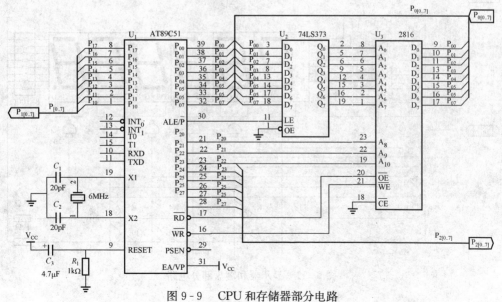

图 9-9　CPU 和存储器部分电路

　　另外，由于 SN 向两个路口各有两两相同的 4 盏信号灯，只需 4 个功率开关，同理，WE 向两个路口也只需 4 个功率开关，所以通过 P_1 口即可实现两个方向信号灯的控制。功率开关接口和交通信号灯控制部分电路如图 9-10 所示。图中使用 74LS244 扩展 P_1 口驱动电流，固体继电器 SSR 作为功率开关。

　　使用 89C51 的 P_0 口和 P_2 口驱动 6 个 LED 数码显示器和十个按键的键盘。LED 数码显示器用于显示交通灯的状态，便于用户掌握路口交通灯的情况。键盘用于手动控制和各路口交通灯的延时设定。显示器和键盘部分电路如图 9-11 所示。

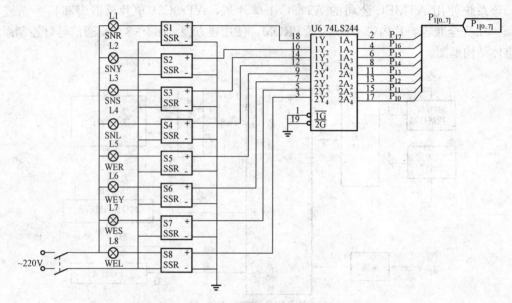

图 9-10　功率开关接口和交通信号灯控制部分电路

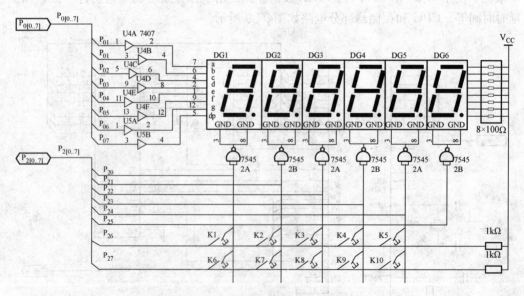

图 9-11　显示器和键盘部分电路

显示器采用动态扫描 LED 显示器，AT89C51 的 P_2 口作为位扫描口，P_0 口作为段数据口。考虑驱动 LED 显示器所需电流，位扫描口需加反相驱动器 75452，以提供足够的驱动电流，然后接各数码显示器的公共端。段数据口经同向 OC 门驱动器 7407 接到数码显示器的各段。

显示器各位显示字符的意义如图 9-12 所示。

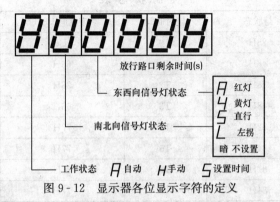

图 9-12 显示器各位显示字符的定义

键盘为非编码键盘，由 5×2 的按钮矩阵构成，AT89C51 的 $P_{20\sim24}$ 为列扫描线，$P_{26\sim27}$ 为行输入线。键盘上各键功能的定义见表 9-3。

表 9-3   **键盘功能定义**

按键	名称	功能描述
K_1	Mode	设置、手动、自动操作模式转换键
K_2	SN	手动模式下：南北向操作
K_3	WE	手动模式下：东西向操作
K_4	R	手动模式下：红灯亮
K_5	Y	手动模式下：黄灯亮
K_6	S	手动模式下：直行灯亮
K_7	L	手动模式下：左拐灯亮
K_8	+	设置模式下：时间加 1
K_9	—	设置模式下：时间减 1
K_{10}		备用

9.2.4 软件设计

如前所述，交通控制信号灯的控制可分为 S0、S1、S2、S3、S4、S5、S6、S7 共 8 个状态，而每个状态下交通信号灯控制编码见表 9-4。

表 9-4   **交通信号灯控制编码表**

状态序号	S7 SNR	S6 SNY	S5 SNS	S4 SNL	S3 WER	S2 WEY	S1 WES	S0 WEL	编码
0	0	0	1	0	1	0	0	0	28H
1	0	1	0	0	1	0	0	0	48H
2	0	0	0	1	1	0	0	0	18H
3	0	1	0	0	1	0	0	0	48H
4	1	0	0	0	0	0	1	0	82H
5	1	0	0	0	0	1	0	0	84H
6	1	0	0	0	0	0	0	1	81H
7	1	0	0	0	0	1	0	0	84H

根据交通信号灯控制编码表和每个状态的定时时间（2B）、南北向和东西向 LED 的显示信息就可得到交通信号灯控制状态表，见表 9-5。整个自动控制过程就是在定时器的控制下完成各状态的转换。

表 9-5　　　　　　　　　　　　　控 制 状 态 表

状态序号	灯状态	定时时间	南北向 LED	东西向 LED
0	28H	T0	6DH	77H
1	48H	T1	66H	77H
2	18H	T2	38H	77H
3	48H	T3	66H	77H
4	82H	T4	77H	6DH
5	84H	T5	77H	66H
6	81H	T6	77H	38H
7	84H	T7	77H	66H

参考程序流程图如图 9-13 所示，由于篇幅所限，程序清单略。

任务 9.3 温 度 控 制

9.3.1 设计要求

环境温度监测系统广泛用于住宅小区、楼宇建筑和设备内部等，其主要功能和指标如下：

（1）监测 8 点环境温度信号，可以扩充。

（2）测量范围为 0.00～99.9℃，可以扩充到－55～＋125℃，精度为 ±0.5℃。

（3）用 4 位数码管进行循环显示，其中最高位显示通道提示符 A～H，低 3 位显示实际温度值，每秒切换一个通道进行轮流显示。

（4）可以随时查看指定通道的温度值（扩充功能）。

9.3.2 设计指导

该系统主要由温度检测和数据采集两部分组成。下面列举两种实现方案：

方案一：温度检测可以使用低温热电偶或铂电阻，数据采集部分则使用带有 A/D 通道的单片机。考虑到一般的 A/D 输入通道都只能接收大信号，所以还应设计相应的放大电路。此方案的软件简单，但硬件复杂，且检测点数追加时，成本会有较大的增长幅度。

方案二：使用单片机和单总线温度传感器构成。单总线温度传感器可以采用 DALLAS 公司生产的 DS18B20 系列，这类温度传感器直接输出数字信号，且多路温度传感器可以挂在 1 条总线上，共同占用单片机的 1 条 I/O 线即可实现接口。在提升单片机 I/O 线驱动能力的前提下，理论上可以任意扩充检测的温度点数。

比较两个方案后可以发现，方案二更适合于用作本系统的实施方案。尽管方案二不需要 A/D，但考虑到系统扩充等因素，单片机可以选用 ADμC812，以便在需要时扩充参数存储、

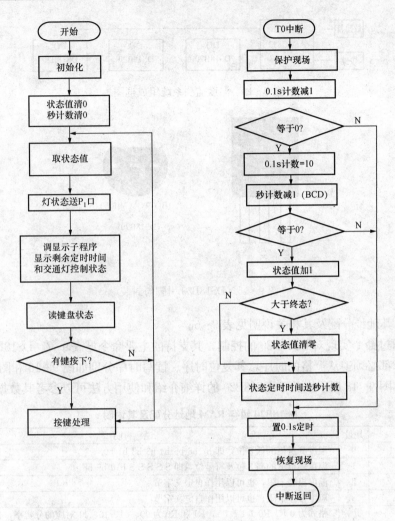

图 9-13 程序流程图

D/A 输出、温度控制等功能。

9.3.3 硬件设计

采用方案二的硬件设计比较简单，系统构成如图 9-14 所示，原理图如图 9-14 所示。单片机的 P_0 口用作 4 位数码管的段码线，$P_{3.4} \sim P_{3.7}$ 用作 4 位数码管的位选线（ADμC812 的 P_3 有允许 8mA 的灌电流，可以不加驱动）。$P_{2.4}$ 用作 DS18B20 的数据输入/输出线。

DS18B20 的引脚定义和封装形式之一如图 9-15 所示。DQ 为数字信号输入/输出端；GND 为电源地；V_{DD} 为外接电源。

DS18B20 的光刻 ROM 中存有 64 位序列号，它可以看作是该 DS18B20 的地址序列码。64 位光刻 ROM 的排列：开始 8 位（28H）是产品类型标号，接着的 48 位是该 DS18B20 自身的序列号，最后 8 位是前面 56 位的循环冗余校验码（CRC=$X^8+X^5+X^4+1$）。光刻 ROM 的作用是使每一个 DS18B20 拥有唯一的地址序列码，以确保在一根总线上挂接多个 DS18B20。

DS18B20 内部集成了暂存寄存器（或称为暂存 RAM）和 E^{2}PROM 两类存储器。暂存

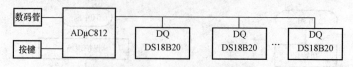

图 9-14　温度监测系统组成框图

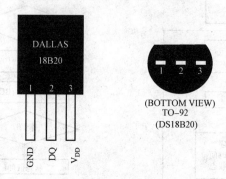

图 9-15　DS18B20 引脚与封装

RAM 为 9B，其地址分配及其相关说明见表 9-6。

　　单片机通过命令实现对 DS18B20 的控制，其支持的主要命令见表 9-7。DS18B20 的复位操作、读写操作都必须遵从严格的时序，其复位时序、读写时序分别如图 9-16 和图 9-17 所示，系统原理图如图 9-18 所示。关于 DS18B20 的详细介绍和使用方法可以参考其数据手册。

表 9-6　　　　　　　　　　　DS18B20 暂存 RAM 地址分配及其说明

寄存器名称	地址	说　　　明
温度低字节	0	温度测量值的低 8 位，即 b7 b6 b5 b4 b3 b2 b1 b0
温度高字节	1	温度测量值的高 3 位及符号位，即 S S S S S b10 b9 b8
温度高限	2	温度报警上限，也可以用作自定义字节
温度高限	3	温度报警下限，也可以用作自定义字节
配置寄存器	4	格式为 0 R1 R0 0 1 1 1 1 1，R1 和 R0 为 00、01、10、11 对应的分辨率，分别为 9、10、11 和 12 位（包括符号位）
保留	5	未定义
保留	6	未定义
保留	7	未定义
校验码	8	按 $X^8 + X^5 + X^4 + 1$ 对前 8B 进行 CRC 校验

表 9-7　　　　　　　　　　　DS18B20 主要命令及其功能说明

命令码	功能说明	命令码	功能说明
33H	读 ROM 中的 64 位地址序列码	BEH	读 9B 暂存寄存器
55H	只有地址码匹配的 DS18B2 才能接受后续的命令	4EH	写入温度上/下限，紧随其后是 2B 数据，对应上限和下限值
F0H	锁定总线上 DS18B20 的个数和识别其 ROM 中的 64 位地址序列码	48H	将 9B 暂存寄存器的第 3 和 4B 复制到 EEP-ROM 中
ECH	只有温度超过上限或下限的，DS18B20 才做出响应	B8H	将 EEPROM 的内容恢复到暂存寄存器的第 3 和 4B
44H	启动 DS18B20 进行温度转换，结果存入 9B 的暂存寄存器	B4H	读供电模式，寄生供电时 DS18B20 发送 0，外接电源时 DS18B20 发送 1
CCH	忽略地址序列码，适合单片 DS18B20		

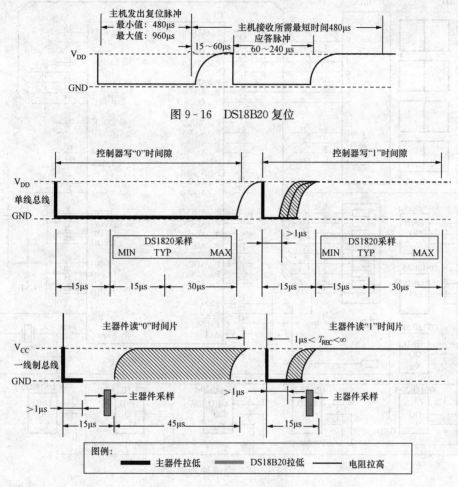

图 9 - 16   DS18B20 复位

图 9 - 17   DS18B20 读定时序图

9. 3. 4 软件设计

一、软件模块的划分

该系统的控制软件可以分为单片机初始化程序、定时中断服务程序和 DS18B20 接口程序等模块。单片机初始化程序由主函数实现，主要完成定时器 T0、T1 的初始化、中断系统的初始化等功能。定时器 T0 中断函数每隔 5ms 执行 1 次，动态显示 1 位数码管；定时器 T1 中断函数每隔 50ms 中断 1 次，每中断 20 次（1s）即读取 1 路 DS18B20 的温度代码，转换为温度值，再拆分成单个数码后送入显示缓冲区。DS18B20 接口程序主要由复位函数、读位函数、读字节函数、写位函数、写字节函数、读温度函数等组成。

二、参考程序

```
# include <aduc812. h>

# include <intrins. h>

sbit led0=P3^4;            //P3.4～P3.7 用作 4 位 LED 的位选线
```

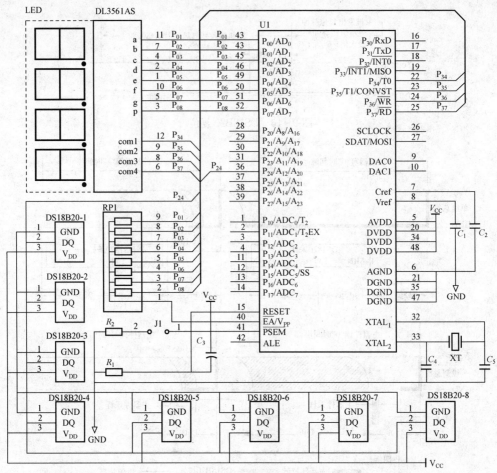

图 9-18　系统原理图

```
sbit led1=P3^5;
sbit led2=P3^6;
sbit led3=P3^7;
sbit DQ = P2^4;                              //P2.4 用作 DS18B20 的数据线 DQ
float data TMP[2]={0,0};                      //读取后的 2 个温度值相加后将其除以 2
                                                即可得出实际温度;

unsigned char data f[2]={0,0};                //结果是否为负温,"0"为正温,"1"为负温。
unsigned char data disp_buf[4]={0,0,0,0};     //4 位数码管对应的值放入该缓冲区
unsigned char data dot_position=0;
unsigned char data chno=0;                     //对应某路 DS18B20
                                               //存各路 DS18B20 的地址序列号,为便于调
                                                 试,只设计了 2 路,可以扩充到 8 路或
                                                 更多
unsigned char code SN[2][8]={ {16,62,148,60,0,0,0, 247},{16,229,146,60,0,0,0, 87} };
                                               //数字 0~9 和通道提示符 A~H 的段码
unsigned char code seg_table[ ]={0x3f,0x06,0x5b,0x4f,0x66,0x6d,0x7d,0x07,0x7f,0x6f,
                0x77,0x7c,0x39,0x5e,0x79,0x71,0x6f,0x76};
```

```
unsigned char code CH[ ]={10,11,12,13,14,15,16,17};    //通道提示符的段码偏移量
                                                        //将 0.00～99.9 之间的浮点数转为单个数
                                                        //  码,并送显示缓冲区和返回小数点的位置
     void ftochar(float valp)
     {
     if(valp<10.0)
        {
        dot_position=1;
        valp *=100.0;
        }
        else if((valp>=10.0)&&(valp<100.0))
            {
            dot_position=2;
            valp *=10.0;
            }
            else if((valp>=100.0)&&(valp<1000.0)) dot_position=3;
     disp_buf[1]=(int)valp/100;
     disp_buf[2]=((int)valp%100)/10;
     disp_buf[3]=((int)valp%100)%10;
     }
                                                        //延时 15s 的函数
     void delay(unsigned char n)
     {
     do  {
       _nop_();_nop_();_nop_();_nop_();_nop_();_nop_();   //_nop_()的头文件为 intrins.h
       _nop_();_nop_();_nop_();_nop_();_nop_();_nop_();_nop_();
       n——;
       }while(n);
     }
                                                        //DS18B20 复位函数,按复位时序进行设计
     void ow_reset(void)
     {
     DQ = 0;                                             // DQ 置为低电平
     delay(36);                                          // 保持 480μs
     DQ = 1;                                             // DQ 置为高电平
     delay(24);                                          // 延时,等 DS18B20 输出低电平
     }
                                                        //DS18B20 读位函数,按读位时序进行
                                                        //  设计
     unsigned char read_bit(void)
     {
     unsigned char i;
     DQ = 0;                                             // DQ 置为低电平
```

```
DQ = 1;                                    // DQ 置为高电平
for (i=0; i<5; i++);                       // 延时15μs
return(DQ);                                // 返回 DQ 线的电平状态
}

                                           //DS18B20 写位函数，按写位时序进行
                                           //    设计

void write_bit(char bitval)
{
DQ = 0;    // DQ 置为低电平
if(bitval==1) DQ =1;                       // 如果写 1 则 DQ 置为高电平
delay(6);                                  // 延时以维持电平状态
DQ = 1;                                    // DQ 置为高电平
}

                                           // 从 DS18B20 读取字节的函数

unsigned char read_byte(void)
{
unsigned char i;
unsigned char value = 0;
for (i=0;i<8;i++)
{
if(read_bit()) value|=0x01<<i;             //调用读位函数，读出的 8 个位移位成 1B
delay(11);    //延时以读余下的位
}
return(value);
}

                                           //写字节到 DS18B20 的函数

void write_byte(char val)
{
unsigned char i;
unsigned char temp;
for (i=0; i<8; i++)                        //每次写1位,1个字节分8次完成
{
temp = val>>i;
temp &= 0x01;
write_bit(temp);                           //调用写位函数
}
delay(10);    //延时
}


                                           // 从 DS18B20 读物温度代码

void   read_temp ()
{
unsigned char i,j;
```

```
unsigned char a,b;
int mr;
for(j=0;j<2;j++)                              //为便于调试,仅以2路为例,改循环次数
                                              //  即可扩充到8路或更多
{
ow_reset();                                   //调用复位函数
delay(20);
write_byte (0x55);                            //发送ROM匹配命令
for(i=0;i<8;i++)
  {
  write_byte(SN[j][i]);                       //发送64位序列号
  }
write_byte (0xbe);                            //发送读取暂存寄存器的命令
a = read_byte();                              //连续读取两位温度,余下数据没有读,实
                                              //  际使用时应读出所有数//据,并进行校
                                              //  验,以提高可靠性

b = read_byte();
mr=b*256+a;
if((mr&0xf800)! =0) mr=−mr+1;
TMP[j]=mr*0.5;
  }
}

                                              //定时器T0中断函数,每中断1次,显示
                                              //  1位数码管

void Time_disp(void) interrupt 1
{
static unsigned char dispno=0;                //数码管位号
TH0=0xee;                                     //主频为11.0592,定时5ms的时间常数
                                              //  为EE00H
TL0=0x00;
P3|=0xf0;
P0=seg_table[disp_buf[dispno]];               //查当前数码管的显示数字对应的段码
if(dispno==dot_position) P0|=0x80;            //当前位有小数点,则段码最高位置1
switch(dispno)                                //根据当前显示的数码管,接通位选线
{
case 0 :   led0=0;  break;
case 1 :   led1=0;  break;
case 2 :   led2=0;  break;
case 3 :   led3=0; break;
}
dispno++;
if(dispno==4) dispno=0;
```

```
    }

                                        //定时器 T1 中断服务函数,每 50ms 中断 1
                                          次

    void Timer1(void) interrupt 3
    {
    static unsigned int count;
    TH1＝0x4c;                            //50ms 对应的时间常数为 4C00H
    TL1＝0x00;
    count++;
    if(count>=20)                        //中断 20 次即为 1s
      {
      count=0;
      ftochar(TMP[chno]);                //当前通道对应的温度值转换为单个数码
                                           送显示缓冲区
      disp_buf[0]=CH[chno];              //当前通道的提示符的段码偏移量送显示
                                           缓冲区首地址
      chno++;
      if(chno==2) chno=0;               //修改此判断对应的数值,即可扩充到 8
                                           路或更多
    }
    }

                                        //主函数

    main( )
    {
    TMOD＝0x11;                          //定时器 T0 和 T1 按方式 1 工作
    EA＝1;
    ET0＝1;
    ET1＝1;
    TH0＝0xee;                           //5ms 对应的时间常数
    TL0＝0x00;
    TH1＝0x4c;                           //50ms 对应的时间常数
    TL1＝0x00;
    TR0＝1;
    TR1＝1;
    do  {
        ow_reset( );                     //复位 DS18B20
        write_byte(0xcc);
        write_byte(0x44);                //启动 DS18B20
        read_temp( );                    //调用读取温度的函数,将结果存于 TMP
                                           [ ]数组中
        }while(1);
    }
```